"十三五"国家重点出版物出版规划项目·重大出版工程

高超声速出版工程

高超声速真实气体流动

余永亮　鲍　麟　编著

科学出版社

北　京

内 容 简 介

本书以"非理想"气体流动和传热为背景,介绍了高超声速真实气体流动的基础及理论研究进展。基础部分包括高超声速真实气体的基本概念与控制方程、高温冻结和非平衡的流动模型。理论研究进展部分以高超声速钝头体流动和平板边界层流动为对象,阐述了稀薄气体效应、非平衡真实气体效应对驻点热流、平板热流及摩阻的影响规律。

本书突出对高超声速真实气体流动基本原理的描述,注重揭示真实气体流动特性和物理机制,可供从事空气动力学、飞行器设计、航天器热防护等专业的研究生和相关科技人员参考。

图书在版编目(CIP)数据

高超声速真实气体流动／余永亮,鲍麟编著. —北京:科学出版社,2021.12

高超声速出版工程　"十三五"国家重点出版物出版规划项目·重大出版工程　国家出版基金项目
ISBN 978－7－03－070555－6

Ⅰ.①高…　Ⅱ.①余…②鲍…　Ⅲ.①高超音速空气动力学　Ⅳ.①V211

中国版本图书馆 CIP 数据核字(2021)第 228277 号

责任编辑:徐杨峰／责任校对:谭宏宇
责任印制:黄晓鸣／封面设计:殷　靓

科　学　出　版　社　出版
北京东黄城根北街 16 号
邮政编码:100717
http://www.sciencep.com

南京展望文化发展有限公司排版
广东虎彩云印刷有限公司印刷
科学出版社发行　各地新华书店经销

*

2021 年 12 月第 一 版　开本: B5(720×1000)
2024 年 8 月第八次印刷　印张: 17 3/4
字数: 309 000

定价: 150.00 元
(如有印装质量问题,我社负责调换)

高超声速出版工程·高超声速空气动力学系列
编写委员会

丛书序

飞得更快一直是人类飞行发展的主旋律。

1903 年 12 月 17 日,莱特兄弟发明的飞机腾空而起,虽然飞得摇摇晃晃,犹如蹒跚学步的婴儿,但拉开了人类翱翔天空的华丽大幕;1949 年 2 月 24 日,Bumper-WAC 从美国新墨西哥州白沙发射场发射升空,上面级飞行马赫数超过5,实现人类历史上第一次高超声速飞行。从学会飞行,到跨入高超声速,人类用了不到五十年,蹒跚学步的婴儿似乎长成了大人,但实际上,迄今人类还没有实现真正意义的商业高超声速飞行,我们还不得不忍受洲际旅行需要十多个小时甚至更长飞行时间的煎熬。试想一下,如果我们将来可以在两小时内抵达全球任意城市,这个世界将会变成什么样? 这并不是遥不可及的梦!

今天,人类进入高超声速领域已经快 70 年了,无数科研人员为之奋斗了终生。从空气动力学、控制、材料、防隔热到动力、测控、系统集成等,在众多与高超声速飞行相关的学术和工程领域内,一代又一代科研和工程技术人员传承创新,为人类的进步努力奋斗,共同致力于达成人类飞得更快这一目标。量变导致质变,仿佛是天亮前的那一瞬,又好像是蝶即将破茧而出,几代人的奋斗把高超声速推到了嬗变前的临界点上,相信高超声速飞行的商业应用已为期不远!

高超声速飞行的应用和普及必将颠覆人类现在的生活方式,极大地拓展人类文明,并有力地促进人类社会、经济、科技和文化的发展。这一伟大的事业,需要更多的同行者和参与者!

书是人类进步的阶梯。

实现可靠的长时间高超声速飞行堪称人类在求知探索的路上最为艰苦卓绝的一次前行,将披荆斩棘走过的路夯实、巩固成阶梯,以便于后来者跟进、攀登,意义深远。

以一套丛书,将高超声速基础研究和工程技术方面取得的阶段性成果和宝贵经验固化下来,建立基础研究与高超声速技术应用之间的桥梁,为广大研究人员和工程技术人员提供一套科学、系统、全面的高超声速技术参考书,可以起到为人类文明探索、前进构建阶梯的作用。

2016 年,科学出版社就精心策划并着手启动了"高超声速出版工程"这一非常符合时宜的事业。我们围绕"高超声速"这一主题,邀请国内优势高校和主要科研院所,组织国内各领域知名专家,结合基础研究的学术成果和工程研究实践,系统梳理和总结,共同编写了"高超声速出版工程"丛书,丛书突出高超声速特色,体现学科交叉融合,确保丛书具有系统性、前瞻性、原创性、专业性、学术性、实用性和创新性。

这套丛书记载和传承了我国半个多世纪尤其是近十几年高超声速技术发展的科技成果,凝结了航天航空领域众多专家学者的智慧,既可供相关专业人员学习和参考,又可作为案头工具书。期望本套丛书能够为高超声速领域的人才培养、工程研制和基础研究提供有益的指导和帮助,更期望本套丛书能够吸引更多的新生力量关注高超声速技术的发展,并投身于这一领域,为我国高超声速事业的蓬勃发展做出力所能及的贡献。

是为序!

2017 年 10 月

前　言

　　临近空间飞行相关的高超声速真实气体流动受到广泛关注,开展相关的工程理论研究具有重要的科学意义和应用价值。本书作者所在团队在童秉纲先生的指引下,学习并践行钱学森先生所倡导的"工程科学"思想,在此领域深入探索了近二十年,对高超声速条件下驻点流动、平板边界层、钝头体流动等简化物理模型开展了工程理论的研究,已经取得了部分成果。除此之外,本书作者还在中国科学院大学开设了"高超声速和高温气体动力学"课程,通过近十年的教学,形成了从基础到前沿的知识框架,这是编著本书的缘起。从研究到教学,再到编著本书,都得益于童秉纲先生多年对作者团队的悉心培养和教导。

　　临近空间高超声速飞行相关的真实气体流动中存在多种物理效应,特别是稀薄气体效应、高温真实气体效应及其耦合作用。从宏观上,振动能激发和化学反应等显著影响了气体流动和传热规律,高温气体已经不能用量热完全气体模型来刻画。从微观角度来看,气体分子碰撞率降低,导致气体在高温条件下产生了一系列显著的热/化学弛豫过程,进而影响了宏观流动规律。稀薄气体效应和非平衡真实气体效应都是典型的非平衡和非线性现象,需要将微观分析与宏观理论相结合,考虑振动能激发、化学反应、壁面催化和能量不完全适应等物理问题。本书以若干典型高超声速流动为例,注重于介绍这种微观与宏观相结合的研究方法,以及揭示稀薄气体效应和非平衡真实气体效应对流动和传热的影响机制。

　　本书的前半部分是真实气体流动的微观和宏观理论基础。第 1 章介绍了高超声速飞行器相关工程背景,以及高温稀薄气体非平衡流动的研究进展。第 2

章为分子动理论基础,介绍了将微观分析与宏观参数建立联系的经典理论:平衡分子动理论、非平衡态查普曼-恩斯科格(Chapman - Enskog)理论和输运理论。第3章以介绍高温真实气体的宏观流动理论为主,包括高温气体的热力学和化学基础、宏观的热/化学非平衡理论,给出了系统的高温真实气体流动控制方程组,并分析了非平衡的壁面边界条件提法。本书的后半部分主要介绍了若干高温真实气体流动的理论分析案例。理论上讲,高温流动的一般形态都是非平衡的,冻结流动和平衡流动只是两种极限形态。因此,第4章首先介绍了气体冻结和平衡流动的经典理论,第5章和第6章则分别讨论了稀薄气体流动和非平衡流动理论,具体包括驻点流动、平板边界层流动等典型模型,在第6章的末尾,还以驻点边界层传热为例,介绍了稀薄气体效应与非平衡效应耦合情形下的理论分析方法和结果。总的来说,本书力求揭示基本的流动原理,阐明典型的数学物理方法。即便不熟悉相关背景的读者,可以按顺序逐步深入理解高温真实气体流动的相关理论,而非常熟悉该领域的专家学者,亦可以跳过前面章节,直接阅读有关内容。

近二十年来,作者团队的研究得到了诸多同行的帮助,特别感谢中国航天空气动力技术研究院的姜贵庆研究员、艾邦成研究员和俞继军研究员,中国科学院力学研究所的俞鸿儒院士,中国飞航技术研究院的罗金玲研究员,以及中国科学技术大学的杨基明教授等。本书的部分章节参考了卞荫贵和徐立功编著的《气动热力学》、沈青著的《稀薄气体动力学》的内容。在本书成稿过程中,王智慧博士提供了部分原始素材,参与编写了6.3.4节,并为本书提出了诸多宝贵意见,在此对他表示衷心的感谢。本书部分内容来自作者团队已毕业的陈星星博士和在读的罗健、李贤冬和章顺良三位博士生的研究工作,对此一并表示感谢。中国航天空气动力技术研究院沈清研究员在成书过程中给予了作者持续的勉励和鼓励,我们表示诚挚的感谢。

由于作者水平有限,本书定会存在若干错误和不足之处,恳请读者不吝批评指正。

作　者

2021 年 9 月于北京

高超声速出版工程

目 录

第 3 章　高温真实气体流动方程

第4章　气体的冻结流动与平衡流动

第5章　高超声速稀薄气体流动

第 6 章 高超声速非平衡流动

第1章

绪　　论

　　自高超声速飞行的概念提出以来,人们在这一领域已取得长足的进步,但是在实际工程研制过程中依然面临动力、控制、热防护等诸多方面的挑战。制约高超声速飞行工程技术进步的,往往是力学、材料等基础科学研究的不足,其中高超声速流动特有的规律,决定了飞行器外形、动力等关键子系统的设计理念,尤为重要。其中,稀薄气体效应和真实气体效应是影响飞行器流动特性的重要因素,研究这类"非理想"气体的高超声速流动及传热成为当前极为关注的问题。

1.1　高超声速飞行器分类与相应流动特性

　　高超声速飞行器的研制历史很长,虽然无人和载人的高超声速飞行均已成功实现,但是高超声速飞行离实际应用或服务大众仍有不小的距离,高超声速气体动力学亦面临着重大挑战。

　　高超声速飞行器可分为三类[1]:① 无翼再入飞行器(non-winged reentry vehicles, RV－NW),例如阿波罗飞船返回舱、神舟飞船返回舱等;② 有翼再入飞行器(winged reentry vehicle, RV－W),例如航天飞机轨道器、X－34、X－38等;③ 巡航和加速飞行器(cruise and acceleration vehicles, CAV),例如 X－43A、Sänger 等。这三类飞行器各有特殊的气动特性[1,2],如表 1.1 所示。

　　从表 1.1 中可见,高超声速飞行对应的流动出现了新的特征。以航天飞机轨道器的再入过程为例,其头部驻点区域会遇到不同的流域和热化学现象。首先,如图 1.1 所示,航天飞机头部在大约 120 km 高度处于自由分子流区域,然后,飞行器经过过渡流区域,在 70 km 以下,到达连续流区域。具体说,在高空稀薄

表 1.1   三类高超声速飞行器的气动特性比较

类 型	无翼再入飞行器 （RV - NW）	有翼再入飞行器 （RV - W）	巡航和加速飞行器 （CAV）
马赫数范围	0~30	0~30	0~7(12)
气动构型	极钝体、钝体	钝体	细长体
飞行时间	短	短	长
迎角	迎面的	大	小
阻力	大	大	小
升阻比	小,0(定性上无升力)	小	大
流场特性	可压缩效应为主	可压缩效应为主	黏性效应为主
表面效应：黏性	不重要	不重要/局部重要	很重要
表面效应：热化学	很重要	很重要	重要
非平衡效应	弱	弱/中等	强
稀薄气体效应	强	初始强	弱/局部强

大气区,由于空气密度低,分子之间碰撞频率也较低,因此气体分子的平均自由程较长,如果分子平均自由程与流动的特征尺度接近甚至更大,就无法将气体视为连续体,气体分子离散特性开始显现,通常称为稀薄气体效应。在低空稠密大气区,分子碰撞频率高,分子平均自由程很短,则可将气体看作是连续介质,不考

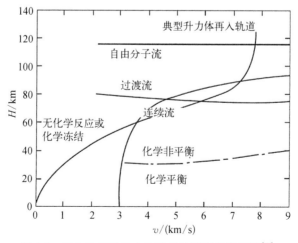

图 1.1   再入飞行器驻点流动的流域划分示意图[3]

虑分子离散结构。为了量化稀薄气体效应的大小,引入 Knudsen 数来表示,其定义为分子平均自由程 λ 和流场特征尺度 L 之比,即 $Kn = \lambda/L$。Kn 越大,则稀薄气体效应越显著。当 $Kn \gg 1$ 时,出现自由分子流。

其次,对于高超声速飞行器头部的钝体绕流,空气通过强头激波后被加热,激波后整个激波层和边界层内气体温度都很高。当温度升至大约 800 K,空气分子的振动能被激发,这导致空气比热与比热比不再是常数 1.4,变成温度的函数。当温度超过 2 000 K 后,开始出现化学反应,如分子离解、原子复合等,在 9 000 K 以上,出现电离反应,此时空气比热与比热比不仅是温度的函数,还是压强的函数。上述高温空气属性的变化会显著影响流动的规律,统称为"高温效应"或者"真实气体效应"。空气的真实气体效应与飞行条件密切相关,图 1.2 展示了航天飞机再入时,在不同飞行速度下占主导的真实气体效应。从图中看出,速度超过 1 km/s 后,空气分子振动能开始激发;速度超过 2.5 km/s 后,氧分子开始离解,速度超过 5 km/s 后,氮分子开始离解。对于一般的再入飞行器而言,真实气体效应主要出现在飞行速度为 4.5 ~ 7.5 km/s。

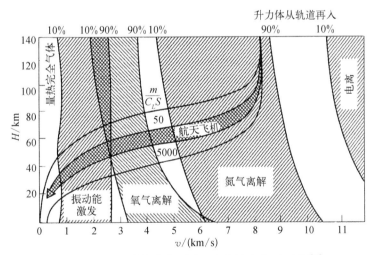

图 1.2 带有振动能激发、离解、电离的速度-高度图[3]

研究高超声速飞行器相关的流动,在大多数情况下,要考虑稀薄气体效应和真实气体效应,这也是高超声速流动与一般飞行器绕流的重要区别之处。为了强调与经典的"理想气体"流动理论的区别,本书使用"高超声速真实气体流动"来代指含有稀薄气体效应和真实气体效应的高超声速流动。

1.2　新型巡航飞行器与稀薄气体非平衡流动

回顾表 1.1 对三类高超声速飞行器的比较,尽管表中列举的各类效应没有定量化的表征,但是我们可以判断,对于 CAV 飞行器,具有尖头细长体特征,与 RV - W 和 RV - NW 飞行器等钝体外形相比,黏性效应起主导作用,而(局部)稀薄气体效应和非平衡真实气体效应更为显著。这意味着 CAV 飞行器的气动力和气动热设计理念与传统的钝头航天器存在很大不同,在工程实践和相应科学研究中都遇到一系列新的挑战和困难。

在钝头 RV - W 和 RV - NW 飞行器再入问题中,气动力和气动热的设计要求是一致的。气动力上要求采用增阻减速的大钝头外形,气动热上要求减小气动加热量,也需要采用大钝头外形。因为根据经典的 Fay - Riddell 公式[4],飞行器前缘驻点壁面热流密度 q_s 的大小和前缘曲率半径 R_N 的平方根成反比,即

$$q_s \propto \frac{1}{\sqrt{R_N}} \tag{1.1}$$

例如,"神舟"系列宇宙飞船返回舱的防热底座和美国航天飞机的机鼻尺寸一般都是米的量级。再入飞行器采用钝前缘外形和成熟的烧蚀热防护技术,已经能够比较好地保护飞行器安全突破"热障"。

但是在新型的 CAV 飞行器设计中,气动力和气动热的要求是相互矛盾的。从气动力上说,要求高升阻比和高机动性,因而这类飞行器一般采用尖头薄翼的锐前缘外形,如图 1.3 所示。美国 X - 43 和 X - 51 系列验证机模型的前缘曲率半径都是毫米量级的。从气动热方面来说,尖化前缘意味着较高的热流密度,如果根据式(1.1)计算,当前缘曲率半径不断缩小时,驻点热流密度将趋近于无穷

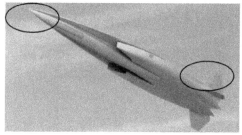

图 1.3　两种典型的临近空间高超声速巡航飞行器模型[5]

大,这对热防护是不利的。并且,为了达到高精度控制和重复利用的目的,飞行器前缘必须保持固有外形,不能被烧蚀,这就对气动热防护技术提出了很大的挑战。

值得注意的是,尖化前缘与大钝头前缘外形不同,其内部热传导的三维效应比较显著,即壁面热流密度较大的驻点区的热量可以在材料内部传导到温度较低的下游区域,从而使前缘驻点区温度降低,如图 1.4 所示。如果在实际设计中,进一步采用高导热率材料或小尺度热管结构来主动疏导热量,则降温效果更

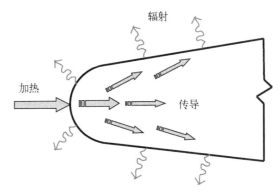

辐射

加热

传导

图 1.4　尖化前缘疏导式防热示意图

佳。另外,小尺度前缘在高海拔、低密度大气中飞行,还会遇到稀薄气体效应,公式(1.1)将会失效,实际热流是相对较低的。图 1.5 给出一种二维前缘外形在典型飞行条件下,前缘驻点温度随前缘曲率半径变化趋势的估算结果。随着前缘曲率半径不断变小,多维传热效应逐渐显著,使驻点温度相对于辐射平衡温度大幅降低,考虑稀薄气体效应之后,驻点温度相对于连续态介质流动理论预测结果进一步下降,甚至前缘越尖,温度反而越低。这一颠覆传统观念的新现象,引出了尖化前缘飞行器热防护体系的设计思想,即非烧蚀疏导式热防护方式。

非烧蚀热防护方式是一种低冗余度防热设计,需要清楚地知道飞行器所遭遇的热环境。这样,准确预测尖化前缘气动热环境和加热量

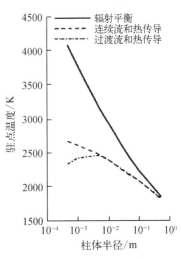

图 1.5　二维柱楔前缘驻点温度随前缘曲率半径变化趋势[6]**(海拔 60 km,速度 5 200 m/s,半楔角 15°,表面发射率 0.62)**

变得极为重要。由于尖化前缘绕流问题不可避免地涉及稀薄气体效应和真实气体效应,出现一系列非常复杂的物理化学新现象,以往传统的预测方法大都已经失效,需要有针对性地分析其中的流动和传热机制,发展出一套适合新构型的气动加热预测方法。

从流动和传热特征来说,尖化前缘问题的特点是高速、高温、高黏性、局部稀薄和热化学非平衡,因而局部稀薄气体效应(local rarefied gas effects)、非平衡真实气体效应(non-equilibrium real gas effects)及其耦合效应凸显,对气动加热预测的影响比较显著。这些效应从物理上说都是典型的非平衡和非线性现象。

首先,从微观上说,稀薄气体效应是由于分子之间或分子与物体之间的碰撞非平衡引起的,但是这些现象需要分子动理论(Kinetic Theory of Molecules)来加以描述,难以形成简洁明了的气动加热预测理论。从宏观上说,连续流动经典理论输运方程中采用的线性 Newton 剪切力公式和 Fourier 热流公式失效,流动和传热中非线性因素影响显著起来。

稀薄气体效应的大小可用 Knudsen 数来笼统表示,其定义为分子平均自由程 λ 和流场特征尺度 L 之比,即 $Kn = \lambda/L$,也可表示为分子碰撞特征时间与宏观流动特征时间之比,即 $Kn = \tau_c/\tau_f$,Kn 越大,则稀薄气体效应越显著。其中,λ 和 L 一般分别取来流分子平均自由程和飞行器特征尺寸,由此定义的 Kn 被称为全局 Knudsen 数(global Knudsen number)或来流 Knudsen 数(free stream Knudsen number)Kn_∞。但在目前新问题中,稀薄气体效应可能在流场局部如前缘区域出现,因此需要引入局部 Knudsen 数[7,8](local Knudsen number)Kn_{local} 的概念,其中 λ 和 L 需根据流场当地参数及其梯度来定义,例如根据密度梯度定义的局部 Knudsen 数为 $\lambda|\nabla\rho|/\rho$。由于飞行器前缘尺寸较小,临近空间空气密度较低因而气体分子平均自由程较大,致使飞行器前缘附近 Kn_{local} 较大,局部稀薄气体效应显著。而当稀薄气体效应显现时,连续介质流体力学中使用的 Navier - Stokes - Fourier(NSF)经典方程体系将会逐渐失效,而基于此方程体系的传统预测方法,例如前述的 Fay - Riddell 公式,也将随之失效。已有研究表明[9-12],随着流动稀薄程度提高,气动加热量将会逐渐偏离基于连续 NSF 方程体系的理论预测结果,并最终趋近于自由分子流极限值。但是,其中的变化规律尚不能从理论上直接给出,其物理机制仍然是不清楚的。因此,亟须研究稀薄气体效应影响下,气动加热领域出现的新特征和新规律,提出一种新的预测方法。

其次,"真实气体"是相对于"量热完全气体"模型而言的,真实的气体分子并非一个完美的刚性球体,而是包含复杂内外结构的体系。高超声速气流经激波压缩后产生高温,导致空气分子振动能激发和发生化学反应,产生真实气体效应。真实气体效应影响大小需要两个参数来描述,其一是自由来流总能与分子振动或吸热化学反应的特征能之比,即 $\mu = E_\infty / E_d$,以此计算理想情况下真实气体效应影响的极限程度;其二是流动特征时间 τ_f 和化学反应特征时间 τ_r 之比,即 Damköhler 数[12] $Da = \tau_f / \tau_r$,它表示实际流动中非平衡化学反应的相对快慢程度。$Da \gg 1$ 时流动是化学平衡的,$Da \ll 1$ 时流动是化学冻结的,对于这两种情况都有比较成熟的理论和研究方法,例如 Fay – Riddell 公式就能够较为准确地预测平衡和冻结两种流动情况下的驻点热流。但是当 $Da = O(1)$ 时,对应于比较复杂的化学非平衡流动情况,尚缺乏成熟有效的研究手段。

最后,在目前问题中,稀薄气体效应和真实气体效应不但同时存在,而且它们之间还存在耦合效应。分子振动能激发和化学反应都是速率过程,都是通过分子之间的多次碰撞完成的,这需要一定的时间。稀薄流动情况下,分子碰撞率相对变低,因而振动激发和化学反应的特征时间变长,致使流动趋近于化学非平衡或化学冻结。由于稀薄气体效应是局部的,与之相应,在流场中不同区域真实气体效应的非平衡程度也不尽相同,出现许多与传统连续介质假设情况下不同的流动和传热特征。因此,要想准确预测目前新型巡航飞行器尖化前缘的气动热环境和加热量,必须同时考虑稀薄气体效应、非平衡真实气体效应及其耦合效应的影响。

1.3　稀薄气体非平衡流动理论研究简介

如果单独而论,高超声速稀薄气体动力学和高温真实气体动力学本身是流体力学领域中的两个分支体系,已经得到相当广泛的研究。对于大多数工程上的问题,采用各种数值模拟方法已经能够有效地解决。但是,在理论研究方面,尚未建立起成熟完备的体系。特别是考虑到稀薄气体效应和真实气体效应的耦合作用对气动加热预测的影响,相关研究工作就非常少见。

1.3.1　稀薄气体效应

在早期的研究工作中,由于侧重点的不同,稀薄气体效应有时也被笼统地称为低密度效应、黏性干扰效应或小雷诺数效应[13-15]。这类研究的关注点是流场中激波和边界层的干扰,以及由此引起的壁面气动力和气动加热的变化。一般来说,它们仍然基于 NSF 方程体系,根据实际问题的不同,可以得到一系列近似程度不同的简化方程,如高阶边界层方程、黏性激波层方程(viscous shock-layer equation, VSL)和薄激波层方程(thin viscous shock-layer equation, TVSL)等,有时还要结合滑移边界条件的修正。这些简化和修正能够在一定程度上拓展 NSF 方程体系的应用范围,近似求解近连续流动领域的某些问题。虽然近年来仍然有一些基于黏性激波层方程渐近展开方法的研究[16-20],但是一般认为,随着稀薄程度的不断提高,这些 NSF 方程框架之内的方程终将失效。除了数值计算,一些偏重理论的研究提出的某些关联参数,如 Cheng 参数[21]和激波后雷诺数,以及根据这些参数拟合实验和计算数据得到的经验公式,至今在工程上仍有应用。图 1.6 显示了前缘曲率半径 1 mm 的微钝尖锥驻点热流系数随海拔变化的趋势,图中同时给出了两种拟合公式和 Fay – Riddell 公式预测曲线的对比。

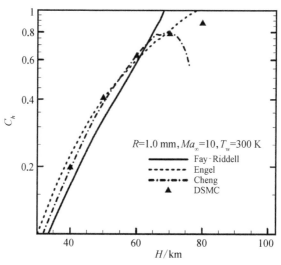

图 1.6　微钝尖锥前缘驻点热流系数
随海拔变化趋势[22]

　　另外一类研究手段是采用比 NSF 方程更高阶的连续方程,其中以 Burnett 方程为代表。事实上,描述气体流动中传热传质的最根本方程是 Boltzmann 方程,但是它本身过于复杂而难以直接应用,而 NSF 方程和 Burnett 方程分别对应于 Boltzmann 方程的一阶和二阶摄动展开[23]。Burnett 方程在剪切力和热流表达式中考虑了流场梯度非线性耦合项的影响,理论上说它应该比 NSF 方程更适用于描述稀薄流动的情况。但是由于其本身稳定性和形式比较复杂的缘故,它一般被用于数值计算,而不太适合于直接理论分析之用。并且,实际研究表明,在稀薄流动领域,Burnett 方程计算结果也并不比 NSF 方程好多少,其相对优势十分有限。因而,直接采用 Burnett 方程研究高超声速流动中的稀薄气体效应,是既不实用也很难行得通的。但 Burnett 方程并非毫无用处,分析其输运方程中高阶非线性项的相对影响,能够判断 NSF 方程体系的失效程度。这一思想已被用于在数值计算中判断流场当地稀薄程度,而其在理论方面的应用则是本书第 2 章的主要研究内容。

值得注意的是直接模拟蒙特卡罗(direct simulation Monte Carlo, DSMC)方法,它是一种基于微观分子动理论的离散方法,从单分子行为直接模拟流动的微观物理,然后通过统计的方法得到流动的宏观性质。已经有研究表明[24],DSMC 方法其实是收敛于 Boltzmann 方程的,二者的物理推理基础是相同的。但是在实际应用中,DSMC 方法更为灵活,在处理分子固壁反射、化学反应等问题时,可以方便地引入各种物理模型,以符合或逼近物理真实。因此,DSMC 方法是目前稀薄流动领域最为流行也最为可靠的数值模拟方法,其应用范围也越来越广。在许多情况下,由于实验数据缺失,DSMC 模拟结果常常被作为标准数据来校验其他方法的结果。从理论上说,DSMC 不但适用于稀薄流动领域,也能够适用于连续流动领域,但是由于 DSMC 方法的计算量相对 NSF 方程要大得多,这就在一定程度上限制了其在近连续和连续流动领域的应用,因而也引出了许多关于 DSMC 和连续模型方程耦合算法的研究[25]。虽然目前 DSMC 及其耦合方法在不少工程问题的计算中得到了成功的应用,但是,它毕竟是一种数值方法,它给出的仅仅是一系列离散的数据点,对实际问题无法进行系统性和理论性的探讨,其中涉及的物理规律和流动机制仍然是不清楚的。

此外,还有一些其他方法,例如平衡粒子法[26]和统一算法[27]等,也被用来计算一些涉及稀薄气体效应的流动问题,但是作为数值方法,它们存在和 DSMC 一样的缺点和不足。

综上所述,关于高超声速流动中稀薄气体效应的研究现状是:一方面,工程中通常采用基于经验的拟合公式来预测其对气动加热的影响,但这些拟合公式是否同样适用于目前的新型飞行器遇到的新问题,尚不清楚;另一方面,当涉及新问题时,工程上又过度依赖包括 DSMC 在内的数值计算方法,而缺乏相应数学物理模型的分析,因此对问题的研究显得零碎而不系统,宽泛而不深入。更糟糕的是,对于目前所遇到的气动加热问题中的局部稀薄气体效应,如何判断一个流动中是否存在稀薄气体效应,以及衡量其影响大小的普适的物理判据也尚未发现。已有研究表明[28],在以往低速流动和气动力相关问题中常用的来流

Knudsen 数仅仅是一个状态参数,而不是流动参数,即使对于气动力相关的问题,它也称不上一个好的判据。

1.3.2   非平衡真实气体效应

严格来说,高温气体的真实气体效应包括分子振动能激发、离解、复合、置换、电离和辐射等一系列复杂的物理化学过程,但是在目前我们感兴趣的流动参数范围内,其中影响最大的是双原子分子的离解和复合反应。对于空气这种以氮气和氧气为主的混合物来说,也可以等效为一种单一的双原子分子气体。因此,目前该领域比较流行的做法是研究单一纯净的双原子分子气体的离解和复合反应,这样既方便数学建模和理论机制分析,也具有较高的实用价值。

在理论研究方面,20 世纪 50~60 年代,Lighthill[29,30] 和 Freeman[31] 提出了具有里程碑意义的理想离解气体(ideal dissociating gas, IDG)模型,通过引入双原子分子气体离解度的概念,建立了离解气体的状态方程和热力学参数方程,极大地简化了对化学反应流动的理论分析工作。Freeman 同时还分析了正激波和钝体头激波后的化学非平衡流动。其后,Hornung[32]、Conti 和 van Dyke[33-35] 等在此模型基础上对钝头体化学非平衡绕流问题进行了大量研究。一直到最近几年,该理论模型仍应用在不少研究中。但是这些研究工作全部都是基于连续介质假设并且针对较高雷诺数流动的讨论,其中大部分都是采用了 Euler 方程,局限于无黏外流流场特征如激波脱体距离的讨论,几乎没有关于黏性边界层内部传热的讨论。如图 1.7 所示,这些研究的一个最主要的共同结论是:驻点流线上的化学非平衡流动在驻点区域总能达到平衡状态。这是因为在连续流动模型中,驻点处速度为 0,流体微元能够停留无限长时间,因而不管化学反应速率多么小,流动最终总能达到平衡态。这一平衡态也正是驻点黏性边界层外缘的条件,基本决定了边界层内流动和传热的特征。事实上,在稀薄流动领域,化学非平衡流动特征与连续态相比,其最关键的区别就在于流动在驻点边界层外缘并非总是平衡的,详见后叙。

在实际问题中,应用较多的还是数值计算方法,即在 NSF 方程基础上,再耦合描述气体组分浓度变化的化学反应速率方程一起求解。这就涉及计算流体动力学(computational fluid dynamics, CFD)各种算法和各种格式的讨论,与本书研究的内容无关,因而不作细述。需要说明的是,在相关研究中所采用的化学反应速率[36],一般都是根据连续流动领域工程试验结果拟合或修正得来的,这些数据是否能够直接推广应用到稀薄流动领域的化学反应,也是需要探讨和商榷的。

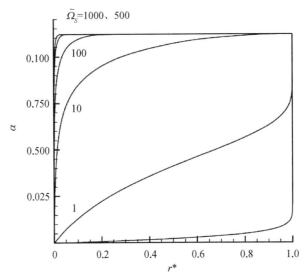

图 1.7　不同非平衡程度下驻点线上离解度变化曲线
（激波在左边，壁面在右边）

　　总之，针对目前的新问题，非平衡真实气体效应研究领域存在和上述稀薄气体效应领域相类似的困境。首先，以往针对传统问题发展起来的研究方法要么已经失效，要么有待进一步检验。其次，单纯的数值计算解决不了实际物理问题，建立不起来相应的理论体系。例如，即使对于最简单的一维正激波流动，当真实气体效应显著时，激波前后的参数关系迄今还不能直接用显式解析给出。况且，在涉及极端条件，如高超声速和强非平衡等问题时，数值计算本身就存在很大的不确定性。另外，表征非平衡程度的 Damköhler 数也是一个抽象的概念，它具体和来流参数是怎么样的关系，如何用于气动加热量的预测，也统统是未知的。

1.3.3　稀薄气体效应和真实气体效应的耦合

　　关于稀薄气体效应和真实气体效应的相互影响和耦合作用，仅有少数概念性的论述和数值或半数值半解析的研究工作。

　　首先，由于真实气体效应中起主要作用的离解反应是由二体碰撞引起的，双尺度率对化学反应的非平衡程度产生直接影响。在离解占优情况下，Damköhler 数近似与双尺度参数（binary scaling parameter）$\rho_\infty L$ 成正比，其中 ρ_∞ 和 L 分别是来流密度和流动特征尺度。而参数 $\rho_\infty L$ 实际上表示了物体特征尺寸与反应弛豫过程的特征距离之比,即与来流 Knudsen 数近似成反比,也就是说它代表的也是流动的稀薄程度。因此,稀薄气体效应直接从宏观上决定了真实气体效应的非平衡程度,流动稀薄程度越高,相应的真实气体效应也越趋近于非平衡或冻结状态。

其次,对于尖化前缘气动加热问题,稀薄气体效应的影响具有更丰富的内容。气动加热预测方法是建立在对具体流场结构充分认识基础之上的,不同的流场结构特征决定了不同的理论构建方法。在连续流动领域,前缘脱体激波和边界层都很薄,两者之间区域可以近似认为是无黏滞止流动,因此驻点边界层外缘的流动状态决定了其内部的流动和传热机制,Fay－Riddell 公式的物理基础就在于此。但是当流动稀薄之后,激波本身和边界层都相对增厚,两者互相接近甚至相接触而混合在一起,两者之间的无黏区逐渐缩小以致消失。如果仍然推广边界层的传统定义,那么在边界层外缘,法向速度并不为 0,而是有限大小,并且对于我们关注的非催化冷壁面模型,冷壁影响范围随边界层扩展,其冷却作用使化学反应更趋近于非平衡或冻结。这样,化学反应不但在边界层内是非平衡或冻结的,在边界层外缘也达不到平衡状态,其具体状态在很大程度上取决于流场结构的特征,而化学反应本身又反过来影响流场结构特征,如激波脱体距离等。另外,流动稀薄程度较高时,固壁边界处的速度滑移和温度跳跃也可能产生一定影响。由于问题较为复杂,相关研究工作一般都采用数值方法,包括考虑化学反应的黏性激波层方程、抛物化 N－S 方程和 DSMC 方法。

如图 1.8 所示,典型算例计算结果[37]表明,随着非平衡程度从平衡到冻结的变化,真实驻点热流相对于平衡边界层方法预测热流将会经历一个先减小再增大的过程。最终的冻结情况下热流与平衡情况下热流相差无几,最小值出现在某一非平衡情况下。但是由于数值计算方法都是局限于具体算例的讨论,目前还难以形成一个统一的普适的结论。要得到一个普适的判据和准确的预测方法,就需要归一化研究各种参数的影响,从理论上对流动和化学反应机制加以深入分析,形成用数学公式表达的结论。

事实上,高超声速稀薄气体流动和真实气体流动研究涉及面广,内容丰富,难以用一本书将该领域重要进展全部囊括其中。本书作者及其研究团队近年来主要做了一些稀薄气体的非平衡流动理论研究,在尖化前缘驻点流动、强剪切主导的边界层流动等方面取得了若干成果,本书结合这些研究成果写成。第 1 章绪论介绍了高超声速真实气体流动的工程背景和基本概念;第 2 章概述了分子动理论基础;第 3 章论述了高超声速真实气体流动的基本物理定律以及基本方程;第 4 章叙述了经典的冻结流动与平衡流动理论;第 5 章针对高超声速驻点流

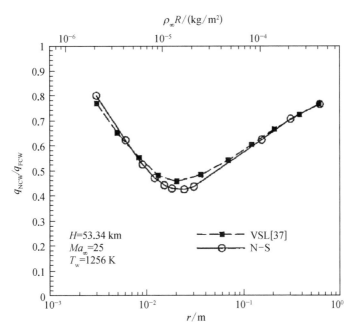

图 1.8　真实驻点热流与平衡理论预测热流之比值
随化学反应非平衡程度变化的趋势

动、平板边界层流动、钝头体流动,给出了稀薄气体效应影响壁面热流和摩阻的
工程理论;第 6 章主要介绍了带有非平衡的振动能激发或离解、复合反应等真实
气体流动理论,最后讨论了稀薄气体效应与非平衡真实气体效应的耦合作用。

参考文献

[1] Hirschel E H, Weiland C. Selected aerothermodynamic design problems of hypersonic flight vehicles[M]. Berlin: Springer, 2009.

[2] Hirschel E H. Basics of aerothermodynamics[M]. Berlin: Springer, 2005.

[3] Viviani A, Pezzella G. Aerodynamic and aerothermodynamic analysis of space mission vehicles[M]. Berlin: Springer, 2015.

[4] Fay J A, Riddell F R. Theory of stagnation point heat transfer in dissociated air[J]. Journal of the Aerospace Sciences, 1958, 25(2): 73 − 85.

[5] Walker S P, Sullivan B J. Sharp refractory composite leading edges on hypersonic vehicles [R]. AIAA Paper 2003 − 6915, 2003.

[6] Kontinos D A, Gee K, Prabhu D K. Temperature constrains at the sharp leading edge of a crew transfer vehicle[R]. AIAA Paper 2001 − 2886, 2001.

[7] Wang W-L, Boyd I D. Predicting continuum breakdown in hypersonic viscous flows[J]. Physics of Fluids, 2003, 15(1): 91 − 100.

[8] Lofthouse A J, Boyd I D, Wright M J. Effects of continuum breakdown on hypersonic aerothermodynamics[J]. Physics of Fluids, 2007, 19(2): 027105.

[9] Santos W F N. Aerodynamic heating on blunt nose shapes in rarefied hypersonic flow[C]. São Paulo: 17th International Congress of Mechanical Engineering, 2003.

[10] Santos W F N. Aerothermodynamic characteristics of flat-nose power-law bodies in low-density hypersonic flow[R]. AIAA Paper 2004 – 5381.

[11] Boyd I D, Padilla J F. Simulation of sharp leading edge aerothermodynamics[R]. AIAA Paper 2003 – 7062.

[12] Inger G R. Scaling nonequilibrium-reacting flows: the legacy of Gerhard Damkohler[J]. Journal of Spacecraft and Rockets, 2001, 38(2): 185 – 190.

[13] Bush W B. On the viscous hypersonic blunt-body problem[D]. Pasadena: California Institute of Technology, 1964.

[14] Waldron H F. Viscous hypersonic flow over pointed cones at low Reynolds numbers[J]. AIAA Journal, 1967, 5(2): 208 – 218.

[15] Cheng H K. Perspectives on hypersonic viscous flow research[J]. Annual Review of Fluid Mechanics, 1993, 25(1): 455 – 484.

[16] Tirskiy G A. Continuum models in problems of the hypersonic flow of a rarefied gas around blunt bodiest[J]. Journal of Applied Mathematics and Mechanics, 1997, 61(6): 875 – 900.

[17] Brykina I G. Asymptotic solution of the thin viscous shock layer equations at low Reynolds numbers for a cold surface[J]. Fluid Dynamics, 2004, 39(5): 815 – 826.

[18] Brykina I G. Asymptotic investigation of the thin viscous shock layer equations in the neighborhood of the stagnation point for low Reynolds numbers[J]. Fluid Dynamics, 2005, 40(6): 965 – 972.

[19] Brykina I G, Rogov B V, Tirskiy G A. Continuum models of rarefied gas flows in problems of hypersonic aerothermodynamics[J]. Journal of Applied Mathematics and Mechanics, 2006, 70(6): 888 – 911.

[20] Brykina I G, Rogov B V, Tirskiy G A. Analytical solutions of continuum equations in hypersonic transitional flow over blunt bodies[C]. St. Petersburg: Rarefied Gas Dynamics: 25 International Symposium, 2006.

[21] Engel C D, Praharaj S C. Minnver upgrade for the AVID system (Volume 1: Lanmin User's Manual)[R]. NASA Contractor Report, 172212, 1983.

[22] 王智慧, 鲍麟. 具有局部稀薄气体效应的高超声速尖锥气动加热特征研究[J]. 计算物理, 2010, 27(1): 59 – 64.

[23] Chapman S, Cowling T G. The mathematical theory of non-uniform gases[M]. 3rd edition. Cambridge: Cambridge University Press, 1970.

[24] Bird G A. Direct simulation and the Boltzmann equation[J]. Physics of Fluids, 1970, 13 (11): 2676 – 2681.

[25] Aktas O, Aluru N R. A combined continuum/DSMC technique for multiscale analysis of microfluidic filters[J]. Journal of Computational Physics, 2002, 178(2): 342 – 372.

[26] Macrossan M N. A particle-only hybrid method for near-continuum flows[J]. AIP Conference

Proceedings, 2002, 585(1): 388 - 395.

[27] Xu K. Direct modeling for computational fluid dynamics: construction and application of unified gas-kinetic schemes[M]. Singapore: World Scientific, 2015.

[28] Macrossan M N. Scaling parameters for hypersonic flow: Correlation of sphere drag data[C]. St. Petersburg: 25th international symposium on rarefied gas dynamics, 2006.

[29] Lighthill M J. Dynamics of a dissociating gas: Part I Equilibrium flow[J]. Journal of Fluid Mechanics, 1957, 2(1): 1 - 32.

[30] Lighthill M J. Dynamics of a dissociating gas: Part II Quasi-equilibrium transfer theory[J]. Journal of Fluid Mechanics, 1960, 8(2): 161 - 182.

[31] Freeman N C. Non-equilibrium flow of an ideal dissociating gas [J]. Journal of Fluid Mechanics, 1958, 4(4): 407 - 425.

[32] Hornung H G. Non-equilibrium ideal-gas dissociation after a curved shock wave[J]. Journal of Fluid Mechanics, 1976, 74(01): 143 - 159.

[33] Conti R J. A theoretical study of non-equilibrium blunt-body flows [J]. Journal of Fluid Mechanics, 1966, 24(1): 65 - 88.

[34] Conti R J, van Dyke M. Reacting flow as an example of a boundary layer under singular external conditions[J]. Journal of Fluid Mechanics, 1969, 38(3): 513 - 535.

[35] Conti R J, van Dyke M. Inviscid reacting flow near a stagnation point[J]. Journal of Fluid Mechanics, 1969, 35(4): 799 - 813.

[36] Dunn M G, Kang S W. Theoretical and experimental studies of reentry plasmas [M]. Washington: Natioanl Aeronautics and Space Administration, 1973.

[37] Lee C H, Park S O. Aerothermal performance constraints for small radius nosetip at high altitude[R]. AIAA Paper 2001 - 1823.

第 2 章

分 子 动 理 论

    根据专业名词规范,已将"分子运动论""分子动力论"等物理学名词统一改称为分子动理论(Kinetic Theory)。现代热物理学的微观理论就是在分子动理论基础上发展起来的。1744 年,俄国科学家罗蒙诺索夫提出热是分子运动的表现,他把机械运动的守恒定律推广到分子运动的热现象。到了 19 世纪中叶,原子和分子学说逐渐取得实验支持,将哲学观念具体化发展为物理理论,热质说也日益被分子运动的观点所取代,在这一过程中统计物理学开始萌芽。1857 年,克劳修斯首先推导出了气体压强公式。1859 年,麦克斯韦推导出了速度分布律,由此可得到能量均分定理,以上就是分子动理论的平衡态理论。后来,玻尔兹曼提出了熵的统计解释及 H 定理;1902 年吉布斯在其《统计力学的基本原理》中,建立了平衡态统计物理体系,称为吉布斯统计,人们后来发现这个体系不仅适于经典力学系统,甚至更自然地适用于服从量子力学规律的微观粒子,与此相适应建立起来的统计力学称为量子统计;此外还有非平衡态统计物理学。上述三方面的内容都是在分子动理论基础上发展起来的。

    组成气体的粒子(如分子、原子和电子)相互独立及它们之间的相互碰撞是气体真实的运行状态,也是分子动理论的实质。一个特定的粒子与周围微粒的碰撞有多频繁?粒子在两次碰撞间要平均移动多少距离?粒子的平均速度是多少?这是本章将要回答的问题。我们之所以对这些问题感兴趣,是因为通过碰撞,粒子的能量在不同能量形式(平动能、转动能、振动能和电子能)之间实现了传递。同时,化学反应的发生也是分子碰撞的一个结果。碰撞需要花费时间,特别是引起能量传递和化学反应的大量碰撞。组成气体的粒子通过碰撞,发生动量、能量和质量的输运,这就有了描述气体输运宏观性质的黏性系数、传热系数和扩散系数,这取决于粒子在相邻两次碰撞间运动的平均距离。

    本章首先简述气体分子模型,从微观角度探讨压强和温度等物理量的本质,进一步地,对碰撞频率和分子平均自由程,从粒子在相空间中的概率分布出发,探讨分子的速度分布函数,并由此定义宏观量的表达,例如压力张量、热流率、平动温度和动理学温度等,并简要推导 Boltzmann 方程。进而,推导 Maxwell 分布,并简要介绍 Chapman – Enskog 理论,最后分析输运现象,推导动量、能量和质量输运方程。

2.1　简化的气体分子模型

2.1.1　物质结构的原子分子学说

19 世纪初,英国的道尔顿(J. Dalton)发现,一种物质和另一物质化合形成其他物质时,他们的种类总成简单的整数比关系。据此,他提出物质都是由原子组成,不同物质的原子的质量有简单整数比的关系。化学家们利用化学方法使化合物分解,但他们发现单质无法分解,根据这一事实,提出这样的观点:化合物是由分子组成,分子由原子组成,原子不能被任何化学手段分割或改变。虽然物质结构的原子分子论在 19 世纪得到了公认,但由于没有直接的证据证明原子、分子的真实性,原子、分子一直被认为是描述问题方便而想象出来的抽象概念。直到 20 世纪初,关于分子无规则运动——布朗运动的理论建立并得到实验检验之后,才真正确立了物质结构的原子分子学说。

现在,我们已经知道,宏观上运动的气体都是由大量不连续的分子(或原子、离子)组成的,且它们都处于不停顿的无规则运动状态。所谓无规则运动就是完全随机的运动,该随机性既包括速度的大小,又包括速度的方向。对于所有分子而言,其运动是各向同性的,没有任何一个方向比别的方向占有优势。这样,分子的无规则运动就与其整体、定向运动不同。定量来讲,分子无规则运动的特征是:在其坐标系(或质心系)中,分子的质心动量为零。分子的这种无规则的随机运动又称为热运动。

大量微观粒子组成的体系称为热力学系统。为确定物体的运动状态,引入了物体的位置坐标、速度、力等物理量。在热物理学中,为确定热力学系统的状态,也需要一些物理量。这些确定热力学系统状态的物理量称为系统的状态参量,它们可以分为几何、力学、电磁、化学和热学五类。例如,描述热力学系统的几何状态参量有体积或者空间尺度,描述力学状态参量的压强,描述电磁状态的电场强度、磁场强度、电极化强度、磁化强度,描述化学状态参量的"物质的量"

或质量,描述热学状态的温度,等等。

对于气体而言,气体分子(原子)之间的相互作用是可以忽略的。微观粒子之间的相互作用在短程区域内表现为很强的排斥力的特征,故而形象地认为微观粒子系统具有确定的体积。但是,考虑到在相距不是很近的情况下,微观粒子之间的相互作用一般都比较弱,因此可以近似地认为,除碰撞的瞬间外,微观粒子之间没有相互作用。微观上讲,理想气体满足三个条件:① 组成气体的微观粒子近似为质点,并遵从牛顿力学规律;② 粒子之间除碰撞的瞬间外无相互作用;③ 粒子之间的碰撞及粒子与容器壁之间的碰撞都是完全弹性碰撞的。

对于理想气体,可以通过微观粒子的运动来推导气体的状态方程,即压强 p、体积 V 和温度 T 之间的关系。首先给出压强和温度的定义。

2.1.2　理想气体的压强公式

组成气体的微观粒子之间发生频繁的碰撞,正是因为这些分子在充足时间内的碰撞建立起系统的平衡状态。考虑气体内部任意一个假想截面 ΔS(也称为面元),则有,一方面 ΔS 两侧附近的粒子相互作用对截面产生的压力,另一方面这些粒子可以携带动量穿过截面存在动量输运,也会对截面产生压力。因此,一般而言,组成气体的粒子运动和粒子间的相互作用都对压强有贡献,气体的压强应为两者之和。对于理想气体,由于除碰撞的瞬间外粒子间无相互作用,因此理想气体的压强仅由组成气体的粒子热运动产生。单个粒子穿过截面 ΔS 而对截面产生的作用是瞬时脉冲,所以理想气体的压强为大量粒子对截面 ΔS 作用的平均效果和整体贡献,即理想气体的压强是理想气体的组分粒子在单位时间内作用在单位面积上的冲量的统计平均值。那么只要确定了单位时间内气体的组成粒子通过单位截面传递的动量的平均值,就确定了理想气体的压强。

为了分析方便,不妨取面元 ΔS 的法线方向为 x 方向,建立局部坐标系,如图 2.1 所示。因为不同粒子的运动速度不同,与面元间距也不同,所以在 Δt 时间内不可能所有气体粒子都与面元相碰并传递动量。假设粒子的速度可以分组,记第 i 组的速度为 c_i,则只有处于以 ΔS 为底、以 $c_{ix}\Delta t(c_{ix} > 0)$ 为高的柱体内的粒子才能与 ΔS 相碰。记该组粒子的数密度为 $n_i^{(+)}$,则该柱体中的粒子数为

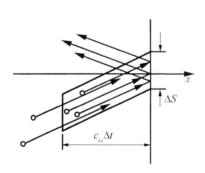

图 2.1　理想气体的分子动量传递模型

$$N_i = n_i^{(+)} \Delta S c_{ix} \Delta t$$

由于粒子处于平衡态且各向同性,不妨进一步地把面元看作是固体壁面,则气体分子的动量传递可以等效于气体分子与面元发生的弹性碰撞。设每个粒子沿 x 方向的动量为 P_{ix},则碰撞后,粒子在 x 方向的速度和动量分别变为 $-c_{ix}$ 和 $-P_{ix}$。动量的改变量为 $\Delta P_{ix} = 2P_{ix}$,所以在 Δt 时间内通过该面元传递的动量为

$$\Delta P_i = \Delta P_{ix} N_i = 2P_{ix} n_i^{(+)} \Delta S c_{ix} \Delta t$$

由于粒子运动具有各向同性的性质,则 $2n_i^{(+)} = n_i$ 为 $c_{ix} > 0$ 和 $c_{ix} < 0$ 的粒子的总数密度,那么,这组粒子对面元的冲击力为

$$\Delta F_i = \frac{\Delta P_i}{\Delta t} = P_{ix} n_i \Delta S c_{ix}$$

其中,$c_{ix} \in (-\infty, \infty)$。根据压强的定义,压强是单位面积上所受的正压力,则该组粒子的运动引起的压强为

$$p_i = \frac{\Delta F_i}{\Delta S} = n_i P_{ix} c_{ix}$$

那么,总压强就是

$$p = \sum_i p_i = \sum_i n_i P_{ix} c_{ix} = n \sum_i \frac{n_i}{n} P_{ix} c_{ix}$$

其中,$n = \sum_i n_i$ 为所有气体组分粒子的数密度,n_i/n 为气体粒子的分布函数,因此压强是所有气体粒子的 $P_x c_x$ 平均值,所以

$$p = n \overline{P_x c_x}$$

由于单个理想气体的组分粒子的热运动是完全无规则的、各向同性的,体现到宏观整体上是没有运动的,即 $\bar{c}_x = \bar{c}_y = \bar{c}_z = 0$,所以

$$\overline{P_x c_x} = \overline{P_y c_y} = \overline{P_z c_z}$$

于是,

$$\overline{\boldsymbol{P} \cdot \boldsymbol{c}} = \overline{P_x c_x} + \overline{P_y c_y} + \overline{P_z c_z} = 3\overline{P_x c_x}$$

所以理想气体的压强可以由组成它的粒子动量 $\boldsymbol{P}$、速度 $\boldsymbol{c}$ 和数密度 n 表示：

$$p = \frac{1}{3}n\,\overline{\boldsymbol{P} \cdot \boldsymbol{c}} \tag{2.1}$$

对于常见的气体，粒子的质量记为 m，则其动量为 $\boldsymbol{P} = m\boldsymbol{c}$，那么 $\boldsymbol{P} \cdot \boldsymbol{c} = mc^2$，所以压强可以写成

$$p = \frac{1}{3}nm\,\overline{c^2} \tag{2.2}$$

粒子运动的动能 $\varepsilon_k = \frac{1}{2}mc^2$，则压强为

$$p = \frac{2}{3}n\,\overline{\varepsilon_k} \tag{2.3}$$

其中，$\overline{\varepsilon_k}$ 为粒子的平均动能。

由此可见，理想气体的状态方程可以表述为系统的压强与平均动能密度之间的关系。推而广之，一个系列的状态方程可以表示为系统的压强与系统的能量密度之间的关系。

2.1.3 温度的本质

已知理想气体的状态方程，压强可表示为 $p = \dfrac{\nu}{V}RT$，ν 为体积 V 内的气体分子的"物质的量"，气体的数密度 $n = \nu N_A / V$，其中 N_A 为阿伏伽德罗常数。记 $R = N_A k_B$，则压强表示为

$$p = \frac{\nu N_A}{V}k_B T$$

理想气体的状态方程改写为

$$p = nk_B T \tag{2.4}$$

其中，

$$k_B = \frac{R}{N_A} = 1.380 \times 10^{-23}\,\mathrm{J/K} \tag{2.5}$$

称为玻尔兹曼常量。由 k_B 的定义知，玻尔兹曼常量是描述热力学系统中的微观

粒子行为的普适常数,它是热力学与统计物理学中的基本常量,其重要性远远超出气体的范畴。

比较式(2.3)和式(2.4),得

$$\overline{\varepsilon_k} = \frac{3}{2}k_B T \qquad (2.6)$$

于是有

$$T = \frac{2}{3}\frac{\overline{\varepsilon_k}}{k_B} \qquad (2.7)$$

由此可见,系统的温度正比于系统中粒子的平均动能(关于平均的概念将在 2.3.2 节中详述)。因此,理想气体的温度是组成气体的粒子无规则运动剧烈程度的度量。推而广之,本质上,温度起因于大量微观粒子无规则运动,是对组成系统的大量微观粒子的无规则运动的剧烈程度的度量。式(2.7)建立了热力学变量 T 和分子运动现象之间的物理联系,即温度为系统粒子平均动能的直接指标。温度越高,平均分子动能线性程度越高。

利用理想气体状态方程(2.7)的表述,可以较方便地讨论一些实际问题,如激波。声波是振动在介质中形成的疏密波,声速就是该介质疏密波的波速。当外界推动气体的速度大于声速时,在气体中就形成实际的高密度气体层,由理想气体状态方程 $p = nk_B T$ 知,分子数密度成倍增加时,压强至少以相同倍数增加,因此形成压强急剧变化的激波。

2.1.4　分子的均方速度和均方根速度

对于热力学系统,总质量为 $M = \sum_i m_i$,密度为 $\rho = M/V$,根据式(2.2),可以得到如下表达:

$$\frac{pV}{M} = \frac{1}{3}\frac{\sum_i m_i c_i^2}{\sum_i m_i}$$

该式表明,压强与体积的乘积联系了系统分子动能。因此,乘积 pV 可以作为系统能量的度量。

速度的均方速度 $\overline{c^2}$ 可以定义为

$$\overline{c^2} = \frac{\sum_i m_i c_i^2}{\sum_i m_i}$$

因此,可得

$$\frac{p}{\rho} = \frac{1}{3}\,\overline{c^2}$$

上式为完全气体状态方程的分子运动论等价方程的另一种形式。利用状态方程,得

$$\overline{c^2} = 3RT$$

或均方根分子速度为

$$\sqrt{\overline{c^2}} = \sqrt{3RT}$$

从式(2.6)可知,粒子平动能 $\varepsilon_{\text{trans}}$ 为 $\frac{1}{2}m_i\,\overline{c_i^2}$。另一方面,$\varepsilon_{\text{trans}}$ 也可写成 $\frac{3}{2}k_B T$,表明其与微粒质量无关。因此,对温度 T 下的气体混合物,平均来说较重微粒比较轻微粒运动缓慢。

2.2   碰撞频率与平均自由程

考虑分子直径为 d 的微粒以平均速率 $\bar{c}$ 运动(注意 $\bar{c}$ 和 $\sqrt{\overline{c^2}}$ 两者略微不同)。当这个分子即将与另一个同样的分子接触,两个分子中心的距离也为 d,如图2.2所示,这个距离可以看作影响半径,它表明任何一个运动过来的分子进入到给定分子的距离 d 范围内都会即刻发生碰撞。因此,当特定分子扫过空间时,分子影响半径在 Δt 时间内将扫过体积为 $\pi d^2 \bar{c} \Delta t$ 的圆柱,如图2.3所示,其中 πd^2 为碰撞截面。则特定分子在 Δt 时间内将经历 $n\pi d^2 \bar{c} \Delta t$ 次碰撞,由此定义单微粒碰撞频率,用 Z' 表示:

$$Z' = n\pi d^2 \bar{c} \tag{2.8}$$

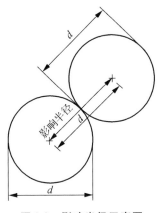

图 2.2　影响半径示意图

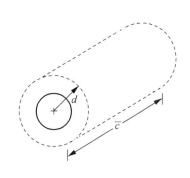

图 2.3　影响半径为 d 的为例以平均速率 $\bar{v}$ 运动时扫过的圆柱体

分子运动的平均自由程,用 λ 表示,定义为粒子两次碰撞间经过的平均距离。因为单位时间内微粒经过的距离为 $\bar{c}$, 其间经历的碰撞次数为 Z', 因此,

$$\lambda = \frac{\bar{c}}{Z'} = \frac{1}{n\pi d^2} \tag{2.9}$$

以上分析非常简单,实际上,更加精确的气体碰撞频率和平均自由程的结果与以上两式给出的结果稍微不同。在上述分析中,假想具有影响半径 d 的分子扫过空间的一定体积,并隐含假定在这个体积中其他分子只是简单地出现在那里而没有运动。实际上,其他分子处于运动中。为更准确地考虑这个问题,应该考虑分子间的相对速度,而不是仅一个分子的平均速度。但是,这需要更加复杂的分析,超出了我们现在讨论的范围。在这里,可以这样分析,化学组分为 A 的单个分子与化学组分为 B 的分子之间的单微粒碰撞频率为

$$Z_{AB} = n_B \pi d^2 \bar{c}_{AB} \tag{2.10}$$

其中, $\bar{c}_{AB}$ 是 A 和 B 分子间的平均相对分子速度,可以表示为

$$\bar{c}_{AB} = \sqrt{\frac{8k_B T}{\pi m_{AB}^*}}$$

因此,碰撞频率可化为

$$Z_{AB} = n_B \pi d_{AB}^2 \sqrt{\frac{8k_B T}{\pi m_{AB}^*}}$$

其中，m_{AB}^* 是约化质量，定义为

$$m_{AB}^* = \frac{m_A m_B}{m_A + m_B}$$

式中，m_A 和 m_B 分别为 A 微粒和 B 微粒的质量。对单一组分气体，单微粒碰撞频率为

$$Z = \frac{n}{\sqrt{2}} \pi d^2 \bar{c} = \frac{n}{\sqrt{2}} \pi d^2 \sqrt{\frac{8k_B T}{\pi m}} \qquad (2.11)$$

注意到简单结果式（2.8）与式（2.11）的结果之间的区别为因子 $\sqrt{2}$，这是考虑了微粒间的相对速度的结果。对单组分气体给出的式（2.11）并不是简单地令 $m_A = m_B$ 推出来的。要将 Z_{AB} 应用于单组分气体，它必须除以一个附加的因子 2，因为在推导式 Z_{AB} 中用到了特殊的碰撞计数方式。

最后，考虑分子相对速度，单一组分气体的平均自由程为

$$\lambda = \frac{1}{\sqrt{2}\pi d^2 n} \qquad (2.12)$$

在前面的公式中，πd^2 经常称为碰撞截面，用 σ 表示。对于碰撞频率和平均自由程的精确求解，需要给出 σ 的适当值。在推导中，如果是不同的分子发生碰撞，它们的直径分别是 d_1 和 d_2，则碰撞截面为 $\sigma = \pi (d_1 + d_2)^2/4$。实际上，碰撞截面的值通过不同方法的试验得到，我们假设它可从文献得到已知值。

从式（2.11）和式（2.12）可以分析碰撞频率和平均自由程如何随气体压强和温度变化。由状态方程：

$$n = \frac{p}{k_B T}$$

可以得到碰撞频率是正比于压强，与温度的平方根成反比，即

$$Z \propto \frac{p}{\sqrt{T}} \qquad (2.13)$$

同样可得，分子平均自由程与温度成正比，与压强成反比，即

$$\lambda \propto \frac{T}{p} \qquad (2.14)$$

对于高温低压气体,意味着低的碰撞频率和高的平均自由程。这种趋势在非平衡现象讨论中非常重要。

2.3 速度分布函数与 Boltzmann 方程

2.3.1 分子的速度分布函数

对于一个由 N 个粒子组成的系统,在任一瞬间,整个系统由 $6N$ 维相空间 (由速度 c 和位置 r 组成的空间)中的一点所代表。考虑大量粒子组成的系统, 或这样系统的系综,在相空间点 c_1, c_2, $\cdots$, c_N, r_1, r_2, $\cdots$, r_N 附近的相空间元素 $\mathrm{d}c_1\mathrm{d}c_2\cdots\mathrm{d}c_N\mathrm{d}r_1\mathrm{d}r_2\cdots\mathrm{d}r_N$ 中找到系统的概率为

$$F^{(N)}(c_1,\ c_2,\ \cdots,\ c_N,\ r_1,\ r_2,\ \cdots,\ r_N;\ t)\,\mathrm{d}c_1\mathrm{d}c_2\cdots\mathrm{d}c_N\mathrm{d}r_1\mathrm{d}r_2\cdots\mathrm{d}r_N \quad (2.15)$$

这就是 N 粒子分布函数的定义。下标 $1,2,\cdots,N$ 为分子的标号,N 为分子数。N 个分子中 R 个分子的简约分布函数定义为

$$
\begin{aligned}
&F^{(R)}(c_1,\ c_2,\ \cdots,\ c_R,\ r_1,\ r_2,\ \cdots,\ r_R;\ t)\\
&=\int_{-\infty}^{\infty}\cdots\int_{-\infty}^{\infty}F^{(N)}\,\mathrm{d}c_{R+1}\cdots\mathrm{d}c_N\mathrm{d}r_{R+1}\cdots\mathrm{d}r_N
\end{aligned}
\quad (2.16)
$$

即不管其他 $(N-R)$ 个分子在相空间的位置为何,在相空间点 c_1, $\cdots$, c_R, r_1, $\cdots$, r_R 附近的相空间元素 $\mathrm{d}c_1\mathrm{d}c_2\cdots\mathrm{d}c_R\mathrm{d}r_1\mathrm{d}r_2\cdots\mathrm{d}r_R$ 中找到系统的概率为

$$F^{(R)}\,\mathrm{d}c_1\cdots\mathrm{d}c_R\mathrm{d}r_1\cdots\mathrm{d}r_R$$

当 $R=1$ 时,即得到单粒子分布函数 $F^{(1)}(c_1,r_1,t)$,即不管所有其他 $(N-1)$ 个粒子在相空间中的位置如何,标号为 1 的分子在时刻 t 位于相空间 $\mathrm{d}c_1\mathrm{d}r_1$ 的概率为 $F^{(1)}\mathrm{d}c_1\mathrm{d}r_1$。 由于整个相空间中分子数为 N,而各个粒子是全同的,在时刻 t 位于相空间元素 $\mathrm{d}c_1\mathrm{d}r_1$ 的概率分子数为 $NF^{(1)}\mathrm{d}c_1\mathrm{d}r_1$。气体动理论正是利用单粒子分布函数来讨论分子运动规律的。

因此,分布函数为 $NF^{(1)}$,即

$$f(c,\ r,\ t)\equiv NF^{(1)}(c,\ r,\ t) \quad (2.17)$$

按照分子速度分布函数 $f(c,r,t)$ 的定义,在时刻 t,在物理空间元素 $\mathrm{d}r\equiv \mathrm{d}x\mathrm{d}y\mathrm{d}z$ 内,如图 2.4 所示,速度在速度空间 c 附近元素 $\mathrm{d}c\equiv \mathrm{d}u\mathrm{d}v\mathrm{d}w$ 内的分子数

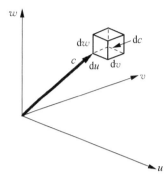

图 2.4　速度空间中 c 附近的速度元 dc ($dc \equiv dudvdw$)

目是

$$f(\boldsymbol{c},\ \boldsymbol{r},\ t)\mathrm{d}\boldsymbol{c}\mathrm{d}\boldsymbol{r} \tag{2.18}$$

实际上相空间 $\mathrm{d}\boldsymbol{c}\mathrm{d}\boldsymbol{r}$ 中的分子数在时间上会有起伏, $f\mathrm{d}\boldsymbol{c}\mathrm{d}\boldsymbol{r}$ 是平均分子数, 定义式(2.18)含有概率的意义。将此表达式对所有速度空间积分, 得到 $\mathrm{d}\boldsymbol{r}$ 中的分子数, 而分子在物理空间的数密度显然为

$$n = \int f\mathrm{d}\boldsymbol{c} \tag{2.19}$$

这里的 f 就是定义的速度分布函数, 该定义从 $f\mathrm{d}\boldsymbol{c}\mathrm{d}\boldsymbol{r}$ 是 $\mathrm{d}\boldsymbol{c}\mathrm{d}\boldsymbol{r}$ 中的分子数出发, 定义了相空间中的数密度。

2.3.2　宏观量的表达

当气体的速度分布函数已知, 气体动力学中感兴趣的各种宏观量就可以通过分布函数求矩的方法得到。按照 f 的定义, 式(2.18)是空间位置 $\boldsymbol{r}$ 附近物理空间体积元 $\mathrm{d}\boldsymbol{r} \equiv \mathrm{d}x\mathrm{d}y\mathrm{d}z$ 内, 速度在 $\boldsymbol{c}$ 附近速度空间体积元 $\mathrm{d}\boldsymbol{c} \equiv \mathrm{d}u\mathrm{d}v\mathrm{d}w$ 内的分子数目, 若将式(2.18)在所有速度空间积分, 就得到 $\mathrm{d}\boldsymbol{r}$ 中的分子数。

由此, 单组元气体在物理空间的密度 ρ 表述为

$$\rho = \int_{-\infty}^{\infty} \int_{-\infty}^{\infty} \int_{-\infty}^{\infty} mf\mathrm{d}u\mathrm{d}v\mathrm{d}w \equiv m\int_{-\infty}^{\infty} f\mathrm{d}\boldsymbol{c} = nm$$

式中, m 是分子的质量。

若用 $\boldsymbol{c}_0$ 标记空间点 $\boldsymbol{r}$ 和时刻 t 处的平均分子速度 $\bar{\boldsymbol{c}}$, 物理空间体积元 $\mathrm{d}\boldsymbol{r} \equiv \mathrm{d}x\mathrm{d}y\mathrm{d}z$ 中有 $n\mathrm{d}\boldsymbol{r}$ 个分子, 其质量为 $\rho\mathrm{d}\boldsymbol{r} \equiv nm\mathrm{d}\boldsymbol{r}$, 每个分子携带动量为 $m\boldsymbol{c}$。平均分子速度定义为

$$\rho\mathrm{d}\boldsymbol{r}\boldsymbol{c}_0 = \sum m\boldsymbol{c}$$

或

$$n\mathrm{d}\boldsymbol{r}\boldsymbol{c}_0 = \sum \boldsymbol{c} \tag{2.20}$$

$\sum \boldsymbol{c}$ 是对于 $n\mathrm{d}\boldsymbol{r}$ 个分子求和。在 $\mathrm{d}\boldsymbol{r}$ 中速度范围在 $\boldsymbol{c}$, $\mathrm{d}\boldsymbol{c}$ 内的分子数目为 $f\mathrm{d}\boldsymbol{c}\mathrm{d}\boldsymbol{r}$。这些分子所携带的速度值为 $\boldsymbol{c}f\mathrm{d}\boldsymbol{c}\mathrm{d}\boldsymbol{r}$, 对整个速度空间积分, 得

$$\sum \boldsymbol{c} = \mathrm{d}\boldsymbol{r} \int \boldsymbol{c} f \mathrm{d}\boldsymbol{c}$$

因此,可以得到

$$\boldsymbol{c}_0 = \bar{\boldsymbol{c}} = \frac{1}{n} \int \boldsymbol{c} f \mathrm{d}\boldsymbol{c} \tag{2.21}$$

平均分子速度 $\boldsymbol{c}_0$ 即气体的宏观流动速度,或称平均速度,又称质量速度。

一般地,如果一个物理量 Q 是分子速度的任意函数,即 $Q = Q(\boldsymbol{c})$,它在气体中的平均值定义为

$$\bar{Q} = \frac{1}{n} \int_{-\infty}^{\infty} Q f \mathrm{d}\boldsymbol{c} \tag{2.22}$$

其中,Q 可以是标量、矢量或者张量。分子相对于宏观流动速度的速度 $\boldsymbol{c} - \boldsymbol{c}_0$ 称为分子的热运动速度,或称为分子的特定速度,有时又称为分子的随机速度,并标记为 $\boldsymbol{c}'$:

$$\boldsymbol{c}' = \boldsymbol{c} - \boldsymbol{c}_0 \tag{2.23}$$

显然平均热运动速度为零,即

$$\bar{\boldsymbol{c}}' = \bar{\boldsymbol{c}} - \boldsymbol{c}_0 = 0$$

有一类重要的宏观量是与分子运动引起的流动中的质量、动量和能量的输运相关的。它们均要求计算某个物理量在一定时间(微元)内通过一定面积(微元)的通量。我们首先得到与分子速度相关联的某一个量 $Q(\boldsymbol{c})$ 通过气体某一个位置上某一小面积元的通量表达式。这一面积微元的面积记为 $\mathrm{d}S$,其单位法向矢量为 $\boldsymbol{n}$(这里不能混淆法向量矢量符号与分子数密度符号)。考虑 $\boldsymbol{c}$ 类分子(即速度在 $\boldsymbol{c}$ 附近的 $\mathrm{d}\boldsymbol{c}$ 中的分子),在时间 $\mathrm{d}t$ 内通过 $\mathrm{d}S$ 的这类分子,则穿越 $\mathrm{d}S$ 的 $\boldsymbol{c}$ 类分子的数目为

$$f \mathrm{d}\boldsymbol{c} \mathrm{d}\boldsymbol{r} = f \boldsymbol{c} \cdot \boldsymbol{n} \mathrm{d}\boldsymbol{c} \mathrm{d}t \mathrm{d}S \tag{2.24}$$

所携带的量 Q 的通量为

$$Q f \boldsymbol{c} \cdot \boldsymbol{n} \mathrm{d}\boldsymbol{c} \mathrm{d}t \mathrm{d}S \tag{2.25}$$

欲求气体中所有分子携带量的通量,要将式(2.22)对整个速度空间积分,得到

$$\mathrm{d}t \mathrm{d}S \int Q f \boldsymbol{c} \cdot \boldsymbol{n} \mathrm{d}\boldsymbol{c} = \mathrm{d}t \mathrm{d}S n \overline{Q\boldsymbol{c}} \cdot \boldsymbol{n} \tag{2.26}$$

由于 $\boldsymbol{n}$ 是单位法向矢量,可以将上式中的法向矢量提出来,将 $n\overline{Q\boldsymbol{c}}$ 定义为量 Q 的通量矢,即

$$n\overline{Q\boldsymbol{c}} \tag{2.27}$$

当取 $Q = m$,得质量通量矢为

$$nm\bar{\boldsymbol{c}} = \rho \boldsymbol{c}_0 \tag{2.28}$$

对于研究关心的应力和热流,就是以平均速度 $\boldsymbol{c}_0$ 运动的气体通过运动的微元 $\mathrm{d}S$(以 $\boldsymbol{c}_0$ 运动)的分子的动量和能量的输运。所以本节将在以 $\boldsymbol{c}_0$ 运动的坐标系中讨论量 Q 的通量矢,即讨论 $n\overline{Q\boldsymbol{c}'}$。

令 $Q = m\boldsymbol{c}'$,就得到热运动引起的动量输运的表达式。所得到的表达式是具有 9 个分量的张量,称为压力张量 $\boldsymbol{P}$:

$$\boldsymbol{P} = n\overline{m\boldsymbol{c}'\boldsymbol{c}'} = \rho \overline{\boldsymbol{c}'\boldsymbol{c}'} = m\int \boldsymbol{c}'\boldsymbol{c}'f\mathrm{d}\boldsymbol{c} \tag{2.29}$$

在对压力张量的各分量了解清楚之后,就可以很清晰地理解压力张量 $\boldsymbol{P}$ 的物理含义。例如,考察时间 $\mathrm{d}t$ 内通过法向为 y 的面元 $\mathrm{d}S$ 的分子,它们的 x 方向动量分量为 mu',那么,总的 mu' 的通量表示为

$$P_{xy} = \int fmu'v'\mathrm{d}\boldsymbol{c} = n\overline{mu'v'} = \rho\overline{u'v'} \tag{2.30}$$

显然,压力张量是一个对称张量。在气体内部任意一点处,作用在面元 $\mathrm{d}S$ 上并指向此表面的正方向的应力(动量通量) $\boldsymbol{p}_n$ 是单位时间分子动量 $m\boldsymbol{c}'$ 沿正向穿过 $\mathrm{d}S$ 单位面积的通量,即

$$\boldsymbol{p}_n = n\overline{c'_n m\boldsymbol{c}'} = \rho\overline{c'_n \boldsymbol{c}'} = \rho\boldsymbol{n} \cdot \overline{\boldsymbol{c}'\boldsymbol{c}'} = \boldsymbol{n} \cdot \boldsymbol{P} \tag{2.31}$$

该应力在法向的分量为

$$\boldsymbol{n} \cdot \boldsymbol{p}_n = \boldsymbol{n} \cdot \rho\overline{c'_n \boldsymbol{c}'} = \rho\overline{c'_n c'_n} \tag{2.32}$$

该值恒为正。这说明气体内部沿某表面正法向的动量穿过该表面的正向通量总为正,这时外法线为 $\boldsymbol{n}$ 的表面从气体受到与 $\boldsymbol{n}$ 相反方向的压力。这个结果表明气体施加于任一表面上的法向力总是压力而不是拉力。气体施加于表面的压

力,方向与动量通量的方向是相反的,只有当气体受到的力是指向面元外法向 **n**
的相反方向时,称其为正压力。显然,这个压力张量正好是我们在流体力学中提
及的应力张量的负值。由于同样的原因,由于气体施加于表面的应力方向与动
量通量的方向是相反的,定义黏性应力张量 $\boldsymbol{T} \equiv \tau_{ij}$ 为压力张量减去静压力张量
的负值。

$$\tau_{ij} = - (\rho \overline{c_i' c_j'} - \delta_{ij} p) \tag{2.33}$$

其中, δ_{ij} 为 Kronecker 张量,有

$$\delta_{ij} = \begin{cases} 1, & i = j \\ 0, & i \neq j \end{cases}$$

p 为静压,定义为压力张量的三个法向分量的平均值:

$$p = \frac{1}{3}\rho \overline{u'^2 + v'^2 + w'^2} = \frac{1}{3}\rho \overline{c'^2} \tag{2.34}$$

为了得到热流量 $\boldsymbol{q} \equiv q_i$ 的表达式,仍从通量矢 $n\overline{Q\boldsymbol{c}'}$ 出发,这时令 $Q = \frac{1}{2}mc'^2 + \varepsilon_{in}$,其中 ε_{in} 是与一个分子相联系的内自由度(振动,转动)能量,这时,

$$\boldsymbol{q} = \frac{1}{2}\rho \overline{c'^2 \boldsymbol{c}'} + n\overline{\varepsilon_{in}\boldsymbol{c}'} = \frac{m}{2}\int \boldsymbol{c}' c'^2 f\mathrm{d}\boldsymbol{c} + \int \boldsymbol{c}' \varepsilon_{in} f\mathrm{d}\boldsymbol{c} \tag{2.35}$$

或

$$q_i = \frac{1}{2}\rho \overline{c'^2 c_i'} + n\overline{\varepsilon_{in}c_i'} = \frac{m}{2}\int c_i' c'^2 f\mathrm{d}\boldsymbol{c} + \int c_i' \varepsilon_{in} f\mathrm{d}\boldsymbol{c} \tag{2.36}$$

同理,利用平均值的一般表达式,令 $Q = \frac{1}{2}mc'^2$,可以得到单位质量的(与平
动能关联的)内能的表达式:

$$e_t = \frac{1}{2}\overline{c'^2} = \frac{1}{2n}\int c'^2 f\mathrm{d}\boldsymbol{c} \tag{2.37}$$

由此可得,静压与单位质量内能之间的关系为

$$p = \frac{2}{3}\rho e_t$$

因此,可以根据式(2.6)和式(2.37)来定义平动动理学温度:

$$\frac{3}{2}\frac{k_B}{m}T_t = e_t = \frac{1}{2}\overline{c'^2} \tag{2.38}$$

同样,根据压强和内能之间的关系,可以得到气体的状态方程。这里定义的平动动理学温度和得到的理想气体状态方程不仅适用于气体平衡状态,也适用于气体处于非平衡的状态。可以分别定义三个速度分量的平动分子温度,如

$$(T_t)_x = \frac{m}{k_B}\overline{u'^2} \tag{2.39}$$

而 $(T_t)_x$、$(T_t)_y$、$(T_t)_z$ 与 T_t 的不同及它们互相之间的不同表征着气体的平动能模态的非平衡程度。

在单原子分子中用 T_t 即可定义为气体的温度。对于双原子分子和多原子分子,它们具有与转动和振动能量相应的自由度。由于某一能量模的自由度 ξ 可以与平动温度 T_t 的定义式类似,从而定义这一内能模的温度 T_{int},它满足:

$$\frac{\xi}{2}\frac{k_B}{m}T_{int} = e_{int} \tag{2.40}$$

能量均分原理意味着气体平衡态下平动和其他自由度的温度相等。在非平衡气体中,可以定义总的(overall)动理学温度 T_{ov}:

$$T_{ov} = (3T_t + \xi T_{int})/(3 + \xi) \tag{2.41}$$

通过以上分析,本节给出了宏观量通过速度分布函数的矩表达的推导,这是从速度分布函数这个层级转换到宏观描述的重要一步。

2.3.3 Boltzmann 方程

当引进了气体的速度分布函数,给出了各种宏观量通过速度分布函数的表达,表明分布函数如何在分子这一层级上给出气体的统计描述。现在的问题就是如何求得这个速度分布函数。Boltzmann 方程[1]给出了这个问题的答案,它给出了分布函数对空间位置和时间的变化率的关系。

对于由式(2.15)给出的粒子速度分布函数 $F^{(N)}$,Liouville 方程是基本统计力学方程,这是 $6N$ 维相空间中 $F^{(N)}$ 的守恒方程。对 Liouville 方程逐次积分可以得到对于 R 个粒子的速度分布函数 $F^{(R)}$[式(2.16)]的方程系列,直到对于单粒

子速度分布函数 $F^{(1)}$ 和两粒子分布函数 $F^{(2)}$ 的方程。如果这时引入分子混沌假设：

$$F^{(2)}(\boldsymbol{c}_1, \boldsymbol{c}_2, \boldsymbol{r}_1, \boldsymbol{r}_2, t) = F^{(1)}(\boldsymbol{c}_1, \boldsymbol{r}_1, t) \cdot F^{(1)}(\boldsymbol{c}_2, \boldsymbol{r}_2, t) \qquad (2.42)$$

就可以得到对于 $F^{(1)}$ 的封闭方程。由 f 与 $F^{(1)}$ 的关系式(2.17)，这就可得到对于 f 的 Boltzmann 方程。

本节不走这种途径而是给出对于 f 与守恒方程类似的推导。这种推导的优点是独立于 Liouville 方程，因此会比较简单，并且可以把方程各项的物理意义理解得更清晰。注意我们考察的 f，是给定速度 $\boldsymbol{c}$ 附近的分子数，因而不同于一般守恒的量，而由于碰撞，f 会发生变化，这是推导 Boltzmann 方程不同于推导守恒方程的特殊之处。

考察 $f(\boldsymbol{c}, \boldsymbol{r}, t)$，在时刻 t，物理空间体积元 $\mathrm{d}\boldsymbol{r} \equiv \mathrm{d}x\mathrm{d}y\mathrm{d}z$ 内，速度在 $\boldsymbol{c}$ 附近的速度空间体积元 $\mathrm{d}\boldsymbol{c} \equiv \mathrm{d}u\mathrm{d}v\mathrm{d}w$ (图 2.4) 内的分子数为 $f\mathrm{d}\boldsymbol{c}\mathrm{d}\boldsymbol{r}$ [参见式(2.18)]，在固定的相空间体积之内，分子数目的时间变化率为

$$\frac{\partial}{\partial t}f(\boldsymbol{c}, \boldsymbol{r}, t)\mathrm{d}\boldsymbol{c}\mathrm{d}\boldsymbol{r} \qquad (2.43)$$

这一变化率是由于三种过程引起的：① 分子通过 $\mathrm{d}\boldsymbol{r}$ 的表面的对流；② 分子通过 $\mathrm{d}\boldsymbol{c}$ 的表面的对流；③ 体积元 $\mathrm{d}\boldsymbol{r}$ 内分子间的碰撞使 $\boldsymbol{c}$ 类分子不再具有 $\boldsymbol{c}$ 的速度以及使原本不是 $\boldsymbol{c}$ 类的分子碰撞后获得 $\boldsymbol{c}$ 速度。

首先考察通过空间体积元 $\mathrm{d}\boldsymbol{r}$ 各表面的对流，$\mathrm{d}t$ 时间内通过与 x 垂直的表面 $\mathrm{d}y\mathrm{d}z$ 进入 $\mathrm{d}\boldsymbol{r}$ 的分子数为 $f\mathrm{d}\boldsymbol{c}(u\mathrm{d}t)(\mathrm{d}y\mathrm{d}z)$，在距此表面 $\mathrm{d}x$ 处沿同一方向在 $\mathrm{d}t$ 内通过 $\mathrm{d}y\mathrm{d}z$ 离开 $\mathrm{d}\boldsymbol{r}$ 的分子数为 $\left[uf + \dfrac{\partial(uf)}{\partial x}\mathrm{d}x\right]\mathrm{d}\boldsymbol{c}\mathrm{d}t\mathrm{d}y\mathrm{d}z$。这样，通过 $\mathrm{d}\boldsymbol{r}$ 与 x 垂直的两个表面的通量引起 $\mathrm{d}t$ 内 $\boldsymbol{c}$ 类分子的增加为

$$-\frac{\partial}{\partial x}(uf)\mathrm{d}\boldsymbol{c}\mathrm{d}\boldsymbol{r}\mathrm{d}t$$

而通过 $\mathrm{d}\boldsymbol{r}$ 所有表面的分子数增加则为

$$-\left[\frac{\partial}{\partial x}(uf) + \frac{\partial}{\partial y}(vf) + \frac{\partial}{\partial z}(wf)\right]\mathrm{d}\boldsymbol{c}\mathrm{d}\boldsymbol{r}\mathrm{d}t$$

由于 u、v、w 与 x、y、z 是平等的，上式可以写为

$$-\left(u\frac{\partial}{\partial x}+v\frac{\partial}{\partial y}+w\frac{\partial}{\partial z}\right)f\mathrm{d}\boldsymbol{c}\mathrm{d}\boldsymbol{r}\mathrm{d}t=-\boldsymbol{c}\cdot\frac{\partial f}{\partial \boldsymbol{r}}\mathrm{d}\boldsymbol{c}\mathrm{d}\boldsymbol{r}\mathrm{d}t \tag{2.44}$$

其次,考察通过速度空间体积元 $\mathrm{d}\boldsymbol{c}$ 各表面的对流。在气体中作用有外力,其量值为每单位质量上作用外力 $\boldsymbol{F}$。$\boldsymbol{F}$ 使分子产生加速度,其在 $\boldsymbol{c}$ 相空间中对 $\boldsymbol{c}$ 的改变起作用,有如速度 $\boldsymbol{c}$ 在物理空间中对 $\boldsymbol{r}$ 的变化所起的作用。利用 $\boldsymbol{F}$、$\boldsymbol{c}$ 与 $\boldsymbol{c}$ 和 $\boldsymbol{r}$ 的这种类比,可以写出时间 $\mathrm{d}t$ 内通过 $\mathrm{d}\boldsymbol{c}$ 的所有表面的 $\boldsymbol{c}$ 类分子的数目变化:

$$-\left(F_x\frac{\partial}{\partial x}+F_y\frac{\partial}{\partial y}+F_z\frac{\partial}{\partial z}\right)f\mathrm{d}\boldsymbol{c}\mathrm{d}\boldsymbol{r}\mathrm{d}t=-\boldsymbol{F}\cdot\frac{\partial f}{\partial \boldsymbol{r}}\mathrm{d}\boldsymbol{c}\mathrm{d}\boldsymbol{r}\mathrm{d}t \tag{2.45}$$

现在来考察 $\mathrm{d}\boldsymbol{r}$ 中分子的碰撞引起的 $\boldsymbol{c}$ 类分子数的变化 $\left(\dfrac{\partial f}{\partial t}\right)_c\mathrm{d}\boldsymbol{c}\mathrm{d}\boldsymbol{r}\mathrm{d}t$。考察 $\boldsymbol{c}$ 类分子和 $\boldsymbol{c}_1$ 类分子的碰撞,在碰撞后它们的速度分别变为 $\boldsymbol{c}^*$ 和 $\boldsymbol{c}_1^*$,将 $\boldsymbol{c}$ 类分子视为以相对速度 c_r 在 $\boldsymbol{c}_1$ 类分子群中运动。在时间 $\mathrm{d}t$ 内,一个 $\boldsymbol{c}$ 类分子扫过的体积为 $c_r\sigma\mathrm{d}\Omega\mathrm{d}t$,而 $\boldsymbol{c}_1$ 类分子的数密度为 $f_1\mathrm{d}\boldsymbol{c}_1$。显然,一个 $\boldsymbol{c}$ 类分子与 $\boldsymbol{c}_1$ 类分子在 $\mathrm{d}t$ 内的碰撞数为

$$c_r f_1\sigma\mathrm{d}\Omega\mathrm{d}\boldsymbol{c}_1\mathrm{d}t$$

但在相空间元素 $\mathrm{d}\boldsymbol{c}\mathrm{d}\boldsymbol{r}$ 中共有 $f\mathrm{d}\boldsymbol{c}\mathrm{d}\boldsymbol{r}$ 个 $\boldsymbol{c}$ 类分子,所以在时间 $\mathrm{d}t$ 内在相空间元中 $\boldsymbol{c}$ 类与 $\boldsymbol{c}_1$ 类分子的碰撞次数为

$$c_r ff_1\sigma\mathrm{d}\Omega\mathrm{d}\boldsymbol{c}\mathrm{d}\boldsymbol{c}_1\mathrm{d}\boldsymbol{r}\mathrm{d}t \tag{2.46}$$

这是 $(\boldsymbol{c},\boldsymbol{c}_1\rightarrow\boldsymbol{c}^*,\boldsymbol{c}_1^*)$ 这类碰撞在 $\mathrm{d}t$ 内在 $\mathrm{d}\boldsymbol{c}\mathrm{d}\boldsymbol{r}$ 相空间内的碰撞次数。对于 $(\boldsymbol{c},\boldsymbol{c}_1\rightarrow\boldsymbol{c}^*,\boldsymbol{c}_1^*)$ 这类弹性正碰撞存在着 $(\boldsymbol{c}^*,\boldsymbol{c}_1^*\rightarrow\boldsymbol{c},\boldsymbol{c}_1)$ 一类逆碰撞。将 $\boldsymbol{c}^*$ 类和 $\boldsymbol{c}_1^*$ 类分子的速度分布函数标记为 f^* 和 f_1^*,根据与式(2.46)的类比,可以写出 $\mathrm{d}t$ 时间内在相空间元 $\mathrm{d}\boldsymbol{c}^*\mathrm{d}\boldsymbol{r}$ 中逆碰撞 $(\boldsymbol{c}^*,\boldsymbol{c}_1^*\rightarrow\boldsymbol{c},\boldsymbol{c}_1)$ 的碰撞次数为

$$c_r^* f^* f_1^*\sigma\mathrm{d}\Omega\mathrm{d}\boldsymbol{c}^*\mathrm{d}\boldsymbol{c}_1^*\mathrm{d}\boldsymbol{r}\mathrm{d}t \tag{2.47}$$

在弹性碰撞中,动量和能量都守恒,因此碰撞前后的相对速度保持不变,即 $c_r=c_r^*$。正碰撞和逆碰撞之间的对称性保证了微分碰撞截面和相空间元乘积 $\sigma\mathrm{d}\Omega\mathrm{d}\boldsymbol{c}\mathrm{d}\boldsymbol{r}$ 在正碰撞和逆碰撞间作变换时的变换行列式为 1:

$$|(\sigma\mathrm{d}\Omega)\mathrm{d}\boldsymbol{c}\mathrm{d}\boldsymbol{c}_1|=|(\sigma\mathrm{d}\Omega)^*\mathrm{d}\boldsymbol{c}^*\mathrm{d}\boldsymbol{c}_1^*| \tag{2.48}$$

从而可以将式(2.47)写为

$$c_r f^* f_1^* \, \sigma \mathrm{d}\Omega \mathrm{d}\boldsymbol{c} \mathrm{d}\boldsymbol{c}_1 \mathrm{d}\boldsymbol{r} \mathrm{d}t \tag{2.49}$$

注意到 $(\boldsymbol{c}, \boldsymbol{c}_1 \rightarrow \boldsymbol{c}^*, \boldsymbol{c}_1^*)$ 碰撞导致 $\boldsymbol{c}$ 类分子的减少, $(\boldsymbol{c}^*, \boldsymbol{c}_1^* \rightarrow \boldsymbol{c}, \boldsymbol{c}_1)$ 碰撞导致 $\boldsymbol{c}$ 类分子的增加,得到相空间中由于与 $\boldsymbol{c}_1$ 类分子碰撞在 $\mathrm{d}t$ 时间内 $\boldsymbol{c}$ 类分子的增加数为

$$(f^* f_1^* - f f_1) c_r \sigma \mathrm{d}\Omega \mathrm{d}\boldsymbol{c} \mathrm{d}\boldsymbol{c}_1 \mathrm{d}\boldsymbol{r} \mathrm{d}t \tag{2.50}$$

我们在统计一个 $\boldsymbol{c}$ 类分子在 $\mathrm{d}t$ 内所扫过的体积时用了微分截面 $\sigma \mathrm{d}\Omega \equiv b \mathrm{d}b \mathrm{d}\varepsilon$,其中 b 为碰撞前后分子间的瞄准距离, ε 为碰撞平面与参考平面的夹角。为了得到 $\mathrm{d}\boldsymbol{c} \mathrm{d}\boldsymbol{r}$ 中在 $\mathrm{d}t$ 内 $\boldsymbol{c}$ 类分子的总的增加数,应该对整个碰撞截面积分,并对 $\boldsymbol{c}_1$ 积分,因为应考虑 $\boldsymbol{c}$ 类分子与所有的分子的碰撞。这样,在相空间微元 $\mathrm{d}\boldsymbol{c} \mathrm{d}\boldsymbol{r}$ 内 $\boldsymbol{c}$ 类分子因碰撞产生的增加数为

$$\left(\frac{\partial f}{\partial t}\right)_c \mathrm{d}\boldsymbol{c} \mathrm{d}\boldsymbol{r} \mathrm{d}t = \left[\int_{-\infty}^{\infty}\int_0^{4\pi}(f^* f_1^* - f f_1) c_r \sigma \mathrm{d}\Omega \mathrm{d}\boldsymbol{c}_1\right] \mathrm{d}\boldsymbol{c} \mathrm{d}\boldsymbol{r} \mathrm{d}t \tag{2.51}$$

将式(2.44)、式(2.45)和式(2.51)之和除以 $\mathrm{d}t$,即得到相应的由对流和碰撞引起 $\boldsymbol{c}$ 类分子数目在相空间 $\mathrm{d}\boldsymbol{c} \mathrm{d}\boldsymbol{r}$ 内随时间的变化率(单位时间内分子数目的变化)。将式(2.43)与以上各式联立,并将由对流引起的项移向方程的左端即得到单组分气体的 Boltzmann 方程:

$$\frac{\partial f}{\partial t} + \boldsymbol{c} \cdot \frac{\partial f}{\partial \boldsymbol{r}} + \boldsymbol{F} \cdot \frac{\partial f}{\partial \boldsymbol{c}} = \left(\frac{\partial f}{\partial t}\right)_c \equiv \int_{-\infty}^{\infty}\int_0^{4\pi}(f^* f_1^* - f f_1) c_r \sigma \mathrm{d}\Omega \mathrm{d}\boldsymbol{c}_1 \tag{2.52}$$

这是分子气体动力学的基本方程,在整个气体动理学中占据着中心的地位。在自由分子流领域中应用无碰撞项的 Boltzmann 方程,可得平衡解 Maxwell 分布。在滑移流领域应用 Boltzmann 方程的 Chapman - Enskog 展开得到的一阶近似 Navier - Stokes 方程或二阶近似 Burnett 方程,或用系统的渐近展开得到流体力学方程组。在过渡领域则要从 Boltzmann 方程或用与它等价的方法求解气体流动的问题。

Boltzmann 方程是一个积分微分方程。其右端项称为碰撞积分或碰撞项,如果将其分为两项,每一项都是 $\boldsymbol{c}$、$\boldsymbol{r}$ 和 t 的函数。后一个碰撞项(使 $\boldsymbol{c}$ 类分子减少的项)中可以将 $f(\boldsymbol{c})$ 提到积分号的外面,因为 $\boldsymbol{c}$ 和 $\boldsymbol{c}_1$ 是互不依赖的,而对于第一个碰撞项(使 $\boldsymbol{c}$ 类分子增加的项)则没有这样的简化。f^* 和 f_1^* 是以碰撞后的速

度 c^* 和 c_1^* 为自变量的分布函数,而 c^* 和 c_1^* 可以从碰撞动力学表达为 c 和 c_1 以及分子碰撞的偏转角 χ 和角 ε 的函数(参考文献[2])。在计算碰撞积分或它的矩时,要利用到 c^* 和 c_1^* 与 c 和 c_1 的关系式。可以想象,因为碰撞积分的存在给求解 Boltzmann 方程带来了多么大的困难。

Boltzmann 方程除了碰撞积分带来的困难的特点外,还有自变量多的特点。f 是唯一的未知函数的简单性,比起变量多带来的复杂性就不那么重要了。一般情况(三维与非定常)f 依赖于 7 个标量自变量,而且速度空间要延展到很大的值,这给数值求解带来在相空间布置网点的极大困难,而在一般情况(复杂几何、大的扰动)下解析解更加困难。

2.4 Maxwell 分布和气体平衡态

2.4.1 Maxwell 分布

单组分单原子分子的空间均匀气体在不受外力作用的情况下会给出 Boltzmann 方程的一个解,即平衡态的分布。历史上,这个分布是 Maxwell 在 Boltzmann 方程建立之前,于 1860 年得到的,因而称为 Maxwell 分布。Maxwell 分布即气体处于平衡态的速度分布函数为

$$
\begin{aligned}
f_0 &= n\left(\frac{m}{2\pi k_B T}\right)^{3/2} \exp\left(-\frac{m}{2k_B T}c'^2\right) \\
&= n\left(\frac{m}{2\pi k_B T}\right)^{3/2} \exp\left[-\frac{m}{2k_B T}(u'^2 + v'^2 + w'^2)\right]
\end{aligned}
\tag{2.53}
$$

历史上,Maxwell 的推理是不够严谨的,但简单而直观。本节首先回顾 Maxwell 的推理,然后再给出基于 Boltzmann 的 H 定理[1] 的数学上严谨的推导。从分子热运动速度的三个分量 u'、v'、w' 是相互垂直这一点出发,Maxwell 假设每一个分量的分布都是独立的,与其他分量的分布无关。如果 $F(u')\mathrm{d}u'$ 用来表示速度在 x 方向的分量之值处于 u' 和 $u' + \mathrm{d}u'$ 之间的概率,则根据假设 $F(u')$ 与 v'、w' 无关。同样,速度的 y 和 z 方向的分量在 v' 和 $v' + \mathrm{d}v'$ 以及 w' 和 $w' + \mathrm{d}w'$ 之间的概率为 $F(v')\mathrm{d}v'$ 和 $F(w')\mathrm{d}w'$。根据分布函数的定义:

$$
f(u', v', w')\mathrm{d}\boldsymbol{c}'
$$

是单位体积内速度在速度空间 c' 附近元素 $dc' \equiv du'dv'dw'$ 内的分子数,在分量分布函数互不依赖的假设下,应该等于

$$f(u', v', w')du'dv'dw' = nF(u')F(v')F(w')du'dv'dw'$$

对于静止的气体,分布函数 $f(u', v', w')$ 不能区分出什么特定的方向,它只能依赖于热运动速度的量值 $c' = \sqrt{u'^2 + v'^2 + w'^2}$。这样,从静止气体的各向同性性质出发,应有 $f(u', v', w') = nF(u')F(v')F(w') = \phi(u'^2 + v'^2 + w'^2)$ 这一函数方程的解为

$$F(u') = a e^{bu'^2}$$

$$f(u', v', w') = \phi(u'^2 + v'^2 + w'^2) = na^3 \exp(bc'^2)$$

$$\tag{2.54}$$

式中, a、b 为任意常数,适当选择 a、b 可以使式(2.54)与式(2.53)完全符合。

现在给出基于 Boltzmann H 定理的 Maxwell 分布的严格的数学推导。对于无外力作用的静止的均匀气体, $\partial/\partial r$ 为零, F 为零,这时 Boltzmann 方程(2.52)为

$$\frac{\partial f}{\partial t} = \int_{-\infty}^{\infty} \int_{0}^{4\pi} (f^* f_1^* - f f_1) c_r \sigma \,\mathrm{d}\Omega \mathrm{d}c_1 \tag{2.55}$$

Boltzmann 定义的 H 函数为

$$\mathrm{H} = n\,\overline{\ln f} = \int f \ln f \mathrm{d}c \tag{2.56}$$

取 $Q = \ln f$,利用碰撞积分可以得到

$$\frac{\partial \mathrm{H}}{\partial t} = \frac{1}{4} \int_{-\infty}^{\infty} \int_{-\infty}^{\infty} \int_{0}^{4\pi} (\ln f + \ln f_1 - \ln f^* - \ln f_1^*)(f^* f_1^* - f f_1) c_r \sigma \,\mathrm{d}\Omega \mathrm{d}c_1 \mathrm{d}c$$

$$= \frac{1}{4} \int_{-\infty}^{\infty} \int_{-\infty}^{\infty} \int_{0}^{4} \ln(f f_1 / f^* f_1^*)(f^* f_1^* - f f_1) c_r \sigma \,\mathrm{d}\Omega \mathrm{d}c_1 \mathrm{d}c \tag{2.57}$$

显然,如果 $\ln(f f_1 / f^* f_1^*)$ 为正,则 $(f^* f_1^* - f f_1)$ 必为负;如果 $\ln(f f_1 / f^* f_1^*)$ 为负,则 $(f^* f_1^* - f f_1)$ 必为正。因此式(2.57)中的积分必为负或零,H 不会增加,即

$$\frac{\partial \mathrm{H}}{\partial t} \leqslant 0 \tag{2.58}$$

这就是 Boltzmann 的 H 定理。

从 H 的表达式来看,当 $c \to \infty$ 时,有 $f \to 0$ 及 $\ln f \to - \infty$,因而 H 有可能发散。那么 H 是减少下去一直到 $- \infty$,还是会趋近于一个有限值? 我们将 H 的表达式(2.56)与如下的积分比较:

$$\int_{-\infty}^{\infty} f c^2 \mathrm{d}\boldsymbol{c}$$

该积分表示了气体的能量,是收敛的。如果 H 发散,那么当 $c \to \infty$ 时,一定有

$$\ln f < - c^2$$

即

$$f < \exp(- c^2)$$

也就是说 f 趋近于 0 比 $\exp(- c^2)$ 还要快。对于 $f = \exp(- c^2)$,H 是收敛的,对于比 $\exp(- c^2)$ 趋于 0 还快的 f ,H 更应是收敛的。因此 H 为发散的假设不成立。对于分子的任何初始分布,H 随时间单调下降趋近于一有限的下界。这时有

$$\frac{\partial \mathrm{H}}{\partial t} = 0$$

从式(2.57)可见,需要如下等式成立:

$$f^* f_1^* - f f_1 = 0 \tag{2.59}$$

即,当且仅当下式成立时,H 函数的时间偏导数为零:

$$\ln f + \ln f_1 = \ln f^* + \ln f_1^* \tag{2.60}$$

这时从式(2.55)可见, $\partial H/\partial t = 0$ 导致 $\partial f/\partial t = 0$,即在平衡态下在任何速度空间元素中的分子概率数目不随时间变化。

条件式(2.60)表明,在平衡状态下,量 $Q = \ln f$ 满足 $Q + Q_1 - Q^* - Q_1^* = 0$ 条件。分子质量 m 、动量 mc 与动能 $(1/2)mc^2$ 都满足这一条件。而任何满足 $Q + Q_1 - Q^* - Q_1^* = 0$ 条件的量称为求和不变量。已经证明,碰撞不变量或它们的线性组合是仅有的求和不变量(文献[3]中 42~45 页)。这样 $Q = \ln f$ 是求和不变量,因而有

$$\ln f = A c^2 + \boldsymbol{B} \cdot \boldsymbol{c} + C \tag{2.61}$$

引入热运动速度 c'，则上式可以写为

$$\ln f = Ac'^2 + (2A\boldsymbol{c}_0 + \boldsymbol{B}) \cdot \boldsymbol{c}' + Ac_0^2 + \boldsymbol{B} \cdot \boldsymbol{c}_0 + C$$

由于平衡气体中不能区分出任何特定的方向，故分布函数应是各向同性的，它不应显式地依赖 $\boldsymbol{c}'$，所以应该有

$$\boldsymbol{B} = -2A\boldsymbol{c}_0$$

且

$$\ln f = Ac'^2 - Ac_0^2 + C$$

即

$$f = \exp(Ac'^2 - Ac_0^2 + C) \tag{2.62}$$

可以引进新的常数，令 $A = -\beta^2$，负号是为了满足 f 有界的条件。简单地，令 $\alpha = \exp(C + \beta^2 c_0^2)$，则有

$$f = \alpha \exp(-\beta^2 c'^2) \tag{2.63}$$

式中，常数 α、β 通过数密度 n 和温度 T 的表达式(2.19)和式(2.38)而确定。首先利用式(2.19)：

$$
\begin{aligned}
n = \int f \mathrm{d}\boldsymbol{c} &= \alpha \int_{-\infty}^{\infty} \exp(-\beta^2 c'^2) \mathrm{d}\boldsymbol{c}' \\
&= \alpha \int_{-\infty}^{\infty} \int_{-\infty}^{\infty} \int_{-\infty}^{\infty} \exp\left[-\beta^2(u'^2 + v'^2 + w'^2)\right] \mathrm{d}u' \mathrm{d}v' \mathrm{d}w' \\
&= \alpha \left[\int_{-\infty}^{\infty} \exp(-\beta^2 x^2) \mathrm{d}x\right]^3
\end{aligned}
$$

上式的积分可用误差函数给出积分值为 $\sqrt{\pi}/\beta$。所以有

$$n = \alpha(\sqrt{\pi}/\beta)^3$$

即

$$\alpha = n(\beta/\sqrt{\pi})^3 \tag{2.64}$$

利用式(2.38)，得

$$\frac{3}{2}\frac{k_B}{m}T = \frac{\alpha}{2n}\int_{-\infty}^{\infty} c'^2 \exp(-\beta^2 c'^2) \mathrm{d}\boldsymbol{c}'$$

上式右侧积分值为 $\dfrac{3}{2}\pi^{3/2}/\beta^5$。联立上两式,解得 β^2 的表达式为

$$\beta^2 = \left(2\frac{k_B}{m}T\right)^{-1} = (2RT)^{-1} \qquad (2.65)$$

将 α 和 β 值代入式(2.63),可以得到平衡或 Maxwell 分布的最终表达式为

$$f_0 = n\left(\frac{m}{2\pi k_B T}\right)^{3/2}\exp\left(-\frac{m}{2k_B T}c'^2\right)$$

有时,Maxwell 分布用 β 来表达:

$$f_0 = n\left(\frac{\beta}{\pi^{1/2}}\right)^3\exp(-\beta^2 c'^2),\ \beta = (2RT)^{-1/2} \qquad (2.66)$$

Maxwell 分布式(2.53)被认为是基本物理定律,它规定了气体在静止平衡态速度的最可几速度分布。分子束技术完全可以足够精确地测量出分子速度的 Maxwell 分布,并完全证实了分布的正确性。

以上的证明或推导是针对单组分单原子分子气体进行的。Boltzmann 的 H 定理证明了 Maxwell 分布是平衡态 $\partial f/\partial t = 0$ 的充分和必要条件。而不引入 $H = \int f\ln f \mathrm{d}\boldsymbol{c}$,就不能证明式(2.59)或式(2.60)是 $\partial f/\partial t = 0$ 的必要条件。因为,从式(2.55)可见,为使右端的积分为零,$(f^* f_1^* - ff_1)$ 在积分域内有时为正有时为负也是可能的。Maxwell 分布对于双原子与多原子分子气体的平动速度也是正确的。Maxwell 分布可以视为能量为 $\dfrac{1}{2}mc'^2$ 的 Boltzmann 分布的一个特例。

2.4.2 气体平衡态

从 Maxwell 分布出发可以得到气体平衡态下许多有用的特性,这将在以下几节加以讨论。这里首先从介绍气体的最可几分子热运动速度 c'_m、平均热运动速度 $\overline{c'}$ 和均方根热运动速度 c'_s 的概念开始。

为此在速度空间引入球坐标 (c', θ, φ),速度空间元素的体积为

$$\mathrm{d}\boldsymbol{c}' = c'^2\sin\theta\mathrm{d}\theta\mathrm{d}\varphi\mathrm{d}c'$$

根据速度分布函数 f 的定义,分子的速度量值在 c' 和 $c' + \mathrm{d}c'$ 之间,而极角在 θ 和 $\theta + \mathrm{d}\theta$ 之间,方位角在 φ 和 $\varphi + \mathrm{d}\varphi$ 之间的数目比分为

$$\frac{\mathrm{d}n}{n} = (\beta^3/\pi^{3/2}) c'^2 \exp(-\beta^2 c'^2) \sin\theta \mathrm{d}\theta \mathrm{d}\varphi \mathrm{d}c'$$

分子的速度在速度空间中半径为 c' 的球面和半径为 $c' + \mathrm{d}c'$ 的球面之间的数目占比显然可在上式中对 φ 从 0 到 2π、对 θ 从 0 到 π 积分得到

$$\frac{\mathrm{d}n}{n} = (4/\sqrt{\pi})\beta^3 c'^2 \exp(-\beta^2 c'^2)\mathrm{d}c' \tag{2.67}$$

可以定义一个速度量值的分布函数 $\chi(c')$，速度值在 c' 和 $c' + \mathrm{d}c'$ 之间的分子数占比 $\chi(c')\mathrm{d}c'$。显然，

$$\begin{aligned}\chi(c') &= (4/\sqrt{\pi})\beta^3 c'^2 \exp(-\beta^2 c'^2)\\ &= 4\pi\left(\frac{m}{2\pi k_B T}\right)^{3/2} c'^2 \exp\left(-\frac{mc'^2}{2k_B T}\right)\end{aligned} \tag{2.68}$$

根据上式，可以绘制无量纲分布函数 $\chi/\beta = (2k_B T/m)^{1/2}\chi$ 的曲线图，见图 2.5，横坐标为无量纲量 $\beta c' = c'/(2k_B T/m)$。

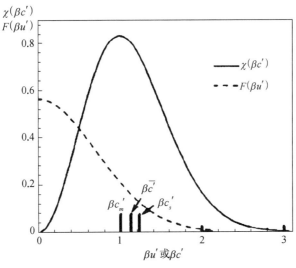

图 2.5 分子速率的分布函数 $\chi(\beta c')$ 及热运动速度分量的分布函数 $F(\beta u')$

1. 气体的几个特殊速度

根据分布函数式(2.68)，可以得到描述分子运动的最可几热运动速度、平均热运动速度、均方根热运动速度等。

最可几热运动速度 c_m' 是 $\chi(c')$ 曲线最大值处的速度 c' 值。最大值是极值，

根据 $\partial \mathcal{X} / \partial c' = 0$，可以求得

$$c'_m = \frac{1}{\beta} = \left(\frac{2k_B T}{m} \right)^{1/2} \tag{2.69}$$

平均热运动速度 $\overline{c'}$ 类似式（2.22）的求矩，不过这里是用速率分布函数来求解，因此，有如下的定义：

$$\overline{c'} = \int_0^\infty c' \mathcal{X}(c') \, \mathrm{d}c'$$

对该积分进行整理，得

$$\overline{c'} = \frac{2}{\pi^{1/2} \beta} = \left(\frac{8k_B T}{\pi m} \right)^{1/2} \tag{2.70}$$

均方根热运动速度的定义为 $c'_s = (\overline{c'^2})^{1/2}$，而 $\overline{c'^2}$ 已经在前述小节中提及，这里通过 $\mathcal{X}(c')$ 来表示：

$$\overline{c'^2} = \int_0^\infty c'^2 \mathcal{X}(c') \, \mathrm{d}c'$$

所以均方根热运动速度为

$$c'_s \equiv (\overline{c'^2})^{1/2} = \left(\frac{3}{2} \right)^{1/2} \beta = \left(\frac{3k_B T}{m} \right)^{1/2} \tag{2.71}$$

这里所述的三个速度最可几热运动速度 c'_m、平均热运动速度 $\overline{c'}$ 和均方根热运动速度 c'_s 之值均在图 2.5 中标记。它们是按 $\sqrt{2}$、$\sqrt{8/\pi}$ 和 $\sqrt{3}$ 的比例依次增加的。

从 Maxwell 分布函数式（2.66）可以得到热运动速度分量的分布函数。一个速度分量在某一区域的数目占比可以通过将式（2.66）对其余两个分量积分而得到。如 x 方向的速度分量处于 u' 和 $u' + \mathrm{d}u'$ 之间的分子的数目占比为

$$(\beta / \pi^{1/2})^3 \exp(-\beta^2 u'^2) \left\{ \int_{-\infty}^\infty \int_{-\infty}^\infty \exp[-\beta^2(v'^2 + w'^2)] \, \mathrm{d}v' \mathrm{d}w' \right\} \mathrm{d}u'$$

将上式的积分求出后，得到

$$\beta / \pi^{1/2} \exp(-\beta^2 u'^2) \, \mathrm{d}u' \tag{2.72}$$

热运动速度分量的分布函数为

$$F(u') = \beta / \pi^{1/2} \exp(-\beta^2 u'^2) = \left(\frac{m}{2\pi k_B T}\right)^{1/2} \exp\left(\frac{mu'^2}{2k_B T}\right) \tag{2.73}$$

这一结果也可以通过将 Maxwell 分布函数式(2.66)写为数密度 n 与三个速度分量 u'、v' 和 w' 的分布函数 $F(u')$、$F(v')$ 和 $F(w')$ 的乘积而得到,即

$$f_0 du' dv' dw' = nF(u')F(v')F(w') du' dv' dw'$$

而这里,假设了三个方向上的概率是互相独立的,这也正是 Maxwell 推导平衡分布时引入的假设。无量纲分布函数 $F/\beta = (2k_B T/m)^{1/2} F$ 也表示在图 2.5 中。从图中可见,热运动速度分量的最可几值为零。而热运动速度分量在正 x 方向的平均值为

$$\frac{\int_0^\infty u' F(u') du'}{\int_0^\infty F(u') du'} = \left[\frac{\beta}{\pi^{1/2} \int_0^\infty u' \exp(-\beta u'^2) du'}\right] \cdot 2 = \frac{1}{\pi^{1/2}\beta} = \frac{1}{2}\overline{c'} \tag{2.74}$$

式中,公式左端的分母是归一化因子,其值为 $1/2$,因为正 x 方向运动的分子显然占全部分子的一半。

2. 分子碰撞频率与平均自由程

以下利用 Maxwell 分布求出气体平衡态下的分子的碰撞频率 ν 和平均自由程 λ。气体中单位体积单位时间内分子的总碰撞数 N_c 为

$$N_c = \frac{1}{2}\int_{-\infty}^\infty \int_{-\infty}^\infty \sigma_T c_r f_1 f d\mathbf{c}_1 d\mathbf{c}$$

其中, σ_T 是总碰撞截面。N_c 与分子的数密度 n 和每个分子的碰撞频率 ν 的关系为

$$N_c = \frac{1}{2}n\nu \tag{2.75}$$

这里对称因子 $1/2$ 的引入是因为每个碰撞包含着两个分子。因此,碰撞频率的表达式为

$$\nu = \frac{1}{n}\int_{-\infty}^\infty \int_{-\infty}^\infty \sigma_T c_r f_1 f d\mathbf{c}_1 d\mathbf{c} \tag{2.76}$$

或者利用平均值的定义写成

$$\nu = n\overline{\sigma_T c_r} \qquad (2.77)$$

其中,总碰撞截面 σ_T 一般依赖相对速度 c_r 而变化。因而为了计算碰撞频率 ν,需要计算相对速度 c_r 的某一幂次 j 的平均值。这样,进行如下的积分计算:

$$\overline{c_r^j} = \frac{1}{n^2}\int_{-\infty}^{\infty}\int_{-\infty}^{\infty} c_r^j f_1 f_2 \mathrm{d}c_1 \mathrm{d}c_2$$

式中, $c_r = c_1 - c_2$; f_1 和 f_2 为 Maxwell 分布函数,由式(2.53)给出

$$\overline{c_r^j} = \frac{(m_1 m_2)^{3/2}}{(2\pi k_B T)^3}\int_{-\infty}^{\infty}\int_{-\infty}^{\infty} c_r^j \exp\left[-(m_1 c_1^2 + m_2 c_2^2)/(2k_B T)\right]\mathrm{d}c_1 \mathrm{d}c_2$$

为计算此积分,最方便的方法是将积分变量由惯性系中的 c_1、c_2 变换为质心参考系的 c_r、c_m,其中 c_m 为粒子 m_1 和 m_2 在碰撞前后质心速度,c_r 为两者相对速度。有变换行列式:

$$\frac{\partial(u_1, v_1, w_1, u_2, v_2, w_2)}{\partial(u_r, v_r, w_r, u_m, v_m, w_m)}$$

为了理解上述行列式,只需计算简化的一维变换行列式:

$$\frac{\partial(u_1, u_2)}{\partial(u_r, u_m)} = \begin{vmatrix} \dfrac{\partial u_1}{\partial u_r} & \dfrac{\partial u_1}{\partial u_m} \\ \dfrac{\partial u_2}{\partial u_r} & \dfrac{\partial u_2}{\partial u_m} \end{vmatrix} = \begin{vmatrix} \dfrac{m_2}{m_1 + m_2} & 1 \\ \dfrac{-m_1}{m_1 + m_2} & 1 \end{vmatrix} = 1$$

从而得到整个变换行列式为 1。由此,积分式中的表达式 $(m_1 c_1^2 + m_2 c_2^2)$ 转换为 $(m_1 + m_2)c_m^2 + m_r c_r^2$,其中 m_r 为约化质量。再在 c_r、c_m 速度空间中引入球坐标,并对极角和方位角积分(对称性),然后有

$$\mathrm{d}c_r = 4\pi c_r^2 \mathrm{d}c_r, \quad \mathrm{d}c_m = 4\pi c_m^2 \mathrm{d}c_m$$

因此有

$$\overline{c_r^j} = \frac{2(m_1 m_2)^{3/2}}{\pi (k_B T)^3}\int_0^{\infty}\int_0^{\infty} c_r^{j+2} c_m^2 \exp\left[-\frac{(m_1 + m_2)c_m^2}{2k_B T} - \frac{m_r c_r^2}{2k_B T}\right]\mathrm{d}c_m \mathrm{d}c_r$$

即

$$\overline{c_r^j} = \frac{2(m_1 m_2)^{3/2}}{\pi(k_B T)^3} \int_0^\infty c_m^2 \exp\left[-\frac{(m_1+m_2)c_m^2}{2k_B T}\right] \mathrm{d}c_m \cdot \int_0^\infty c_r^{j+2} \exp\left(-\frac{m_r c_r^2}{2k_B T}\right) \mathrm{d}c_r$$

$$\tag{2.78}$$

可以将上式通过 c_m 与 c_r 的分布函数 $\phi(c_m)$ 和 $\psi(c_r)$ 来表达,即

$$\overline{c_r^j} = \int_0^\infty \phi(c_m) \mathrm{d}c_m \cdot \int_0^\infty c_r^j \psi(c_r) \mathrm{d}c_r \tag{2.79}$$

其中,

$$\phi(c_m) = \frac{4(m_1+m_2)^{3/2}}{\pi^{1/2}(2k_B T)^{2/3}} c_m^2 \exp\left[-\frac{(m_1+m_2)c_m^2}{2k_B T}\right] \tag{2.80}$$

$$\psi(c_r) = \frac{4 m_r^{3/2}}{\pi^{1/2}(2k_B T)^{2/3}} c_r^2 \exp\left(-\frac{m_r c_r^2}{2k_B T}\right)$$

这里 $\phi(c_m)$ 和 $\psi(c_r)$ 形式上与速度量值的分布函数 $\chi(c')$ 全同,只不过要将其中的质量 m 用 (m_1+m_2) 或 m_r 置换。显然,$\phi(c_m)$ 和 $\psi(c_r)$ 是归一化了的,即

$$\int_0^\infty \phi(c_m) \mathrm{d}c_m = 1, \quad \int_0^\infty \psi(c_r) \mathrm{d}c_r = 1$$

式(2.79)中的第二个积分可以通过 Gamma 函数来表达,即

$$\overline{c_r^j} = \frac{2}{\pi^{1/2}} \Gamma\left(\frac{j+3}{2}\right) \left(\frac{2k_B T}{m_r}\right)^{j/2} \tag{2.81}$$

对于上式最直接的应用是令 $j = 1$ 而得到相对速度的平均值 $\overline{c_r}$:

$$\overline{c_r} = \frac{2}{\pi^{1/2}} \left(\frac{2k_B T}{m_r}\right)^{1/2} \tag{2.82}$$

对一单组分气体 $m_r = m/2$,利用式(2.70)可以得到 $\overline{c_r}$ 通过平均热运动速度 $\overline{c'}$ 的表达式:

$$\overline{c_r} = 2^{3/2}/(\pi^{1/2}\beta) = \sqrt{2}\,\overline{c'} \tag{2.83}$$

对于变径硬球模型(VHS 模型)分子的碰撞,总碰撞截面为 σ_T,分子直径 d,相对速度 c_r 和相对平动能量 $\varepsilon_t \equiv \frac{1}{2} m_r c_r^2$ 的参考值为 $\sigma_{T,\text{ref}}$、d_{ref}、$c_{r,\text{ref}}$ 和 $\varepsilon_{t,\text{ref}}$,其中 $\sigma_{T,\text{ref}}$ 和 d_{ref} 是相对速度为 $c_{r,\text{ref}}$ 时的值,存在

$$\frac{\sigma_T}{\sigma_{T,\,\text{ref}}} = \left(\frac{d}{d_{\text{ref}}}\right)^2 = \left(\frac{c_r}{c_{r,\,\text{ref}}}\right)^{-2\xi} = \left(\frac{\varepsilon_t}{\varepsilon_{t,\,\text{ref}}}\right)^{-\xi} \tag{2.84}$$

其中,ξ 是碰撞截面 σ_T 依赖于平动能量 ε_t 的(负的)方幂。

现在利用式(2.77)来计算 VHS 模型分子的碰撞频率。总碰撞截面:

$$\sigma_T = \sigma_{T,\,\text{ref}} c_{r,\,\text{ref}}^{2\xi} c_r^{-2\xi} = \sigma_{T,\,\text{ref}} c_{r,\,\text{ref}}^{2\omega-1} c_r^{1-2\omega}$$

可以利用 $\overline{c_r^j}$ 的结果式(2.81)后,其中 $j = 2 - 2\omega$,所以得到碰撞频率:

$$\nu_0 = n\sigma_{T,\,\text{ref}} c_{r,\,\text{ref}}^{2\omega-1} \frac{2}{\pi^{1/2}} \Gamma\left(\frac{5}{2} - \omega\right) \left(\frac{2k_B T}{m_r}\right)^{1-\omega} \tag{2.85}$$

对于变径软球(variable soft sphere, VSS)模型,这一结果也是对的。因为 VSS 模型的碰撞截面与相对速度的关系与 VHS 模型是一样的,仅比例系数不同。参考文献[2],可以利用 VSS 模型的黏性系数表示碰撞频率,即

$$\nu_0 = \frac{5(\alpha + 1)(\alpha + 2)}{\alpha(7 - 2\omega)(5 - 2\omega)} \frac{np}{\mu} \tag{2.86}$$

其中,μ 为黏性系数;α 是散射中偏转角余弦的幂次(VSS 模型分子的散射规律 $b = d\cos^\alpha(\chi/2)$,$\alpha = 1$ 为硬球模型)。利用分子平均自由程入的定义,以及平均速度的表达式(2.70),可以得到平衡态的平均自由程 λ_0:

$$\lambda_0 = \frac{4\alpha(7 - 2\omega)(5 - 2\omega)}{5(\alpha + 1)(\alpha + 2)} \left(\frac{m}{2\pi k_B T}\right)^{1/2} \frac{\mu}{\rho} \tag{2.87}$$

式中,令 $\alpha = 1$,即得到 VHS 模型的结果。对于碰撞截面与相对速度 c_r 成反比的 VHS 模型($\omega = 1$),则有

$$\lambda_0 = 2\left(\frac{m}{2\pi k_B T}\right)^{1/2} \frac{\mu}{\rho} \tag{2.88}$$

对于简单硬球模型,可令 $\omega = 1/2$,$\sigma_{T,\,\text{ref}} = \sigma_T$,$m_r = m/2$,从而得到

$$\nu_0 = \left(\frac{4}{\pi^{1/2}}\right) \left(\frac{k_B T}{m}\right)^{1/2} n\sigma_T = \sqrt{2} n\sigma_T \overline{c'} \tag{2.89}$$

单位体积单位时间气体中的碰撞数从式(2.75)得

$$N_{c,\,0} = 2^{-1/2} n^2 \sigma_T \overline{c'} \tag{2.90}$$

平衡态下的分子的平均自由程 λ_0 为

$$\lambda_0 = \frac{1}{\sqrt{2}\,n\sigma_T} = \frac{1}{\sqrt{2}\,n\pi d^2} \tag{2.91}$$

如果利用硬球模型中黏性系数的表达式:

$$\mu = \frac{5}{16} \frac{(\pi m k_B T)^{1/2}}{\sigma_T} = \frac{5}{16} \frac{(\pi m k_B T)^{1/2}}{\pi d^2}$$

还可以将 λ_0 写为

$$\lambda_0 = \frac{16}{5} \left(\frac{m}{2\pi k_B T}\right)^{1/2} \frac{\mu}{\rho} \tag{2.92}$$

或

$$\lambda_0 = \frac{32}{5\pi} \frac{\mu}{c'\rho} \approx 2.037 \frac{\mu}{c'\rho} \tag{2.93}$$

比较式(2.92)和式(2.87)显然可见,将常用的硬球模型的分子平均自由程乘以 $\dfrac{\alpha(7 - 2\omega)(5 - 2\omega)}{4(\alpha + 1)(\alpha + 2)}$,这一因子即可得到 VSS 模型的结果。当 $\omega = 0.75$ 和 $\alpha = 1.5$ 时,这一因子为 0.825,对于 $\omega = 0.75$ 的 VHS 模型($\alpha = 1$),则约为 0.802 1。对于有 Maxwell 性质($\omega = 1$)的 VHS 模型($\alpha = 1$),此因子则为 $5/8 = 0.625$。

本节的叙述与推导是针对单组分气体进行的,关于混合气体中的碰撞频率与平均自由程的概念容后再叙。

3. 碰撞量的平均值

任何一个只是 c_r 的函数的量 Q 在所有碰撞中的平均值是一个重要的量。根据定义,这一平均值映射在分子碰撞频率 ν 的积分式中乘以 Q,再将所得积分用 ν 归一化。或者等价地,在 $\overline{c_r^j}$ 的表达式(2.78)的积分中乘以 Q,将所得积分用 $\overline{c_r^j}$ 之值式(2.81)归一化,这时 j 值应等于根据所用分子模型的 $\sigma_T c_r$ 依赖于 c_r 的方幂:

$$\overline{Q} = 2\left(\frac{m_r}{2k_B T}\right)^{\frac{j+3}{2}} \frac{1}{\Gamma[(j+3)/2]} \int_0^\infty Q c_r^{j+2} \exp\left(-\frac{m_r c_r^2}{2k_B T}\right) \mathrm{d}c_r \tag{2.94}$$

例如,对于 VHS 模型分子,j 根据总碰撞截面和相对速度的乘积而决定:根据式(2.84)有 $\sigma_T \boldsymbol{c}_r \sim \boldsymbol{c}_r^{1-2\xi}$,根据关系 $\omega = 1/2 + \xi$,最终有 $j = 2 - 2\omega$。所以对于 VHS 模型分子:

$$\bar{Q} = \frac{2}{\Gamma\left(\dfrac{5}{2} - \omega\right)} \left(\frac{m_r}{2k_B T}\right)^{\frac{5}{2}-\omega} \int_0^\infty Q \boldsymbol{c}_r^{2(2-\omega)} \exp\left(-\frac{m_r \boldsymbol{c}_r^2}{2k_B T}\right) \mathrm{d}\boldsymbol{c}_r \tag{2.95}$$

以平动动能为例,在质心坐标系中平动动能 $\varepsilon_\mathrm{t} = \dfrac{1}{2} m_r \boldsymbol{c}_r^2$,将 $Q = \dfrac{1}{2} m_r \boldsymbol{c}_r^2$ 代入上式,可以得到碰撞中的平均平动动能为

$$\bar{\varepsilon}_\mathrm{t} = \left(\frac{5}{2} - \omega\right) k_B T \tag{2.96}$$

对于硬球模型 $\omega = 1/2$,则有

$$\bar{\varepsilon}_\mathrm{t} = 2k_B T \tag{2.97}$$

碰撞中平动动能 $\bar{\varepsilon}_\mathrm{t} = \dfrac{1}{2} m_r \boldsymbol{c}_r^2$ 超过某一定值 ε_0 的碰撞,在所有碰撞中所占比率是一重要的特征量,在讨论化学反应时要用到。为了求得这一比分,可以在式(2.95)中令 $Q = 1$,并将积分下限定为 $\boldsymbol{c}_r = (3\varepsilon_0/m_r)^{1/2}$,得

$$\frac{\Delta N}{N} = \frac{2}{\Gamma\left(\dfrac{5}{2} - \omega\right)} \left(\frac{m_r}{2k_B T}\right)^{\frac{5}{2}-\omega} \int_{(2\varepsilon_0/m_r)^{1/2}}^\infty \boldsymbol{c}_r^{2(2-\omega)} \exp\left(-\frac{m_r \boldsymbol{c}_r^2}{2k_B T}\right) \mathrm{d}\boldsymbol{c}_r \tag{2.98}$$

式中,积分为不完全 Γ 函数,则有

$$\frac{\Delta N}{N} = \frac{\Gamma\left(\dfrac{5}{2} - \omega, \ \varepsilon_0/k_B T\right)}{\Gamma\left(\dfrac{5}{2} - \omega\right)} \tag{2.99}$$

对于硬球模型,有 $\omega = 1/2$,所以得

$$\frac{\Delta N}{N} = \left(\frac{\varepsilon_0}{k_B T} + 1\right) \exp\left(-\frac{\varepsilon_0}{k_B T}\right) \tag{2.100}$$

有时我们不是对于如上定义的碰撞的总动能感兴趣,而是对相对速度沿着

碰撞分子的中心连线的分量所对应的动能感兴趣。也就是说,我们要算出所有
碰撞中,满足由相对速度分量构建的"动能"大于 ε_0 的碰撞的比分。这一详细过
程可以参考相关推导(文献[2]第 112 页),最后可以得到硬球分子气体所占的
比分为

$$\frac{\Delta N}{N} = \exp\left(-\frac{\varepsilon_0}{k_B T} \right) \tag{2.101}$$

2.5　Chapman－Enskog 理论

根据 Boltzmann 方程,可以得到矩方程或 Maxwell 输运方程:

$$\frac{\partial}{\partial t}(n\,\overline{Q}) + \nabla \cdot \boldsymbol{n}\,\overline{\boldsymbol{c}Q} - n\boldsymbol{F} \cdot \overline{\frac{\partial Q}{\partial \boldsymbol{c}}} = \Delta[Q] \tag{2.102}$$

式中, $\Delta[Q]$ 是碰撞积分,即

$$\Delta[Q] = \frac{1}{2}\int_{-\infty}^{\infty}\int_{-\infty}^{\infty}\int_{0}^{4\pi}(Q^* + Q_1^* - Q - Q_1)f_1 f c, \sigma \,\mathrm{d}\Omega \mathrm{d}c \mathrm{d}c_1$$

从中可以看出,当 Q 取为分子的质量 m、动量 $m\boldsymbol{c}$ 或者动能 $\frac{1}{2}mc^2$ 时,上式
中碰撞积分为零。而此时 Q 的矩以及 $\boldsymbol{c}Q$ 的矩就是前述讨论的气体动力学的各
种宏观量。这样,得到如下的质量、动量和能量守恒方程式:

$$\begin{cases} \dfrac{\mathrm{d}\rho}{\mathrm{d}t} + \rho\,\dfrac{\partial u_i}{\partial x_i} = 0 \\[2mm] \rho\,\dfrac{\mathrm{d}u_i}{\mathrm{d}t} + \dfrac{\partial p}{\partial x_i} + \dfrac{\partial \tau_{ij}}{\partial x_j} = 0 \\[2mm] \rho\,\dfrac{\mathrm{d}e}{\mathrm{d}t} + p\,\dfrac{\partial u_i}{\partial x_i} + \tau_{ij}\,\dfrac{\partial u_i}{\partial x_j} + \dfrac{\partial q_i}{\partial x_i} = 0 \end{cases} \tag{2.103}$$

这是控制气体流动的基本方程式,它们也可以从连续介质模型假设出发,从
质量、动量、能量的守恒定律推导出来。这是一个不完全封闭的方程组。其中独
立的未知函数为 ρ、p(或 e)、u_i、q_i、τ_{ij} 共十三个。而方程的数目则为五个,因
此方程组是不封闭的。连续介质的处理方法是假设应力与应变率之间,热流与

温度梯度之间存在一定的关系,从而使得方程封闭。例如,应力与应变率之间的关系为线性的 Newton 流体本构关系,热流与温度梯度线性关系的 Fourier 定律,则上式就是大家熟悉的 Navier-Stokes 方程,如果作无黏假设, $\tau_{ij} = 0$, $q_i = 0$, 则上式为 Euler 方程。气体动理论(分子运动论)则从求解 Boltzmann 方程(2.52)出发,得到 τ_{ij} 和 q_i ,通过 u_i 和 T 的表达式,同时还计算出比率系数(黏性系数和热传导系数)之值。这就是 Chapman 和 Enskog 发展的方法。

2.5.1 Chapman-Enskog 展开

Chapman 和 Enskog 为了求解 Boltzmann 方程,将分布函数 f 展开为正比于 Knudsen 数 (Kn) 的幂次级数(在考虑的领域内 $Kn < 1$)[4]:

$$f = \sum_{r=0}^{\infty} f^{(r)} \qquad (2.104)$$

式中, $f^{(0)}$ 为 f 的零级近似,取为平衡态的 Maxwell 分布,即式(2.53)。 $f^{(r)}$ 为 $f^{(0)}$ 的 r 级修正项。而相应的应力张量 P_{ij} 和热流向量 q_i 可写为

$$P_{ij} = \sum_{r=0}^{\infty} P_{ij}^{(r)} \qquad (2.105)$$

$$q_i = \sum_{r=0}^{\infty} f_i^{(r)} \qquad (2.106)$$

式中,

$$P_{ij}^{(r)} = m \int c_i' c_j' f^{(r)} \, d\boldsymbol{c}$$

$$q_i^{(r)} = \frac{m}{2} \int c_i' c'^2 f^{(r)} \, d\boldsymbol{c} \qquad (2.107)$$

2.5.2 Euler 方程

将 f 取零阶近似, $f = f_0$,这时有

$$\tau_{ij}^{(0)} = 0$$

$$q_i^{(0)} = 0$$

代入式(2.103),即得到 Euler 方程组。

2.5.3 Navier–Stokes 方程

对 f 取一级近似 $f^{(1)}$，解得[4]

$$f^{(1)} = -f^{(0)}\left[\frac{4K\beta^2}{5nk_B}\left(\beta^2 c'^2 - \frac{5}{2}\right)c_i'\frac{\partial}{\partial x_i}\ln T + \frac{4\mu\beta^4}{\rho}\overset{\circ}{c_i'}c_j'\frac{\partial c_{0i}}{\partial x_j}\right] \quad (2.108)$$

式中，$\overset{\circ}{c_i'}c_j' = c_i'c_j' - c'^2\delta_{ij}/3$ 表示由 $c_i'c_j'$ 构成的无散张量。

这时，

$$\tau_{ij}^{(1)} = -2\mu\overline{\frac{\partial u_i}{\partial x_j}} \quad (2.109)$$

$$q_i^{(1)} = -K\frac{\partial T}{\partial x_i}$$

式中，μ 是黏性系数；K 是传热系数，由 Chapman–Enskog 理论给出

$$\mu = \frac{(5/8)(\pi m k_B T)^{1/2}}{(m/4k_B T)^4\displaystyle\int_0^\infty c_r^7\sigma_\mu\exp(-mc_r^2/4k_B T)\mathrm{d}c_r} \quad (2.110)$$

$$K = \frac{15}{4}\frac{k_B}{m}\mu \quad (2.111)$$

参考文献[5]第 10 章（第 404 页）。这里 $\overline{\dfrac{\partial u_i}{\partial x_j}}$ 是由张量 $\dfrac{\partial u_i}{\partial x_j}$ 构成的无散度对称张量：

$$\overline{A_{ij}} = \frac{1}{2}(A_{ij} + A_{ji}) - \frac{1}{3}\delta_{ij}A_{kk} \quad (2.112)$$

将式(2.109)代入式(2.103)中的动量守恒和能量守恒方程，并引入焓 $h = e + p/\rho$，得

$$\rho\frac{\mathrm{d}u_i}{\mathrm{d}t} + \frac{\partial p}{\partial x_i} - \frac{\partial}{\partial x_j}\left[\mu\left(\frac{\partial u_i}{\partial x_j} + \frac{\partial u_j}{\partial x_i}\right) - \frac{2}{3}\mu\frac{\partial u_k}{\partial x_k}\right] = 0 \quad (2.113)$$

$$\frac{\mathrm{d}h}{\mathrm{d}t} = \frac{1}{\rho}\frac{\mathrm{d}p}{\mathrm{d}t} + \frac{1}{\rho}\frac{\partial}{\partial x_i}\left(K\frac{\partial T}{\partial x_i}\right) + \frac{\phi}{\rho} \quad (2.114)$$

此处的 ϕ 为耗散函数：

$$\phi = - \tau_{ij}^{(1)} \frac{\partial u_i}{\partial x_j} = 2\mu \overline{\frac{\partial u_i}{\partial x_j}} \frac{\partial u_i}{\partial x_j} = \frac{1}{2}\mu \left(\frac{\partial u_i}{\partial x_j} + \frac{\partial u_j}{\partial x_i} \right)^2 - \frac{2}{3}\mu \left(\frac{\partial u_k}{\partial x_k} \right)^2 \quad (2.115)$$

式(2.113)和式(2.114)就是在流体力学中谈及的 Navier‐Stokes 动量方程和相应的能量方程。

2.5.4　Burnett 方程

Burnett[6]最早研究了 f 的二级近似 $f^{(2)}$，给出了相应的应力张量和热流(参考文献[4]第 15 章):

$$\tau_{ij}^{(2)} = K_1 \frac{\mu^2}{p} \frac{\partial u_k}{\partial x_k} \frac{\partial u_i}{\partial x_j}$$

$$+ K_2 \frac{\mu^2}{p} \left(- \overline{\frac{\partial}{\partial x_i} \frac{1}{p} \frac{\partial p}{\partial x_j}} - \overline{\frac{\partial u_k}{\partial x_i} \frac{\partial u_j}{\partial x_k}} - 2 \overline{\frac{\partial u_i}{\partial x_k} \frac{\partial u_k}{\partial x_j}} \right)$$

$$+ K_3 \frac{\mu^2}{\rho T} \overline{\frac{\partial^2 T}{\partial x_i \partial x_j}} + K_4 \frac{\mu^2}{\rho R T} \overline{\frac{\partial p}{\partial x_i} \frac{\partial T}{\partial x_j}} \qquad (2.116)$$

$$+ K_5 \frac{\mu^2}{\rho T} \overline{\frac{\partial T}{\partial x_i} \frac{\partial T}{\partial x_j}} + K_6 \frac{\mu^2}{p} \overline{\frac{\partial u_i}{\partial x_k} \frac{\partial u_k}{\partial x_j}}$$

$$q_i^{(2)} = \theta_1 \frac{\mu^2}{\rho T} \frac{\partial u_k}{\partial x_k} \frac{\partial T}{\partial x_i} + \theta_2 \frac{\mu^2}{\rho T} \left[\frac{2}{3} \frac{\partial}{\partial x_i} \left(T \frac{\partial u_k}{\partial x_k} \right) + 2 \frac{\partial u_j}{\partial x_i} \frac{\partial T}{\partial x_j} \right]$$

$$+ \left(\theta_3 \frac{\mu^2}{\rho p} \frac{\partial p}{\partial x_j} + \theta_4 \frac{\mu^2}{\rho} \frac{\partial}{\partial x_j} + \theta_5 \frac{\mu^2}{\rho T} \frac{\partial T}{\partial x_j} \right) \overline{\frac{\partial u_j}{\partial x_i}} \qquad (2.117)$$

这里的 K_i、θ_i 均为常数,对于 VHS 硬球模型,其值为

$$\begin{cases} K_1 = 4.056, \ K_2 = 2.028, \ K_3 = 2.418 \\ K_4 = 0.681, \ K_5 = 0.219, \ K_6 = 7.424 \\ \theta_1 = 11.644, \ \theta_2 = -5.822, \ \theta_3 = -3.090 \\ \theta_4 = 2.418, \ \theta_5 = 25.157 \end{cases} \qquad (2.118)$$

令

$$\tau_{ij} = \tau_{ij}^{(B)} = \tau_{ij}^{(1)} + \tau_{ij}^{(2)}$$

$$q_i = q_i^{(B)} = q_i^{(1)} + q_i^{(2)} \tag{2.119}$$

把 $\tau_{ij}^{(1)}$、$q_i^{(1)}$ 和 $\tau_{ij}^{(2)}$、$q_i^{(2)}$ 代入式 (2.103) , 得到 Burnett 方程。

钱学森[7]分析了 Burnett 方程二阶项与一阶项的比值, 指出对于高马赫数下的滑移流领域, 应采用 Burnett 方程。同时指出由于附加的热流与应力项包含高于一阶的导数, 使偏微分方程组阶数增高, 需要有比通常气体动力学更多的边界条件。

Burnett 方程应用于高超声速流动的进展曾经不是十分顺利。Burnett 方程十分复杂, 处理起来比较困难。对于适合于 Burnett 方程的正确边界条件提法也没有一个普遍接受的一致意见。而理论和实验结果有时也给出 Navier – Stokes 方程优于 Burnet 方程的证据。这使得曾经认为在滑流领域内的基本方程还要依赖 Navier – Stokes 方程[8]。这种情况从 20 世纪 80 年代末起有所改变。Fiscko 和 Chapman[9]于 1988 年研究了一维激波结构以检验 Burnett 方程的可靠性。研究这一问题的优点是可以避免边界条件提法的不确定性。结果表明 Bumett 方程比 Navier – Stokes 方程更接近直接模拟蒙特卡罗 (DSMC) 方法的模拟结果。这些研究使人们改变了关于 Burnett 方程似乎是无用的看法。其实在这以前已有一些工作表明了 Burnett 方程是优于 Navier – Stokes 方程的。如 Alofs 和 Springer[10]于 1971 年发表的用电子束荧光法测量圆柱间 Couette 流动的密度分布, 证明了 Lin 和 Street[11]用 Burnett 方程和高阶滑移条件得到的结果在 $Kn < 0.25$ 时比用 Navier – Stokes 方程和一阶滑移条件得到的结果与实验结果相符得更好。

Zhong 等[12]证明了 Burnett 方程对于小波长的扰动是不稳定的, 并认为这是数值求解 Burnett 方程遇到困难的原因。

2.6 输运现象

气体分子的输运现象本质上是原子和分子的随机运动。当粒子 (原子或者分子) 从空间中一个位置运动到另一个位置时, 它携带了与粒子本身相关的某些动量、能量和质量。作为随机粒子运动的结果, 这些粒子的动量、能量和质量的输运, 分别引起黏性、热传导和扩散的输运现象。

为了更加直观地考察粒子动量、能量和质量的输运, 不妨考虑二维 (x, y)

空间的气体,如图 2.6 所示。左图显示了粒子的随机运动,有两个粒子穿过水平线 $y = y_1$。令 ϕ 表示粒子的平均特性,即动量、能量或者质量相关的特性,右图给出了 ϕ 在 y 方向的变化曲线。再令 Δy 表示在 y_1 之上的平均距离,粒子 1 从上面穿过线 y_1 位置之前经历了最后的碰撞。类似地,粒子 2 从下面穿过 y_1 的平均距离也为 Δy,粒子 2 在穿过 y_1 之前经历了最后的碰撞。在穿过 y_1 时,粒子 1 携带 ϕ 的平均值等于 $\phi(y + \Delta y)$,粒子 2 携带平均值等于 $\phi(y - \Delta y)$。根据分子平均自由程 λ 的定义,Δy 可以被等价于 λ。

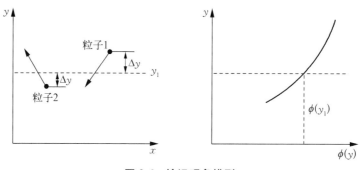

图 2.6 输运现象模型

粒子从上面或者下面穿过 y_1 截面的通量与分子数密度 n 和粒子的平均速度 $\bar{c}$ 相关,即与两者乘积 $n\bar{c}$ 成比例。于是,由两方向穿过 y_1 的 ϕ 的通量等于

$$\Lambda = an\bar{c}\left[\phi(y_1 - \lambda) - \phi(y_1 + \lambda)\right] \tag{2.120}$$

式中,通量 Λ 在向上方向的净值定义为正值;a 是比例常数。在 $y = y_1$ 处用泰勒级数展开 ϕ,得

$$\phi(y_1 + \lambda) = \phi(y_1) + \frac{\mathrm{d}\phi}{\mathrm{d}y}\lambda + \frac{\mathrm{d}^2\phi}{\mathrm{d}y^2}\frac{\lambda^2}{2} + \cdots$$

和

$$\phi(y_1 - \lambda) = \phi(y_1) - \frac{\mathrm{d}\phi}{\mathrm{d}y}\lambda + \frac{\mathrm{d}^2\phi}{\mathrm{d}y^2}\frac{\lambda^2}{2} + \cdots$$

代入式(2.120)中,忽略高阶项,得到通量的表达式为

$$\Lambda = -2an\bar{c}\lambda\frac{\mathrm{d}\phi}{\mathrm{d}y} \tag{2.121}$$

因此,式(2.121)可被视为 ϕ 的一般输运方程。现在考虑特定的 ϕ 变量,就可以

得到对应的输运方程。

2.6.1　动量输运

动量是矢量,可以独立地考察三个方向的动量分量的输运。首先,令 ϕ 是粒子的 x 方向的平均动量,即 $\phi = m\bar{c}_x$ 给出,其中 m 是粒子质量, $\bar{c}_x$ 是在 x 方向的平均速度。因此,从式(2.121)可以得

$$\Lambda = -2an\bar{c}\lambda m \frac{\mathrm{d}\bar{c}_x}{\mathrm{d}y} \tag{2.122}$$

在连续介质中,参考牛顿力学的知识,在流动中,动量的 x 方向分量在 y 方向的通量就是剪应力 τ_{xy}(参考文献[13]中的牛顿流体黏性律)。那么,由 $\tau_{xy} = -\Lambda$,式(2.122)变为

$$\tau_{xy} = 2an\bar{c}\lambda m \frac{\mathrm{d}\bar{c}_x}{\mathrm{d}y} \tag{2.123}$$

在流体力学中的牛顿流体黏性律的角度来看,可以有(这里仅考虑在 y 方向的梯度)

$$\tau_{xy} = \mu \frac{\mathrm{d}u}{\mathrm{d}y} = \mu \frac{\mathrm{d}\bar{c}_x}{\mathrm{d}y} \tag{2.124}$$

式中, u 是 x 方向的流动速度; μ 是黏性系数。在分子运动论中,水平方向的平均速度就是流动速度,即 $\bar{c}_x = u$。由此,得到黏性系数的表达式:

$$\mu = 2an\bar{c}\lambda m \tag{2.125}$$

2.6.2　能量输运

考虑 ϕ 是粒子的平均能量,由式给出的 $\frac{3}{2}k_B T$,其中 k_B 是玻尔兹曼常数,穿过 y_1 的能量通量可从式(2.121)获得

$$\Lambda = -3an\bar{c}\lambda k_B \frac{\mathrm{d}T}{\mathrm{d}y} \tag{2.126}$$

这里,临时用 K 表示常数 $3ak_B$,则,

$$\Lambda = -n\bar{c}\lambda K \frac{\mathrm{d}T}{\mathrm{d}y} \tag{2.127}$$

根据经典的热传导,能量通量(单位面积单位时间的能量)由下式给出:

$$\dot{q} = - k \frac{\mathrm{d}T}{\mathrm{d}y} \qquad (2.128)$$

式中,k 是传热系数。因为在分子理论中,式(2.127)的 Λ 就是 $\dot{q}$,所以,通过比较两式,得

$$k = n\bar{c}\lambda K \qquad (2.129)$$

2.6.3 质量输运

在此,考虑分子质量的输运。这里,考虑由 A 和 B 两种粒子组成的二元气体,它们的分子数密度分别为 n_A 和 n_B,则总数密度 $n = n_A + n_B$。 在式(2.121)中,令 Λ 是 A 粒子穿过 y_1 的通量,也就是,A 粒子单位面积单位时间内穿过 y_1 的数目。因此,穿过 y_1 被输运的 ϕ 量就是一个 A 粒子穿过 y_1 的概率。

这种概率是摩尔分数 X_A,因此,$\phi = X_A = n_A/n$。 对于这种情况,式(2.121)被写为

$$\Lambda = - 2an\bar{c}\lambda \frac{\mathrm{d}(n_A/n)}{\mathrm{d}y} = - 2a\bar{c}\lambda \frac{\mathrm{d}n_A}{\mathrm{d}y} \qquad (2.130)$$

在宏观基础上,定义 A 粒子单位面积单位时间的通量为 Γ_A,表达如下:

$$\Gamma_A = - D_{AB} \frac{\mathrm{d}n_A}{\mathrm{d}y} \qquad (2.131)$$

式中,D_{AB} 是组分 A 进入 B 的二元扩散系数。比较以上两式,$\Lambda = \Gamma_A$,由此可得

$$D_{AB} = 2a\bar{c}\lambda \qquad (2.132)$$

2.6.4 输运系数

在此,我们获得了描述三种输运现象的输运系数 μ、k、D_{AB} 的表达式,它们都依赖分子的平均运动速度 $\bar{c}$ 和分子平均自由程 λ,它们分别是

$$\bar{c} = \sqrt{\frac{8RT}{\pi}} \qquad \lambda = \frac{1}{\sqrt{2}\pi d^2 n} = \frac{1}{\sqrt{2}\sigma n}$$

把它们代入黏性系数表达式(2.125)、热传导系数表达式(2.129)和扩散系数表达式(2.132),可得

$$\mu = K_{\mu} \frac{\sqrt{T}}{\sigma}$$

$$k = K_{k} \frac{\sqrt{T}}{\sigma} \tag{2.133}$$

$$D_{AB} = K_{D} \frac{\sqrt{T}}{\sigma n}$$

式中, K_{μ}、K_{k}、K_{D} 是常数。由此可见, 式(2.133)表明, 对于纯净气体(碰撞截面 σ 确定了), μ 和 k 仅依赖温度 T, 而 D_{AB} 依赖温度 T 和分子数密度 n。这里值得强调的是, 扩散系数依赖气体的温度和密度。应用状态方程 $p = nk_{B}T$, 扩散系数可以写为

$$D_{AB} = K'_{D} \frac{\sqrt{T^3}}{p\sigma} \tag{2.134}$$

以上输运系数是从分子运动论很基本的描述中得到的简单结果, 既有定性的成分, 也有定量的成分。对于输运系数的更加复杂的分析, 可参考文献[14]和[15]。

如果考虑分子间的相互作用, 需要引入分子力场。这里考虑分子力场随分子距离 r 变化而变化, 其通用模型是伦纳德-琼斯(Lennard-Jones)"6-12"势能, 它给出的分子力为

$$F = -\frac{\mathrm{d}\Phi_{m}}{\mathrm{d}r}$$

其中,

$$\Phi_{m}(r) = 4\varepsilon \left[\left(\frac{d}{r} \right)^{12} - \left(\frac{d}{r} \right)^{6} \right] \tag{2.135}$$

式中, d 是特征分子直径; ε 是分子间相互作用的特征能量。

对于纯净气体, 黏性系数 μ 和热传导系数 k 可以从下面公式获得[16]:

$$\mu = 2.669\,3 \times 10^{-5} \frac{\sqrt{MT}}{d^2 \Omega_{\mu}} \tag{2.136}$$

并且对于单原子气体, 有

$$k = 8.328\,0 \times 10^{-4} \frac{\sqrt{T/M}}{d^2 \Omega_k} \tag{2.137}$$

其中,对于双原子或者多原子气体,考虑另外的旋转、振动和电子[5]能量模式的欧肯(Eucken's)关系式为

$$k = \mu\left(\frac{5}{2}c_{v_{\text{trans}}} + c_{v_{\text{rot}}} + c_{v_{\text{vib}}} + c_{v_{\text{el}}}\right) \tag{2.138}$$

上两式中,μ 的单位是 g · cm^{-1} · s^{-1};T 的单位是 K;d 的单位是 $\mathring{A}$;k 的单位是 J · cm^{-1} · s^{-1} · K^{-1}。在前面的公式中,M 是相对分子质量。Ω_μ 和 Ω_k 是碰撞积分,给出了作为温度函数(例如,分子碰撞之间的相对能量的函数)的有效碰撞直径的变化,两者是 $k_B T/\varepsilon$ 的函数。与伦纳德-琼斯势函数相关的特征分子直径 d 和 ε/k_B 的值按不同气体可以通过查表得出[17]。

对于粒子 A 和 B 的二元混合气体,写出组分 A(单位面积单位时间 A 的质量)质量通量的表达式,用 $\boldsymbol{j}_A$ 表示:

$$\boldsymbol{j}_A = -\rho D_{AB} \nabla c_A \tag{2.139}$$

式中,c_A 是 A 的质量分数;D_{AB} 是相关二元扩散系数(有时称为扩散率)。式(2.139)称为菲克定律(Fick's Law)。在该式中,D_{AB} 可以由下式得到:

$$D_{AB} = 0.001\,858\,3 \frac{\sqrt{T^3 \left[(1/M_A) + (1/M_B)\right]}}{p d_{AB}^2 \Omega_{d,\,AB}} \tag{2.140}$$

式中,D_{AB} 的单位是 cm^2 · s^{-1};T 的单位是 K;p 的单位是 atm*;d_{AB} 的单位是 $\mathring{A}$。d_{AB} 的较好的逼近值可简单写为

$$d_{AB} = \frac{1}{2}(d_A + d_B)$$

$\Omega_{d,\,AB}$ 是 $k_B T/\varepsilon$ 的函数,其值可以通过查表得出[17],其中 $\varepsilon_{AB} = \sqrt{\varepsilon_A \varepsilon_B}$。注意式(2.140)与式(2.134)给出的简单结果之间的相似性。

对于多元气体,例如,化学反应混合气体,μ 和 k 的混合值必须根据每一个化学组分 i 的 μ_i 和 k_i 的值按混合法则得到。关于黏性系数的一个通用规则是维尔克规则(Wilke's Rule),可以写为

---

* 1 atm = 1.013 25×10^5 Pa。

$$\mu = \sum_i \frac{X_i \mu_i}{\sum_j X_j \phi_{ij}} \tag{2.141}$$

其中,

$$\phi_{ij} = \frac{1}{\sqrt{8}} \left(1 + \frac{M_i}{M_j} \right)^{-1/2} \left[1 + \left(\frac{\mu_i}{\mu_j} \right)^{1/2} \left(\frac{M_j}{M_i} \right)^{1/4} \right]^2$$

μ 是混合气体的黏性系数;μ_i 是在式(2.136)中每一种组分 i 的黏性系数;M_i 是组分 i 的相对分子质量;X_i 是组分 i 的摩尔分数;i 和 j 是表示不同化学组分的下标。

对于混合气体的热传导,仍可应用式(2.141),只需用 k 代替 μ,用 k_i 代替 μ_i。其中 k_i 从式(2.137)得到。

对于有两种组分的气体,由式(2.140)给出的二元扩散系数和由式(2.139)给出的菲克定律就足以描述扩散过程。对于超过二元的气体,应该应用多元扩散系数,用 D_{im} 表示组分 i 在混合气体中的扩散。多元扩散系数 D_{im} 通过应用近似表达式与组分 i 进入组分 j 扩散的二元扩散系数 D_{ij} 相关联:

$$D_{im} = (1 - X_i) / \sum_j \frac{X_j}{D_{ij}} \tag{2.142}$$

对于组分 i 的扩散通量,菲克定律写成以下形式后仍然合理可用:

$$\boldsymbol{j}_i = -\rho D_{im} \nabla c_i \tag{2.143}$$

式中,$\boldsymbol{j}_i$ 是组分 i 扩散到整个混合气体的质量通量。对于多元组分的扩散,对大多数高温气体动力学应用,用式(2.143)都可得到相当好的预测结果。

参考文献

[1] Boltzmann L. Weitere studien über das wärmegleichgewicht unter gasmolekülen[J]. Wiener Berichte, 1872, 66: 275 – 370.

[2] 沈青.稀薄气体动力学[M].北京: 国防工业出版社, 2003.

[3] Kennard E H. Kinetic theory of gases: with an introduction to statistical mechanics[M]. New York: McGraw-Hill Book Company, Inc., 1938.

[4] Chapman S, Cowling T G. The mathematical theory of non-uniform gases [M]. 3rd ed. Cambridge: Cambridge University Press, 1970.

[5] Vincenti W G, Kruger C H. Introduction to physical gas dynamics [M]. New York: Wiley, 1965.

[6] Burnett D. The distribution of molecular velocities and the mean motion in a non-uniform gas [J]. Proceedings of the London Mathematical Society, 1936, s2 − 40(1): 382 − 435.

[7] Tsien H-S. Superaerodynamics, mechanics of rarefied gases[J]. Journal of the Aeronautical Sciences, 1946, 13(12): 653 − 664.

[8] Schaaf S A, Chambre P L. Flow of rarefied gases: Part H of fundamentals of gas dynamics [M]. Princeton: Princeton University Press, 1958.

[9] Fiscko K A, Chapman D R. Comparison of Burnett, super-Burnett and Monte Carlo solutions for hypersonic shock structure[C]. Pasadena: Progress in Astronautics and Aeronautics, 1989, 118: 374 − 395.

[10] Alofs D J, Springer G S. Cylindrical couette flow experiments in the transition regime[J]. Physics of Fluids, 1971, 14(2): 298 − 305.

[11] Lin T C, Street R E. Effect of variable viscosity and thermal conductivity on high-speed slip flow between concentric cylinders[R]. NACA Report 1175, 1953.

[12] Zhong X, MacCormack R W, Chapman D R. Stabilization of the Burnett equations and application to hypersonic flows[J]. AIAA Journal, 1993, 31(6): 1036 − 1043.

[13] 庄礼贤,尹协远,马晖扬.流体力学[M].合肥:中国科学技术大学出版社, 2008.

[14] Blottner F G. Nonequilibrium laminar boundary-layer flow of ionized air[J]. AIAA Journal, 1964, 2(11): 1921 − 1927.

[15] Moss J N. Reacting viscous-shock-layer solutions with multicomponent diffusion and mass injection[R].NASA TR R − 411, 1974.

[16] Bird G B, Stewart W E, Lightfoot E N. Transport phenomena[M]. New York: Wiley, 1960.

[17] Anderson J D. Hypersonic and high temperature gas dynamics [M]. 2nd ed. New York: McGraw-Hill, 2006.

第 3 章

高温真实气体流动方程

在经典热力学和可压缩流动研究中,通常假定气体的比定压热容 c_p 和比定容热容 c_v 均为常数,因此,比热比 $\gamma = c_p/c_v$ 也是常数。在这些假定下的气体为量热完全气体,其压强、密度、温度等参量和马赫数之间存在理想的函数关系。然而,当气体温度很高时,气体的热力学性质变成"非理想"的。一个原因是非惰性气体分子的振动能被激发,使得 c_p 和 c_v 随温度变化,而且,比热比 γ 也变成温度的函数。对空气而言,当温度大于 800 K 时,振动能被激发,这种影响不可忽略。另一个原因是随着温度进一步增高,气体将出现化学反应。对处于化学反应平衡的气体而言,比热 c_p 和 c_v 是温度和压强的函数,相应地有 $\gamma = \gamma(T, p)$。以空气为例,在一个标准大气压下,温度达到 2 000 K 左右时,氧气开始离解($O_2 \longrightarrow 2O$);达到 4 000 K 左右时,氧分子全部离解,在此温度下,氮气开始离解($N_2 \longrightarrow 2N$);到 9 000 K 时氮分子全部离解;在 9 000 K 以上,出现电离($O \longrightarrow O^+ + e^-$,$N \longrightarrow N^+ + e^-$),气体变成部分电离的等离子体。所有这些现象称为高温效应,在气体动力学中称为真实气体效应(real-gas effect)。

真实气体效应的出现,使得诸多经典气体流动理论失效。事实上,高温真实气体流动远较一般气体流动复杂,明确高温气体的热力学特性和反应动力学特性,是阐述真实气体流动规律的必要前提。本章先介绍高温气体的热力学基础,再介绍热/化学非平衡理论,最后给出高温真实气体流动的控制方程组。

3.1 气体的分类及状态方程

3.1.1 真实气体与热完全气体

第 2 章已介绍空气是由分子组成的,这些分子处于无规则运动之中,并不停地与邻近的分子碰撞,选定其中的一个分子,通过观察可以发现,该分子的周围存在一个力场,这个力场是由分子内的电子与原子核的电磁作用产生的。一般

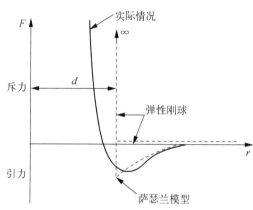

来讲,该力场的范围大于分子的直径,并可以使邻近的分子感受到,反之,该分子也可感受到邻近分子力场的作用。这样的力场称为分子相互作用势。图 3.1 是单个粒子产生的分子之间力场的示意图。其中分子之间的作用力 F 是粒子间距离 r 的函数。当距离很小时,有很强的斥力,使它们彼此分开;随着距离增加,作用力迅速减小;距离进一步增加,则变成很弱的吸

图 3.1　分子间作用力 F 与分子间距离 r 的关系

引力;当距离大于分子直径的 10 倍时,分子间的作用力可忽略不计。由于分子不停地运动,这种运动确定了系统的宏观热力学性质。显然,分子之间的作用势将直接影响气体的宏观特性。基于以上叙述,可将气体分为真实气体和热完全气体。热完全气体是一种理想化的气体,被假定只有分子的热运动,不计分子间的相互作用,也不计分子本身体积;而真实气体则需要考虑分子间的相互作用及分子本身体积的影响。

对大多数空气动力学问题,采用热完全气体的假定是合理的。这是因为在标准条件(p = 1 atm, T = 273.16 K)下,空气分子的平均自由程 λ = 6.13 × 10^{-8} m,而空气分子的平均直径 d = 3.7 × 10^{-10} m,显然 $\lambda \gg d$,一个分子在遇到另一个分子之前要运动相当长的距离,因此,在一般情况下,可以将空气视为热完全气体。仅在压强很高(约 1 000 atm)并且温度极低(约 30 K)的情况下,气体分子间的作用力和分子本身的体积才不可忽略,须考虑真实气体模型。如果用 T_{cr} 表示某气体可能液化的最高温度,称临界温度,相对应的压强为临界压强 p_{cr},热完全气体成立的条件是: $T \gg T_{cr}$, $p \ll p_{cr}$,其与真实气体的偏差与 p/T^5 成比例。

3.1.2　热完全气体的状态方程

处于平衡态的气体系统的热力学性质可以用若干状态变量来描述,如压强 p、温度 T、体积 V 等,这些参数可分成两类:其一是广延量,与所取系统的大小及其所包含的物质多少直接相关,具有可加性;其二是强度量,与所取系统大小

及所含物质多少均无关,压强 p 和温度 T 是两个基本强度量。一般可由两个广延量的比值获得相应的强度量,具体说,可以将广延量除以系统的质量/体积/物质的量,即可得到单位质量/体积/物质的量的强度量。

表 3.1 列出了系统的基本广延量,表 3.2 列出了气体状态方程中的强度量,除了 p 和 T,其他强度量由基本广延量的比值定义。表 3.2 中质量密度 ρ 通常简称为密度,摩尔密度 α 是单位体积中气体的物质的量,在化学反应动力学中,常用 [·] 符号表示摩尔浓度,含义与摩尔密度相同。摩尔质量在数值上与系统中物质的分子量相同,m 为粒子的质量,N_A 为阿伏伽德罗常数,其数值见表 3.3 重要的气体常数。

表 3.1　系统的广延量

名　　称	符　　号	单　　位
系统的体积	V	m^3
系统的粒子数	$N = N_A \cdot \mathcal{N}$	—
系统的总质量	$\mathcal{M}$	kg
系统的总物质的量	$\mathcal{N} = \mathcal{M}/M$	mol(或克分子数)

表 3.2　系统的强度量

名　　称	符　　号	单　　位
压强	p	Pa
温度	T	K
数密度	$n = N/V$	m^{-3}
质量密度	$\rho = \mathcal{M}/V$	kg/m^3
比容	$v = 1/\rho = V/\mathcal{M}$	mol/kg
摩尔密度	$\alpha = \mathcal{N}/V$	mol/m^3
摩尔质量	$M = \mathcal{M}/\mathcal{N} = N_A \cdot m$	kg/mol
摩尔-质量比数	$\eta = 1/M = \mathcal{N}/\mathcal{M}$	mol/kg

表 3.3　气 体 常 数

名　　称	符 号 与 定 义	数 值 和 单 位
阿伏伽德罗(Avogadro)常数	N_A	$6.022\,52\times10^{23}/mol$
玻尔兹曼(Boltzmann)常数	k_B	$1.380\,54\times10^{-23}$ J/K
通用气体常数	$\hat{R} = N_A k_B$	$8.314\,34$ J/(mol·K)
特定气体常数	$R = \hat{R}/M = k_B/m$	J/(kg·K)

　　表 3.1 和表 3.2 中状态参数之间并不是相互独立,描述这些参数之间变化关系的表达式称为状态方程。热完全气体状态方程可利用统计物理或分子动理论导出,该方程不考虑分子间的作用力和分子本身的体积,并有多种等价的形式:

$$pV = \mathcal{M}RT$$
$$pv = RT$$
$$p = \rho RT = \rho \frac{\hat{R}}{M}T$$
$$pV = \mathcal{N}R_0T \quad\quad\quad\quad (3.1)$$
$$pv = \eta R_0T$$
$$p = \alpha R_0T$$
$$pV = Nk_BT$$
$$p = nk_BT$$

以上 8 种形式的状态方程,其含义完全相同。只是使用了不同的状态变量,这些方程对单一化学组元的完全气体是适用的,对有化学反应的多组元完全气体混合物也是适用的。

　　进一步,若系统是由 ns 种化学组元组成的混合气体,每一种组元在系统中的粒子数分别为 N_1, N_2, $\cdots$, N_s, $\cdots$, N_{ns},任一组元 s 的总质量为 $\mathcal{M}_s$,物质的量为 $\mathcal{N}_s = \mathcal{M}_s/M_s$, M_s 为 s 组的摩尔质量,则该组元的质量密度 $\rho_s = \mathcal{M}_s/V$,摩尔密度 $\alpha_s = \mathcal{N}_s/V$。

　　现在假定由 s 组元单位占据该体积,并保持 T 不变,在这种情况下,系统的压强 p_s 称为 s 组元的分压,根据道尔顿(Dalton)分压定律,对热完全气体混合物而言,体系的压强 p 为各组元分压 p_s 之和,即

$$p = \sum_{s=1}^{ns} p_s \quad s = 1, 2, \cdots, ns \quad\quad (3.2)$$

　　每一化学组元也遵循热完全气体状态方程,也与(3.1)给出的状态方程相类似的表达式:

$$p_sV = \mathcal{M}_s R_s T$$
$$p_s v_s = R_s T$$
$$p_s = \rho_s R_s T = \rho_s \frac{R_0}{M_s}T$$

$$p_s V = \mathcal{N}_s R_0 T$$

$$p_s v = \eta_s R_0 T$$

$$p_s = \alpha_s R_0 T$$

$$p_s V = N_s k T$$

$$p_s = n_s k T \tag{3.3}$$

在叙述高温化学反应气体时,经常用到上述不同形式的状态方程与有关术语。

研究混合气体的另一个问题是需要求解反应气体混合物的成分,为此,要用一些术语来表示某一组元在混合物中占多少量,常用的表达混合气体成分的术语有:

(1) 组元分压 p_s;

(2) 组元摩尔密度 α_s,混合气体的总摩尔密度为 $\alpha = \sum\limits_s \alpha_s$;

(3) 摩尔分数 X_s 定义为混合气体中 s 组元的物质的量与总物质的量的比值,或者叙述为单位摩尔混合气体中 s 组元的物质的量,即

$$X_s = \mathcal{N}_s / \mathcal{N} = N_s / N = n_s / n \tag{3.4}$$

显然 X_s 为无量纲量,且满足 $\sum\limits_s X_s = 1$;

(4) 质量分数 Y_s 定义为混合气体中 s 组元的质量与总质量的比值,或者为单位质量混合气体中 s 组元所占的质量,即

$$Y_s = \mathcal{M}_s / \mathcal{M} = \rho_s / \rho \tag{3.5}$$

类似地,Y_s 为无量纲量,且满足 $\sum\limits_s Y_s = 1$;

(5) 摩尔-质量分数 η_s 定义是单位质量混合气体中 s 组元的物质的量,即

$$\eta_s = \mathcal{N}_s / \mathcal{M} = \alpha_s / \rho \tag{3.6}$$

易知,混合气体的摩尔质量分数 $\eta = \sum\limits_s \eta_s$。

上述定义中 p_s、α_s、X_s、Y_s 和 η_s 均为强度量,均可表示混合气体的成分,只要已知或求得其中任意一种量,那么,该系统的成分是唯一确定的。例如,摩尔分数与组元的分压、摩尔密度之间存在关系:

$$X_s = \alpha_s / \alpha = p_s / p \tag{3.7}$$

对气体动力学问题而言,基于单位质量的变量特别有用,在高温气体流动方程中,主要使用的也是质量分数 Y_s 和摩尔-质量分数 η_s,其中 η_s 的单位为

mol /kg。由式(3.4)~式(3.6)给出的表达式关系,可将 X_s 换算为 Y_s、η_s,其换算关系为

$$Y_s = \frac{M_s}{\overline{M}} X_s \tag{3.8}$$

$$\eta_s = \frac{X_s}{\overline{M}} = \frac{Y_s}{M_s} \tag{3.9}$$

换算时使用了混合气体平均摩尔质量(或平均分子量),这是高温反应气体的重要参数。对组元求和,易知

$$\overline{M} = \left(\sum_s Y_s / M_s \right)^{-1} = \sum_s X_s M_s \tag{3.10}$$

将混合气体的特定气体常数定义为通用气体常数与平均摩尔质量之比,即

$$R = R_0 / \overline{M} \tag{3.11}$$

将式(3.10)代入式(3.11),得

$$R = \sum_s Y_s R_s \tag{3.12}$$

可见,化学反应混合气体的特定气体常数可通过各组元的质量分数乘以该组元的特定气体常数,再求和获得。此时,状态方程为

$$p = \rho R T = \rho \frac{R_0}{\overline{M}} T \tag{3.13}$$

形式上,该式与单一组元热完全气体的状态方程完全一致,但是,注意到混合气体平均摩尔质量 $\overline{M}$ 和特定气体常数 R 需要通过气体组元占比计算,是一个变量,这与单一组元热完全气体是有本质区别的。而当混合气体的成分不变时,可将其处理成一种特殊的单组元气体。

3.1.3 高温气体的分类

分析高温气体流动问题,首先要分析气体介质的物理属性,通常根据气体的热力学属性分成 4 类,以下先简要介绍这 4 类气体及其热力学特性,所涉及的相关概念、理论在随后章节再详细解释。

（1）量热完全气体（calorically perfect gas）。量热完全气体是指单位质量的 c_v 和 c_p 为常数的气体，相应地，比热比 γ 亦为常数。这种气体的单位质量内能 e 和焓 h 仅为温度的函数，即

$$e = c_v T$$
$$h = c_p T$$

这种气体的状态方程为 $p = \rho RT$，其中 R 为常数。在经典可压缩流动的研究中，几乎都利用量热完全气体模型，并获得揭示可压缩气体运动规律的许多计算公式和结果。

（2）热完全气体（thermally perfect gas）。热完全气体是指单位质量的 c_p 和 c_v 为变量的气体，并且仅为温度的函数，相应地，比热比 γ 也随温度而变化。这种气体的单位质量内能 e 和焓 h 虽然也仅为温度的函数，但需通过积分才能获得。e 和 h 与温度的微分关系为

$$de = c_v(T)\,dT$$
$$dh = c_p(T)\,dT$$

这种气体的状态方程仍然是 $p = \rho RT$，其中 R 为常数。由于这种气体的比热随温度而变化，气体的整体性质也将随之而改变。其原因是气体分子内部振动能的激发，或原子和分子内部与电子运动有关的电子能的激发所造成的。

（3）化学反应完全气体混合物（chemically reacting mixture of perfect gases）。这是高温气体流动研究中常用的气体模型。以下对这种气体作必要的讨论。

首先是关于平衡和非平衡化学反应的概念。假想将一容器中的空气保持在 1 atm 下，瞬间将温度升高到 5 000 K，空气组元出现离解反应。空气从原始状态变成 1 atm 和 5 000 K 下的稳定状态需要一定的时间，比如几百微秒。在最初的几十微秒里进行着离解反应，也就是说，空气中的 O_2、O、N_2、N 等组元的数量随时间而变化，在这种情况下，气体系统是非平衡的。经过足够长的时间以后，空气中的各组元 O_2、O、N_2、N 等达到某一稳定的平衡值，其数量不再变化，在这种情况下，气体系统是平衡的，并且，在 1 atm 和 5 000 K 的条件下，空气中各组元的平衡成分是唯一确定的，因为在平衡条件下，各组元的质量分数 Y_{O_2}、Y_O、Y_{N_2}、Y_N 等仅取决于压强和温度。因此，平衡与非平衡的区别在于，非平衡系统中的 Y_{O_2}、Y_O、Y_{N_2}、Y_N 等不仅取决于温度和压强，还取决于时间，例如，通过激波风洞喷管迅速膨胀的流体微元，从严格意义上讲通常是非平衡的。由此，可得到关于非平衡的另一种叙述方法，即流体组元的质量分数取决于流动的"历程"。

利用上述概念,可以这样来定义化学反应完全气体混合物。考虑一个压强为 p、温度为 T 的多组元化学反应气体的单位质量系统,系统中各化学组元的质量分数为 Y_1, Y_2, $\cdots$, Y_s, $\cdots$, Y_{ns}。假定各组元均为完全气体,即忽略分子之间的作用力,因此,每一个组元遵循如式(3.3)所示的完全气体状态方程。

任一组元的单位质量焓 h_s 和内能 e_s 是温度的函数,即将组元自身的特性视为热完全气体。然而,混合气体的单位质量焓 h 和内能 e 不仅取决于 h_s 和 e_s,还依赖组元分数,如 Y_s 等。因此,对气体混合物而言,在非平衡情况下,单位质量的内能、焓、比定容热容和比定压热容为

$$e = \sum_s Y_s e_s = e(T, Y_1, Y_2, \cdots, Y_{ns})$$

$$h = \sum_s Y_s h_s = h(T, Y_1, Y_2, \cdots, Y_{ns})$$

$$c_v = (\partial e/\partial T)_v = c_v(T, Y_1, Y_2, \cdots, Y_{ns})$$

$$c_p = (\partial h/\partial T)_p = c_p(T, Y_1, Y_2, \cdots, Y_{ns})$$

其中,Y_1, Y_2, $\cdots$, Y_{ns} 一般取决于 p 和 T,以及气体流动的时间历程。混合气体的状态方程为式(3.13)。在平衡情况下,混合气体的成分仅为 p 和 T 的函数,即 $Y_1 = F_1(p, T)$,$Y_2 = F_2(p, T)$ ……那么上述关于 e、h、c_v 和 c_p 的关系式变成

$$e = e_1(T, p) = e_2(T, v)$$

$$h = h(T, p)$$

$$c_v = c_{v_1}(T, p) = c_{v_2}(T, v)$$

$$c_p = c_p(T, p)$$

其中,将 c_v 和 e 作为 T 和 v 的函数比用 T 和 p 表示的公式更为方便,尽管本质上并没有什么不同。这是因为在平衡热力学系统,包括化学反应平衡系统中,用任意两个状态变量就能唯一确定系统的状态,因此,应用时可根据需要作合适的选择,例如,选 T 和 p、T 和 v 等。

(4) 真实气体(real gas),气体在高压或低温下呈现为真实气体,这种条件促成了分子间的力对气体宏观特性的影响,然而,该条件又使气体难以产生化学反应,因此,这里仅讨论无化学反应的真实气体,对计及分子间相互作用力的真实气体而言,单位质量的内能、焓、比定容热容和比定压热容仅为温度和压强(或比容)的函数:

$$e = e(T,\ v)$$

$$h = h(T,\ p)$$

$$c_v = c_v(T,\ v)$$

$$c_p = c_p(T,\ p)$$

不过对真实气体而言,完全气体状态方程不再有效,因而只能代之以真实气体的状态方程,真实气体状态方程有多种形式,最著名的是范德瓦耳斯(van der Waals)方程:

$$\left(p + \frac{a}{v^2}\right)(v - b) = RT \tag{3.14}$$

其中,a 和 b 是依赖气体种类的常数,该式中 a/v^2 项考虑到分子间力的影响,而 b 考虑到气体粒子自身体积对系统体积的影响。如果 $a = b = 0$,该式就简化成完全气体状态方程。

　　以上讨论了 4 种类型的气体,任何热力学和气体动力学问题不外乎这 4 种中的一种,因此记住这些种类及其区别,对进行任何气体动力学研究都是非常有益的。最后,以给空气加温为例作一综合说明。在室温下,空气基本上是量热完全气体;从室温至 800 K 范围,空气仍可作为量热完全气体;当温度大于 800 K 以后,空气分子的振动激发变得重要了,这时,空气为热完全气体,直至 2 500 K 为止;当温度大于 2 500 K 以后,出现化学反应,空气变成化学反应完全气体混合物。如果向相反的方向变化,即把空气降温和(或者)加压,当空气温度大大低于室温和(或者)压强超过 1 000 atm 时,空气应视为真实气体。

　　最后说明真实气体与"真实气体效应"的区别。本节从经典物理化学中的概念出发,以是否计及分子间的作用力为界限,将气体介质在不同条件下所呈现的热力学属性作了分类。这里所说的真实气体与气体动力学资料中常用的"真实气体效应"在含义上是不同的。"真实气体效应"这一术语产生于 20 世纪 50 年代。当时空气动力学家突然遇到高超声速飞行器以 8 km/s 的速度进入大气层的问题。飞行器周围的激波层内具有很高的温度,足以引起振动激发、离解甚至电离。当时,把这种由高速流动转变为高熵流动所产生的种种现象统称为"真实气体效应",并成为空气动力学资料中很时髦的术语。由此可见,所谓"真实气体效应"以能否将气体视为量热完全气体为界限,凡是量热完全气体假定失效的情形均为"真实气体效应"。

3.2   热力学基本定律和概念

本节简介热力学第一定律和第二定律,并引入内能 E、焓 H、熵 S 等概念,这些参数均是广延量,一般用大写英文字母表示;还可以定义单位质量/体积/物质的量的状态函数,即强度量,一般用小写英文字母表示,如单位质量气体的内能 e、焓 h、熵 s。

3.2.1   气体的内能

内能 E 是指系统内气体分子热运动的能量、分子间相互作用的能量和分子内部的能量(包括粒子能量)之总和。均匀系统的内能在一般情况下是两个独立的状态变量的函数,因而内能是一种状态函数,但它也可以是构成别的状态函数的一个参变量。

对于热完全气体,不计分子之间的相互作用,也不计分子本身的体积,其分子热运动能量的总和就是热完全气体的内能。经典的能量均分原理认为分子的每一个热运动自由度对分子能的贡献为 $k_B T/2$,或对单位质量气体能量的贡献为 $RT/2$。但是该理论是基于对宏观物理现象的观察,没有考虑分子的微观世界,尤其是给出的气体振动能与实际结果有较大偏差。因此,现在已采用量子统计理论来替代能量均分原理[1]。

从分子的微观模型来看,一个气体分子的总能量 ε' 包括平动能 ε'_t、转动能 ε'_r、振动能 ε'_v 和电子能 ε'_{el} 的总和。对于单原子分子而言,则只包括平动能 ε'_t 和电子能 ε'_{el}。量子力学的研究结果表明,上述每一种能量都是量子化的,即它们的可能取值是不连续分布的,以振动能为例,最低可能的振动能是 ε'_{v0},然后允许能级依次是 ε'_{v1},ε'_{v2},$\cdots$,第 i 级的振动能为 $\varepsilon'_{v,i}$。显然易见,分子的总能量 ε' 是量子化的各能量之和,也是量子化的,将所有的分子总能量可能取值按顺序排列,得到 ε'_1,ε'_2,$\cdots$,ε'_i,$\cdots$,即分子能级。

需要特别指出的是,气体处于理论上的零开时,除了转动能精确为零,而平动、振动和电子运动的能量尽管很小,但不为零,换而言之,分子的基态能量 ε'_0 由平动、振动和电子零点能构成。一般来说,我们只关心零点能以上的分子能量,所以,将零点能以上的平动、转动、振动和电子能之和定义为可感能 ε,即 $\varepsilon = \varepsilon' - \varepsilon'_0$,大部分情况下所说的内能仅指可感能。但是,在计算化学反应时,零点能必须计入,不可忽略。

量子力学还发现分子微观状态与角动量的方向有关,且分子角动量方向也是分级的。那么,分子可能具有相同的能级,但由于角动量方向不同,仍可区分出不同的能态。对任一已知的能级 ε_i',可能存在很多不同状态,其状态数目称为能级 ε_i' 的简并度,用 g_i 表示。简并度可根据量子力学理论或光谱测量获得。

现代统计理论给出,若已知一个系统的分子的各级能级、简并度,并且系统具有确定的总粒子数和总能量,则可计算出处于热力学平衡态的系统中各能级的粒子数分布,相应可得到系统的宏观热力学特性。在此,我们直接列出与气体动力学有关的结论。

在流动问题中,需要知道气体的单位质量内能,在一般情形下,内能由平动能 e_t、转动能 e_r、振动能 e_v、电子能 e_e 和零点能 e_0 组成,可表示为

$$e' = e_t + e_r + e_v + e_e + e_0 \tag{3.15}$$

前四部分均不包含零点能,它们之和为气体的可感能 e,即

$$e = e' - e_0 = e_t + e_r + e_v + e_e \tag{3.16}$$

单位质量的平动能 e_t 和转动能 e_v 分别为

$$e_t = \frac{3}{2}RT \tag{3.17}$$

$$e_r = RT \tag{3.18}$$

单位质量的振动能 e_v 为

$$e_v = \frac{h\nu/(k_B T)}{e^{h\nu/(k_B T)} - 1}RT \tag{3.19}$$

式中,R 为特定气体常数,引入振动特征温度 θ_v 为

$$\theta_v = h\nu/k_B \tag{3.20}$$

其中,ν 为分子振动的基频;h 为普朗克常量($6.626\,070 \times 10^{-34}$ J·s);k_B 是玻尔兹曼常数($1.380\,65 \times 10^{-23}$ J/K),单位质量振动能可改写为

$$e_v = \frac{\theta_v/T}{e^{\theta_v/T} - 1}RT \tag{3.21}$$

显然,仅当 $T \gg \theta_v$ 时,$e_v \to RT$。一般而言,$e_v < RT$,而当 $T \ll \theta_v$ 时,振动能 e_{vib}

可以忽略。该式适用于双原子分子气体,并使用了谐振子简化模型。

单位质量电子能 e_e 为

$$e_e = \frac{g_1 e^{\theta_{e1}/T} \theta_{e1}/T}{g_0 + g_1 e^{\theta_{e1}/T}} RT \tag{3.22}$$

其中,g_0 和 g_1 为束缚电子第 0 能级和第 1 能级的简并因子;θ_{e1} 为第 1 能级的电子能特征温度。由于 θ_{e1} 非常高,在 $T < 15\,000$ K 时,基本不考虑电子能。在表 3.4 给出了空气组元的有关常数。

表 3.4　离解电离空气组元物理常数[2]

组元	M	θ_v	g_0	g_1	θ_{e1}	A	h_D	D	I
O	16	—	9	5	22 890	—	2.49E+05	—	1.31E+06
O_2	32	2 239	3	2	11 390	129	0.0	4.99E+05	2.21E+06
N_2	28	3 353	1	3	72 225	220	0.0	9.46E+05	1.50E+06
NO	30	2 699	4	8	55 874	168	9.04E+04	6.27E+05	9.17E+06
NO^+	30	3 373	1	3	75 140	168	9.93E+05	1.05E+06	—
O_2^+	32	2 652	4	10	47 460	129	1.17E+06	6.43E+05	—
N_2^+	28	3 129	2	4	13 200	220	1.53E+06	8.41E+05	—
O^+	16	—	4	10	38 610	—	1.57E+06	—	—
N^+	14	—	9	5	22 052	—	1.88E+06	—	—
N	14	—	9	10	27 670	—	4.73E+05	—	1.40E+06
e^-	5.49E-04	—	—	—	—	—	—	—	—

注: $[M]$ g/mol, $[\theta_v][\theta_e]$ K, $[h_D][D][I]$ J/mol。

综上,根据统计理论,气体的内能是温度的函数。对高温气体而言,当气体处于热力学非平衡态时,需要用多个温度来描述。通常假定分子能量各模式的能级分布是相互独立,不存在不同模式之间的能级耦合效应,此时,引入平动温度 T_t、转动温度 T_r、振动温度 T_v、电子温度 T_e,内能各模式的能级分布为对应温度下的玻尔兹曼分布,换句话说,将式(3.17)~式(3.19)、式(3.22)中的 T 分别替换为对应的温度,即得到气体的平动、转动、振动和电子能。当这几个温度互不相等时,内能各模式之间可通过粒子碰撞方式进行能量交换。在实际问题中,常常用简化三温模型或双温模型描述高温气体的特性。首先,由于粒子的平动能和转动能之间的能量转换一般是很快的,可以由单一的温度 T 来描述粒子的平动能和转动能,而用振动温度 T_v、电子温度 T_e 分别描述振动激发能、电子激发与电子能量,这就是三温模型。其次,所有分子的振动模式和自由电子的平动模式之间的能量转换也是很快的,可由另一个单一的温度来描述振动能、电子能,即认为振动温度与电子的平动温度是相同的, $T_v = T_e = T_{ve}$,这就是双温模型。

3.2.2　热力学第一定律、焓和比热

考虑由气体组成的封闭系统,系统的内能 E 等于系统内全部分子能量(包括平动能、转动能、振动能和电子激发能等)的总和。内能的变化 dE 等于向系统注入的热量 δQ 和外界对系统做功 δW 之和,这就是热力学第一定律,表达式为

$$dE = \delta Q + \delta W \qquad (3.23)$$

式中, δQ 和 δW 不是全微分,符号 δ 表示与过程有关的增量。热力学第一定律是能量守恒定律,其数学表达式(3.23)对任何类型的气体,无论是完全气体、有或无化学反应的气体、真实气体都是适用的。当过程进行得无限慢,体系在过程的进行中每一步都处于平衡状态时,外界对系统的作用力可用描述体系平衡态的状态变量来表示,当系统只作无摩擦的平衡膨胀(dV 为正)或压缩(dV 为负)时,外界压强必须等于系统的压强。在无限小过程中,外界对系统所做的功可表示为

$$\delta W = -p dV \qquad (3.24)$$

式中, p 称为热力学压强或流体静压,简称压强(在前面的描述中也称为压力),是系统的一个状态变量。

将式(3.24)代入式(3.23),于是封闭气体系统的热力学第一定律可写为

$$dE = \delta Q - p dV \qquad (3.25)$$

有时为了分析方便,引入另一个状态函数焓,用 H 表示,其定义为

$$H = E + pV \qquad (3.26)$$

将上式取全微分,并代入式(3.25),得

$$dH = \delta Q + V dp \qquad (3.27)$$

在气体动力学中,常以单位质量的流体为研究对象,因此,热力学第一定律可写为两种常用的形式:

$$de = \delta q - p\,dv \tag{3.28}$$

$$dh = \delta q + v\,dp \tag{3.29}$$

式(3.28)和式(3.29)对任何种类的气体都是适用的。式中，v 为气体的比容；δq 为单位质量气体的热增量；e 和 h 分别为单位质量内能和焓，它们满足：

$$h = e + pv \tag{3.30}$$

　　根据热力学第一定律可以得出许多基本的热力学关系。这里仅讨论比热容的计算。

　　比热容，简称比热，定义为单位质量气体的温度每升高 1 K 所需的加热量，即 $\delta q/dT$，气体动力学中常用的是比定容热容 c_v 和比定压热容 c_p，定义分别为

$$c_v \equiv \left(\frac{\delta q}{dT}\right)_v$$

$$c_p \equiv \left(\frac{\delta q}{dT}\right)_p$$

对于定容和定压过程，将式(3.28)和式(3.29)分别代入上式，得

$$c_v = \left(\frac{\partial e}{\partial T}\right)_v \tag{3.31}$$

$$c_p = \left(\frac{\partial h}{\partial T}\right)_p \tag{3.32}$$

由式(3.30)得

$$\left(\frac{\partial h}{\partial T}\right)_p = \left(\frac{\partial e}{\partial T}\right)_p + p\left(\frac{\partial v}{\partial T}\right)_p$$

又考虑到 $e = e(v, T) = e(p, T)$，由复合函数求导法则知

$$\left(\frac{\partial e}{\partial T}\right)_p = \left(\frac{\partial e}{\partial T}\right)_v + \left(\frac{\partial e}{\partial v}\right)_T\left(\frac{\partial v}{\partial T}\right)_p$$

由此可得

$$c_p - c_v = \left[\left(\frac{\partial e}{\partial v}\right)_T + p\right]\left(\frac{\partial v}{\partial T}\right)_p \tag{3.33}$$

即一般气体的比热关系式。

对热完全气体,由状态方程 $pv = RT$, R 为常量,可知

$$\left(\frac{\partial v}{\partial T}\right)_p = \frac{R}{p}$$

又因为内能 e 仅为温度的函数,即 $(\partial e/\partial v)_T = 0$,代入式(3.33)得

$$c_p - c_v = R \qquad (3.34)$$

这是热完全气体的比热关系式。

再次强调,气体动力学中,或者说本书中,c_v 和 c_p 实际指单位质量的热容。

3.2.3　热力学第二定律和熵

自然界的过程都是不可逆的,热力学第二定律就是研究不可逆过程的一个定律。热力学第二定律有经典(平衡)热力学和近代不可逆过程热力学两种表达方法,前者只能用于平衡态的计算,后者对平衡态和非平衡态两者都能进行计算,这里采用第二种表达方法。

设系统(包括封闭系统和开放系统)存在一个状态变量——熵 S,单位质量气体的熵为 s。

(1) 在任何系统中,熵的变化 $\mathrm{d}s$ 可由两部分引起:一部分是外供给系统的熵流 $\mathrm{d}_e s$,可正可负;另一部分是系统内部不可逆过程产生的熵增 $\mathrm{d}_i s$,那么

$$\mathrm{d}s = \mathrm{d}_e s + \mathrm{d}_i s \text{（任何系统）} \qquad (3.35)$$

(2) 如果是封闭系统,则外界供给系统的熵流是外界传给系统的热量 δQ 和系统本身的温度 T 的函数,即

$$\mathrm{d}_e s = \delta q/T \text{（封闭系统）} \qquad (3.36)$$

如果系统是开放的,则上式还应加上因物质输运带给系统的熵流。

(3) 系统内部的熵增 $\mathrm{d}_i S$,当系统内部是不可逆过程时,它为正;当系统内部是可逆过程,它为零,即

$$\mathrm{d}_i s > 0 \text{（不可逆过程）} \qquad (3.37)$$

$$\mathrm{d}_i s = 0 \text{（可逆过程）} \qquad (3.38)$$

(4) 综上所述,对于封闭系统:$\mathrm{d}s = \delta q/T + \mathrm{d}_i s$。

以上就是热力学第二定律对不可逆过程的表述,其中包括了经典表述。在

不可逆过程中,利用式(3.35)可对熵的变化作出计算,这主要归功于系统内部不可逆过程的熵增 d_iS 可以计算,这是上述表述方法比经典表述优越的地方。

3.3 高温气体的热力学特性

处于平衡态的气体系统的热力学性质可以用若干状态变量来描述,除了气体状态方程涉及的压强 p、温度 T、比容 v 等,还有一类重要的热力学状态函数:气体的内能 e、焓 h、熵 s 和吉布斯自由能 g 等。这些状态参量并不是彼此独立的,根据热力学定律可以导出它们之间的关系。此外,存在化学反应时,气体的热力学状态函数还与气体组分相关,需要对化学反应气体给出反应平衡的条件,以及确定气体平衡组分的方法。

为方便记号,在本节中,对由广延量化成强度量的,加上标"~"表示单位摩尔的量,不加上标表示单位质量的量,例如 h 和 $\tilde{h}$、g 和 $\tilde{g}$ 等。此外,一般情况下,特定气体常数 R 和通用气体常数 R_0 分别与单位质量的量和单位摩尔的量有关联,记住这一点可以方便进行各种强度量的转化。

3.3.1 基本热力学函数

根据热完全气体状态方程和热力学基本定律,可以给出热力学状态函数之间的关系。本小节列出单一组元气体的基本热力学函数。需要说明,以下仅给出单位质量的强度量,将其除以该气体的摩尔质量,可以获得单位摩尔的强度量,或者将其乘以该气体的密度,可以获得单位体积的强度量,读者可以自行推导。

1. 内能、焓

根据式(3.15),气体的内能 e' 为可感能 e 和零点能 e_0 之和,同理,气体的可感焓 h 与零点能 e_0 之和为绝对焓 h',即

$$h' = h + e_0 \tag{3.39}$$

一般来说,流动问题中只关心可感能量及其变化,即只需要知道可感能和可感焓。当气体处于热力学平衡态时,可以用一个温度来表示其状态,即平动、转动、振动和电子温度均为同一个温度 T。因此,对单原子气体,可感能为平动能、电子能之和,双原子分子气体的可感能包括平动能、转动能、振动能和电子能四

部分,因此,单位质量气体的可感能 e 为

$$e = \frac{3}{2}RT + e_{\mathrm{e}}(T) \text{（单原子气体）} \tag{3.40}$$

$$e = \frac{3}{2}RT + RT + \frac{\theta_{\mathrm{v}}/T}{\mathrm{e}^{\theta_{\mathrm{v}}/T} - 1}RT + e_{\mathrm{e}}(T) \text{（双原子分子气体）} \tag{3.41}$$

由式(3.30)和气体状态方程(3.1)不难得知,单位质量气体的可感焓 h 为

$$h = \frac{3}{2}RT + e_{\mathrm{e}}(T) + RT \text{（单原子气体）} \tag{3.42}$$

$$h = \frac{3}{2}RT + RT + \frac{\theta_{\mathrm{v}}/T}{\mathrm{e}^{\theta_{\mathrm{v}}/T} - 1}RT + e_{\mathrm{e}}(T) + RT \text{（双原子分子气体）} \tag{3.43}$$

可以看出, e 和 h 仅为温度的函数,即 $e = e(T)$, $h = h(T)$,这是由统计物理获得的结果,在推导时已假定分子是独立的(即不计内分子力),实际上,这正是对应3.1.1 节定义的热完全气体情形。如果计及内分子力,将有不同结果。

2. 比热和比热比

比定容热容和比定压热容的定义见式(3.31)和式(3.32),根据式(3.40)~式(3.43),可知比定容热容:

$$c_v = \frac{3}{2}R + \frac{\mathrm{d}e_{\mathrm{e}}}{\mathrm{d}T} \text{（单原子气体）} \tag{3.44}$$

$$c_v = \frac{3}{2}R + R + \frac{(\theta_{\mathrm{v}}/T)^2 \mathrm{e}^{\theta_{\mathrm{v}}/T}}{(\mathrm{e}^{\theta_{\mathrm{v}}/T} - 1)^2}R + \frac{\mathrm{d}e_{\mathrm{e}}}{\mathrm{d}T} \text{（双原子分子气体）} \tag{3.45}$$

比定压热容:

$$c_p = \frac{3}{2}R + \frac{\mathrm{d}e_{\mathrm{e}}}{\mathrm{d}T} + R \text{（单原子气体）} \tag{3.46}$$

$$c_p = \frac{3}{2}R + R + \frac{(\theta_{\mathrm{v}}/T)^2 \mathrm{e}^{\theta_{\mathrm{v}}/T}}{(\mathrm{e}^{\theta_{\mathrm{v}}/T} - 1)^2}R + \frac{\mathrm{d}e_{\mathrm{e}}}{\mathrm{d}T} + R \text{（双原子分子气体）} \tag{3.47}$$

另一个重要的物理量是比热比 γ ,定义为比定压热容与比定容热容的比值:

$$\gamma = c_p/c_v \tag{3.48}$$

代入热完全气体比热关系式(3.34),可得

$$c_p = \gamma R / (\gamma - 1)$$
$$c_v = R / (\gamma - 1) \tag{3.49}$$

根据上述公式,可以得到以下重要结论。

(1) 如果只有平动和转动能,则有

$$c_v = \frac{3}{2}R, \; c_p = \frac{5}{2}R, \; \gamma = c_p / c_v = \frac{5}{3} \, (\text{单原子气体})$$

$$c_v = \frac{5}{2}R, \; c_p = \frac{7}{2}R, \; \gamma = c_p / c_v = \frac{7}{5} \, (\text{双原子分子气体})$$

对室温空气而言,空气只有平动和转动能,没有明显的振动能,此时 c_p、c_v 和比热比 γ 均是不变量。这正是上节提到的量热完全气体模型。

(2) 当空气温度达到或超过 600 K 时,振动能被激发而不再能忽略,这时比热和比热比不再为常数,但是仅与温度有关,且比热随温度上升而上升,比热比随温度上升而下降。对这种情形的气体动力学问题应该按热完全气体来处理。

(3) 比热不受零点能影响,事实上,考虑热完全气体流动可只计算可感能或可感焓,然而,对化学反应气体而言,零点能是很重要的基本概念。

(4) 空气的 c_v 随温度 T 的变化见图 3.2,由该图可看出,在极低温度(1 K 以下时),只有平动被完全激发,因此,$c_v = 3R/2$。 在 1~3 K 时,转动能开始起作用;3 K 以上,平动和转动完全激发,这时 $c_v = 5R/2$。 当 600 K 以上,振动能开始起作用,c_v 为变量,随温度增高而增大,理论上,当 $T \to \infty$ 时,$c_v \to 7R/2$,然而,

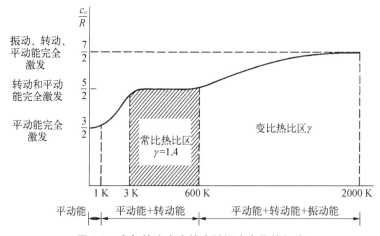

图 3.2   空气的比定容热容随温度变化的规律

早在这种情况出现之前,气体已出现离解和电离,实际上,在 2 000 K 以上,空气开始出现化学反应,c_v 将有更大的变化。

比热是描述热完全气体的重要热力学参量,尽管按照比热的定义,它是由内能或焓对温度求导而得,但是考虑到实际气体的复杂物性,通常情况下,通过测量或者函数拟合的方法获得气体的比热,然后利用下式计算内能和焓:

$$e = \int_{T_{re}}^{T} c_v \mathrm{d}T + e_{re}$$

$$h = \int_{T_{re}}^{T} c_p \mathrm{d}T + h_{re} \tag{3.50}$$

进一步地,对于热非平衡情形,可将各个内能模式分开处理:

$$e_t = \int_{T_{re}}^{T} c_{v,t}(T')\mathrm{d}T' + e_{re,t}, \ e_{int} = \int_{T_{re}}^{T} c_{v,int}(T')\mathrm{d}T' + e_{re,int}, \quad int = r、v、e \tag{3.51}$$

$$h_t = \int_{T_{re}}^{T} c_{p,t}(T')\mathrm{d}T' + h_{re,t}, \ e_{int} = \int_{T_{re}}^{T} c_{p,int}(T')\mathrm{d}T' + h_{re,int}, \quad int = r、v、e \tag{3.52}$$

式中,下标 int 表示分子内部结构的能量模式,可分别为转动能、振动能和电子能。

内能各模式的比定压热容和比定容热容满足关系式:

$$c_{p,t} = c_{v,t} + RT \tag{3.53}$$

$$c_{p,int} = c_{v,int} \tag{3.54}$$

事实上,双原子分子的振动能公式(3.19)使用了谐振子假设,仅适用于描述低振动能级,对于较高的振动能级,振动运动改变了分子的转动惯量,产生"转动-振动"模式耦合,需要进行非谐振效应修正。类似地,当分子中的电子处于激发态时,也会影响原子间作用力,使之偏离谐振子假设,产生"电子-振动"模式耦合。因此,在高温条件下,使用式(3.50)~式(3.52)计算内能和焓将更为准确。

3. 熵

熵是状态变量,对平衡系统,熵可以表示成 T 和 p 的函数,并且对所有气体类型都适用。下面导出单位质量的热完全气体的熵:

不妨考虑可逆过程,将式(3.29)代入式(3.36),并利用比定压热容定义式

(3.32)和状态方程(3.1)整理得

$$ds = \frac{dh}{T} - \frac{v}{T}dp = c_p \frac{dT}{T} - R\frac{dp}{p} \tag{3.55}$$

对上式进行积分,从参考温度 T_{re} 和参考压强 p_{re} 下的熵 s_{re} 积到温度和压强为 T 和 p 的 s,并考虑到单一组元气体的 R 是常量,可得

$$s = \int_{T_{re}}^{T} c_p \frac{dT}{T} - R\ln \frac{p}{p_{re}} + s_{re} \tag{3.56}$$

这就是热完全气体单位质量熵的表达式。

4. 吉布斯自由能

在经常遇到的等温等压化学反应过程中,使用吉布斯(Gibbs)自由能作为热力学函数。单位质量吉布斯自由能定义为

$$g = h - Ts \tag{3.57}$$

将式(3.50)和式(3.56)代入式(3.57)得

$$g = h_{re} + \int_{T_{re}}^{T} c_p dT - T\int_{T_{re}}^{T} c_p \frac{dT}{T} + RT\ln \frac{p}{p_{re}} - Ts_{re} \tag{3.58}$$

对于热完全气体,状态变量 g 仅为 T 和 p 的函数,即 $g = g(T, p)$。

令 $g^{p=1\text{ atm}}$ 代表一个大气压标准状态下的吉布斯自由能,即

$$g^{p=1\text{ atm}} = h_{re} + \int_{T_{re}}^{T} c_p dT - T\int_{T_{re}}^{T} c_p \frac{dT}{T} - RT\ln p_{re} - Ts_{re} \tag{3.59}$$

可将单位质量气体的吉布斯自由能写为

$$g = g^{p=1\text{ atm}} + RT\ln p \tag{3.60}$$

3.3.2 化学反应气体的平衡条件与组分

考虑由 ns 个组元组成的封闭系统,由于存在化学反应,各个组元的物质数量是有变化的,因此,该系统的热力学状态不仅取决于温度 T 和压强 p,还与各组元的物质的量 $\mathcal{N}_1$, $\mathcal{N}_2$, $\cdots$, $\mathcal{N}_s$ 有关,但是,这些物质的量并非都是独立的。用 Z_s 表示第 s 个化学组元,则描述从反应物到生成物变化的化学反应式的一般形式可写作

$$\sum_{s=1}^{ns} \nu_s' Z_s \Longleftrightarrow \sum_{s=1}^{ns} \nu_s'' Z_s \quad s = 1, 2, \cdots, ns \qquad (3.61)$$

式中, ν' 和 ν'' 分别表示反应式中反应物和生成物的计量系数, 根据定比定律 (即每种化合物都有固定不变的组成), 第 s 组元的物质的量改变量为 $\mathrm{d}\mathcal{N}_s$ 与相应的计量系数之间存在比例关系:

$$\frac{\mathrm{d}\mathcal{N}_1}{\nu_1'' - \nu_1'} = \frac{\mathrm{d}\mathcal{N}_2}{\nu_2'' - \nu_2'} = \cdots = \frac{\mathrm{d}\mathcal{N}_s}{\nu_s'' - \nu_s'} \cdots = \frac{\mathrm{d}\mathcal{N}_{ns}}{\nu_{ns}'' - \nu_{ns}'} = \mathrm{d}\xi \qquad (3.62)$$

其中, ξ 称为反应度。上式也是物质守恒规律的反映。

在等温等压化学反应过程中, 使用吉布斯自由能 G 作为热力学状态函数更为方便, $G \equiv H - TS$, 取全微分得

$$\mathrm{d}G = \mathrm{d}H - S\mathrm{d}T - T\mathrm{d}S \qquad (3.63)$$

化学反应过程是非平衡的, 系统熵增 $\mathrm{d}_i s > 0$, 对于封闭系统, 将热力学第一定律和热力学第二定律代入上式, 得

$$\mathrm{d}G = -S\mathrm{d}T + V\mathrm{d}p - T\mathrm{d}_i S \qquad (3.64)$$

这就是化学热力学的基本方程。

另一方面, 混合气体的吉布斯自由能为

$$G = \sum_{s=1}^{ns} \mathcal{N}_s \tilde{g}_s \qquad (3.65)$$

式中, $\tilde{g}_s$ 为 s 组元的单位摩尔吉布斯自由能, 当反应平衡时, 状态变量 G 仅为 T 和 p 的函数, $G = G(T, p)$。然而, 化学反应过程是非平衡的, 第 s 组元的物质的量 $\mathcal{N}_s$ 不仅与 T 和 p 有关, 还与过程的时间历程有关, 因此,

$$G = G(T, p, \mathcal{N}_1, \mathcal{N}_2, \cdots, \mathcal{N}_s, \cdots, \mathcal{N}_{ns})$$

对上式取全微分, 得

$$\mathrm{d}G = \left(\frac{\partial G}{\partial T}\right)_{p, \sum \mathcal{N}_s} \mathrm{d}T + \left(\frac{\partial G}{\partial p}\right)_{T, \sum \mathcal{N}_s} \mathrm{d}p + \sum_{s=1}^{ns} \left(\frac{\partial G}{\partial \mathcal{N}_s}\right)_{T, p, \sum_{l \neq s} \mathcal{N}_l} \mathrm{d}\mathcal{N}_s \quad (3.66)$$

式中, 下标 $\sum \mathcal{N}_s$ 表示所有组元的物质的量都固定, 而 $\sum_{l \neq s} \mathcal{N}_l$ 表示除 s 组元外的所有其他组元的物质的量都固定, 最后一项中的偏导数即单位摩尔的化学势, 可理解为在等温等压条件下的单位摩尔的吉布斯自由能[3], 即

$$\tilde{g}_s = \left(\frac{\partial G}{\partial \mathcal{N}_s}\right)_{T,\,p,\,\sum_{l \neq s} \mathcal{N}_l} \tag{3.67}$$

因此，式(3.66)改写为

$$\mathrm{d}G = \left(\frac{\partial G}{\partial T}\right)_{p,\,\sum \mathcal{N}_s} \mathrm{d}T + \left(\frac{\partial G}{\partial p}\right)_{T,\,\sum \mathcal{N}_s} \mathrm{d}p + \sum_{s=1}^{ns} \tilde{g}_s \mathrm{d}\mathcal{N}_s \tag{3.68}$$

比较式(3.64)和式(3.68)，可得

$$\mathrm{d}_i S = -\frac{1}{T} \sum_{s=1}^{ns} \tilde{g}_s \mathrm{d}\mathcal{N}_s \tag{3.69}$$

即化学反应不可逆效应引起的熵增。

在化学反应情况下，可逆过程等价于化学平衡过程，或者说，由无限缓慢的一系列平衡态组成的过程，因此，化学反应平衡要求 $\mathrm{d}_i S = 0$，由式(3.69)得

$$\sum_{s=1}^{ns} \tilde{g}_s \mathrm{d}\mathcal{N}_s = 0 \tag{3.70}$$

这就是平衡化学反应混合气体的条件。由此，单个反应的化学平衡条件[4]：

$$\sum_{s=1}^{ns} (\nu_s'' - \nu_s') \tilde{g}_s^* = 0 \tag{3.71}$$

其中，$\tilde{g}_s^*$ 表示 s 组元平衡态的单位摩尔的化学势。

依据式(3.57)类推，吉布斯自由能 $\tilde{g}_s$ 为

$$\tilde{g}_s = \tilde{g}_s^{p_s=1} + R_0 T \ln p_s \tag{3.72}$$

代入反应平衡条件，有

$$\sum_{s=1}^{ns} (\nu_s'' - \nu_s')(\tilde{g}_s^{p_s=1} + R_0 T \ln p_s^*) = 0 \tag{3.73}$$

令 $\Delta \tilde{g}^{p=1}$ 为 1 atm 下生成物与反应物的吉布斯自由能之差，即

$$\sum_{s=1}^{ns} (\nu_s'' - \nu_s') \tilde{g}_s^{p_s=1} = \Delta \tilde{g}^{p=1} \tag{3.74}$$

则通过整理得到

$$\prod_s (p_s^*)^{(\nu_s'' - \nu_s')} = K_p(T) \tag{3.75}$$

其中,

$$K_p(T) = \exp\left(-\frac{\Delta \tilde{g}^{\,p=1}}{R_0 T}\right) \qquad (3.76)$$

称为平衡常数,仅为温度 T 的函数。在经典热力学里,平衡常数 K_p 用 $\Delta \tilde{g}^{\,p=1}$ 给出,是一个测量值,可通过实验得出。

若系统中存在有多个反应的情况,读者应不难将关系式(3.71)进行推广,对于每个反应分别建立平衡关系式。当每个反应都达到平衡时,根据式(3.75)可计算化学反应气体的成分。以高温空气($2\,500\,\mathrm{K} < T < 9\,000\,\mathrm{K}$)为例,主要的化学反应包括[1]:

$$(\,\mathrm{a}\,)\ \mathrm{O}_2 \rightleftharpoons 2\mathrm{O}$$

$$(\,\mathrm{b}\,)\ \mathrm{N}_2 \rightleftharpoons 2\mathrm{N}$$

$$(\,\mathrm{c}\,)\ \mathrm{N} + \mathrm{O} \rightleftharpoons \mathrm{NO}$$

$$(\,\mathrm{d}\,)\ \mathrm{N} + \mathrm{O} \rightleftharpoons \mathrm{NO}^+ + \mathrm{e}^-$$

因此,混合气体包括 O_2、N_2、O、N、NO、NO^+ 和 e^- 七个组元,选取平衡态组元分压 p_s 来表征各组元的占比,显然需要列出七个独立的方程,而且当反应平衡时,各组元的分压仅由 p 和 T 确定。因此,选取如下计算方案。

(1)道尔顿分压定律:

$$p = \sum_s p_s \qquad (3.77)$$

(2)获得化学反应(a)~(d)的平衡常数后,可分别给出:

$$\frac{p_{\mathrm{O}}^2}{p_{\mathrm{O}_2}} = K_p^{(\mathrm{a})}(T) \qquad (3.78)$$

$$\frac{p_{\mathrm{N}}^2}{p_{\mathrm{N}_2}} = K_p^{(\mathrm{b})}(T) \qquad (3.79)$$

$$\frac{p_{\mathrm{NO}}}{p_{\mathrm{N}} p_{\mathrm{O}}} = K_p^{(\mathrm{c})}(T) \qquad (3.80)$$

$$\frac{p_{\mathrm{NO}^+} p_{\mathrm{e}^-}}{p_{\mathrm{N}} p_{\mathrm{O}}} = K_p^{(\mathrm{d})}(T) \qquad (3.81)$$

(3)反应前后物质数量守恒,O 粒子总数 N^{O} 与 N 粒子总数 N^{N} 不变:

$$N^O = (2\alpha_{O_2} + \alpha_O + \alpha_{NO} + \alpha_{NO^+}) V \cdot N_A$$

$$= (2p_{O_2} + p_O + p_{NO} + p_{NO^+}) \frac{N_A V}{R_0 T}$$

$$N^N = (2\alpha_{N_2} + \alpha_N + \alpha_{NO} + \alpha_{NO^+}) V \cdot N_A$$

$$= (2p_{N_2} + p_N + p_{NO} + p_{NO^+}) \frac{N_A V}{R_0 T}$$

因为未反应的常温常压空气中, $N^O / N^N = 0.25$, 可得物质守恒方程:

$$\frac{2p_{O_2} + p_O + p_{NO} + p_{NO^+}}{2p_{N_2} + p_N + p_{NO} + p_{NO^+}} = 0.25 \tag{3.82}$$

(4) 反应前后电荷量守恒, 即 $\alpha_{NO^+} = \alpha_{e^-}$, 可得

$$p_{NO^+} = p_{e^-} \tag{3.83}$$

联立式(3.77)~式(3.83)可解得七个组元的分压, 根据式(3.7)和式(3.8), 可以依次换算得到组元摩尔比和质量比。还可以看出, 只要给定混合气体的压强 p 和温度 T 后, 气体的组成就唯一确定了。

至此, 本节讨论了化学反应平衡组分的计算方法, 其中反应平衡常数 K_p 是需要提前确定的, 有时可以利用实验测出, 更一般情形下, 需要用统计理论给出, 对于形如式(3.61)的反应[1]:

$$K_p(T) \left(\frac{k_B T}{V} \right)^{\sum\limits_{s}(\nu_s'' - \nu_s')} e^{-\Delta\varepsilon_0 / k_B T} \prod_s Q_s^{(\nu_s'' - \nu_s')} \tag{3.84}$$

式中, $\Delta\varepsilon_0 = \sum\limits_{s} (\nu_s'' - \nu_s') \varepsilon_{0s}$ 是生成物和反应物的零点能之差; Q_s 是 s 组元的配分函数; V 为系统体积; k_B 为玻尔兹曼常数。可见零点能是一个重要参数, 不仅影响反应的平衡状态, 下面还会看到, 它与化学反应中的热增量有密切关系。在化学反应流动中, 计算气体的内能和焓必须考虑零点能的影响。

最后, 计算化学反应平衡与选择哪些组元有关, 目前还没有一种自动的筛选组元的方法, 通常的方法是把各元素能结合组成的所有组元都包括进来, 再考虑粒子数守恒、电荷守恒关系式。可以说, 这种方法对简单化学反应系统是方便的, 但对于多组元的复杂反应系统却很困难。最小吉布斯自由能法对复杂反应平衡计算具有明显的优越性, 具体方法可以参考文献[5]。

3.3.3　多组元平衡化学反应气体的热力学特性

化学反应气体是多组元气体的混合物,每一个组元都可以单独看作热完全气体,但是混合气体不能简单当作热完全气体进行计算。这里讨论多组元平衡化学反应气体的热力学特性。

根据广延量的可加性,以及广延量和强度量的关系,易知混合气体的热力学函数等于各组分热力学函数的加权求和。以单位质量焓为例:

$$h = \frac{\sum_s \mathcal{M}_s h_s}{\mathcal{M}} = \sum_s \frac{\mathcal{M}_s}{\mathcal{M}} h_s = \sum_s Y_s h_s \tag{3.85}$$

式中, h_s 是 s 组元的单位质量焓。可见,混合气体单位质量的状态函数可通过各组元的质量分数乘以对应的组元状态函数,再求和获得。类推可知,混合气体单位摩尔的状态函数可通过各组元的摩尔分数乘以该组元的状态函数,再求和获得。同样以焓为例,有

$$\tilde{h} = \sum_s X_s \tilde{h}_s \tag{3.86}$$

在描述化学反应气体流动时,能量方程中会直接使用焓 h 或内能 e。在此集中讨论混合气体的焓。在化学反应流动中,混合气体的焓应使用绝对焓,即可感焓与零点能之和,因此,混合气体的单位摩尔的焓为

$$\tilde{h}' = \sum_s X_s \tilde{h}'_s = \sum_s X_s \tilde{h}_s + \sum_s X_s \tilde{e}_{0,s} \tag{3.87}$$

式中,第 s 组元单位摩尔的可感焓 $\tilde{h}_s$ 仅为温度 T 的函数,根据统计物理:

$$\tilde{h}_s = \frac{3}{2} R_0 T + R_0 T + \frac{\theta_v / T}{e^{\theta_v / T} - 1} R_0 T + \tilde{e}_e(T) + R_0 T \tag{3.88}$$

$\tilde{e}_{0,s}$ 为 $T = 0\text{ K}$ 时 s 组元单位摩尔的零点能。尽管在理论上零点能很重要,但其绝对值通常不能直接算出或测出。幸好在气体动力学中并不需要的绝对值,易知混合气体的焓的改变量为

$$\Delta \tilde{h}' = \Delta \tilde{h} + \Delta \tilde{e}_0 \tag{3.89}$$

上式的重要性在于回避了零点能的绝对值,代之以零点能的改变量,而在化学反应中,零点能的改变量与组元的生成热有关,讨论如下。

化学反应的热力学中,反应热是一个很重要参数。系统因化学反应而增

加或减少的热,称为化学反应热。通常化学反应在等温等压下进行,根据热力学第一定律可知,化学反应系统产生的热量 δq 等于系统的焓的变化,记作 $\Delta h_{T_{re}}$。以化学反应式(3.61)为例,在参考温度 T_{re} 下,单位摩尔反应度的化学反应热:

$$\Delta h_{T_{re}} = \sum_s \left[(\nu_s'' - \nu_s') \tilde{h}_s' \right]_{T_{re}} = \sum_s \left[(\nu_s'' - \nu_s') \tilde{h}_s \right]_{T_{re}} + \Delta \tilde{e}_0 \quad (3.90)$$

其中,零点能的变化:

$$\Delta \tilde{e}_0 = \sum_s (\nu_s'' - \nu_s') \tilde{e}_{0,s} \quad (3.91)$$

在化学热力学中,已证明定理[1]:零点能的变化等于 0 K 条件下生成物与反应物生成热之差,即

$$\Delta \tilde{e}_0 = \sum_s (\nu_s'' - \nu_s') (\Delta \tilde{h}_f)_s^0 \quad (3.92)$$

式中,$(\Delta \tilde{h}_f)_s^0$ 为单位摩尔的 s 组元在 0 K 条件下的生成热。许多化合物的生成热的测量值已列成表格,如 NIST – JANAF 表[6] 和 NASASP – 3001[7]。对比式(3.91)和式(3.92)可知,$\tilde{e}_{0,s}$ 被 $(\Delta \tilde{h}_f)_s^0$ 所替代,所以,将混合气体的焓的式(3.87)重写为

$$\tilde{h}' = \sum_s X_s \tilde{h}_s + \sum_s X_s (\Delta \tilde{h}_f)_s^0 \quad (3.93)$$

由式(3.87)和式(3.93)得到的绝对焓值是不同的,然而,用这两个公式得到的焓差 Δh 是一样的。

同样的,对于单位质量的量:

$$h' = \sum_s Y_s h_s + \sum_s Y_s (\Delta h_f)_s^0 \quad (3.94)$$

两种生成热满足关系式:

$$(\Delta h_f)_s^0 = (\Delta \tilde{h}_f)_s^0 / M_s \quad (3.95)$$

式(3.93)和式(3.94)中第二个项也被称为化学焓。

综上,我们得到了平衡化学反应气体的焓由两部分组成:① 混合气体的可感焓,取决于组元的可感焓与平衡态的组元分数,可根据上两小节理论求得;② 通过将组元的零点能替换为 0 K 条件下的生成热,获得混合气体的有效零点能,各组元的生成热可通过查表获得。

3.4　高温气体的振动和化学非平衡

以上讨论的是热与化学平衡系统,认为气体分子经过足够长时间的碰撞,以至于在给定的 p 和 T 值下系统的特性不再变化,即与时间无关。然而,许多高温气体流动问题没有足够的时间达到平衡。一个典型的实例是通过激波的流动,流体微元通过激波峰面后,其 p 和 T 突然升高,致使流体微元原来的振动和化学平衡受到破坏,并寻找在新条件下的平衡。在不计辐射的情况下,系统由非平衡调整到平衡的过程是通过分子碰撞实现的,这就需要一定的时间。在这段时间里,流体微元已向下游运动了一定的距离,因此,在激波峰面后将存在某一区域,该区域中不满足平衡条件,称为非平衡区。

以氧气分子 O_2 为例,如果系统中 O_2 分子与其他分子碰撞之前,其振动能处于最低能级,那么 O_2 分子一般需经历 2 万次碰撞才会引起振动激发,经过差不多 20 万次碰撞才会被其他粒子撞开而出现离解,实际的碰撞次数取决于分子的种类和两个相撞粒子的相对动能,相对动能大(其温度高),振动激发或离解所需的碰撞次数减少。本节将讨论气体中振动能激发和化学反应的计算方法。

3.4.1　振动弛豫过程和振动速率方程

现在讨论因分子碰撞所引起的振动能随时间的变化。

图 3.3 是双原子分子的振动能级图。以其中的第 i 能级为例,处于该能级的分子数为 N_i, N_i 的数量随着从 $i-1$ 和 $i+1$ 能级迁入的分子数而增加,同时随着从该能级迁出至 $i-1$ 和 $i+1$ 能级的分子数而减少。令 $P_{i,i+1}$ 为 i 能级的分子经碰撞跃迁至 $i+1$ 能级的概率,称为跃迁概率。由于一次跃迁需多次碰撞才会发生,所以, $P_{i,i+1}$ 值总是小于 1。令 θ 为碰撞频率,即一个粒子每秒钟的碰撞次数[式(2.11)],因此, $\theta P_{i,i+1}$ 值在物理上是每个粒子在每秒钟内的跃迁数,称为跃迁速率常数,用 $k_{i,i+1}$ 表示。乘积 $N_i k_{i,i+1}$ 值则为气体每秒钟从 i 能级跃迁至 $i+1$ 能级的总数,同样,从 i 至 $i-1$ 的跃迁,从 $i-1$ 至 i 的跃迁和从 $i+1$ 至 i 的跃迁,也可作出与上述跃迁完全类似的描述。因此, i 能级粒子数的净变化率为

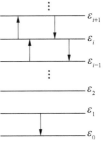

图 3.3　振动能交换的量子跃迁图

$$\frac{\mathrm{d}N_i}{\mathrm{d}t} = P_{i+1,i}\theta N_{i+1} + P_{i-1,1}\theta N_{i-1} - P_{i,i+1}\theta N_i - P_{i,i-1}\theta N_i$$

或者

$$\frac{\mathrm{d}N_i}{\mathrm{d}t} = k_{i+1,i}N_{i+1} + k_{i-1,1}N_{i-1} - k_{i,i+1}N_i - k_{i,i-1}N_i \qquad (3.96)$$

该式称为基本的振动弛豫方程。

经过一段时间后,气体处于平衡,根据玻尔兹曼分布和关于振动能的量子力学表达式,即 $\varepsilon_v = ih\nu$,有

$$\frac{N_i^*}{N_{i-1}^*} = \frac{\mathrm{e}^{-\varepsilon_i/(kT)}}{\mathrm{e}^{-\varepsilon_{i-1}/(kT)}} = \mathrm{e}^{-h\nu/(kT)} \qquad (3.97)$$

在平衡情况下,任一给定方向的跃迁等于反方向的跃迁,这称为精细平衡原理(Detailed Balance Principle)。因此,对于任一能级 i,每秒钟从 $i-1$ 能级向 i 能级的跃迁数必等于 i 能级向 $i-1$ 能级的跃迁数,即

$$k_{i-1,i}N_{i-1}^* = k_{i,i-1}N_i^*$$

或

$$k_{i-1,i} = k_{i,i-1}\frac{N_i^*}{N_{i-1}^*} \qquad (3.98)$$

联合式(3.97)和式(3.98),可得

$$k_{i-1,i} = k_{i,i-1}\mathrm{e}^{-h\nu/(kT)}$$

该式是速率常数之间的互换关系,适用于平衡条件,也适用于非平衡条件。根据量子力学的结果,图 3.3 中所有较高能级的跃迁速率常数可用从 $i=1$ 能级到 $i=2$ 能级的跃迁速率常数表示,即

$$k_{i,i-1} = ik_{1,0}$$

因此,

$$k_{i-1,i} = ik_{1,0}\mathrm{e}^{-h\nu/(kT)}$$

经整理后可得

$$\frac{dN_i}{dt} = k_{1,0} \{ - iN_i + (i+1)N_{i+1} + e^{-h\nu/(kT)} [- (i+1)N_i + iN_{i-1}] \} \quad (3.99)$$

在气体动力学中,更感兴趣的是振动能,而不是分子在能级上的分布。为此,可将式(3.99)改变成关于振动能 e_v 的速率方程。考虑单位质量气体,有

$$e_v = \sum_{i=1}^{\infty} \varepsilon_i N_i = \sum_{i=1}^{\infty} (ih\nu)N_i = h\nu \sum_{i=0}^{\infty} iN_i \quad (3.100)$$

因此,

$$\frac{de_v}{dt} = h\nu \sum_{i=0}^{\infty} i \frac{dN_i}{dt}$$

$$= h\nu k_{1,0} \sum_{i=1}^{\infty} \{ - i^2 N_i + i(i+1)N_{i+1} + e^{-h\nu/(kT)} [- i(i+1)N_i + i^2 N_{i-1}] \}$$

化简得

$$\frac{de_v}{dt} = k_{1,0} (1 - e^{-h\nu/(kT)}) \left[\frac{h\nu N}{e^{-h\nu/(kT)} - 1} - e_v \right] \quad (3.101)$$

式中,N 为单位质量气体的分子数,$Nk = R$ 为特定气体常数。因此,在式(3.101)中方括号内的第一项就是平衡态的振动能,

$$e_v^* = \frac{h\nu N}{e^{-h\nu/(kT)} - 1} = \frac{h\nu/(kT)}{e^{-h\nu/(kT)} - 1} RT \quad (3.102)$$

最终,振动速率方程为

$$\frac{de_v}{dt} = \frac{1}{\tau} (e_v^* - e_v) \quad (3.103)$$

其中,τ 为振动弛豫时间,即

$$\tau = \frac{1}{k_{1,0} [1 - e^{-h\nu/(kT)}]} \quad (3.104)$$

该方程描述的物理规律是:某一单位质量气体在给定的 T 值下处于平衡态时,$e_v = e_v^*$,如果利用激光或其他手段,在 $t = 0$ 时刻将气体的振动能瞬时增加到 e_v',由于分子碰撞,受激发的分子将与气体的平动能和转动能交换"超出"的振动能,因此,在一段时间内 e_v' 将下降,并趋于它的新平衡值(图 3.4 中的实线),然

而,在振动能衰减的同时,气体的平动能增加,温度升高,根据式(3.102),原来的平衡振动能 e_v^* 也增大(图 3.4 中的虚线)。经过足够长的时间后, e_v' 和 e_v^* 逐渐趋同,达到新的平衡态。

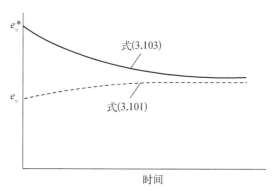

图 3.4 振动弛豫曲线

弛豫时间 τ 是当地压强和温度的函数。对多数双原子气体,振动弛豫时间有如下表达式[1]:

$$\tau p = C_1 \exp\left[\left(\frac{C_2}{T}\right)^{1/3}\right] \tag{3.105}$$

式中, C_1 和 C_2 值由实验测量获得,实验设备通常用激波管产生的高温实验气体的试验时间仅为几十微秒,因此测得的数据有较大误差,由此得到的 C_1 和 C_2 值也有很大的散布。对纯氧、纯氮和纯一氧化氮气体,在 800~6 000 K 范围的一种测量结果[8]见表 3.5。

表 3.5　纯氧、纯氮和纯一氧化氮气体的弛豫系数

气　　体	$C_1/(\text{atm} \cdot \mu s)$	C_2/K
O_2	5.42×10^{-5}	2.95×10^6
N_2	7.12×10^{-3}	1.91×10^6
NO	4.86×10^{-3}	1.37×10^5

应注意,如果 O_2、N_2 和 NO 是不同混合气体中的组元,它们的 C_1 和 C_2 值与上述纯气体的 C_1 和 C_2 值是不同的,例如,一个 O_2 分子处于 N_2 分子的包围之中,这时 O_2 和 N_2 碰撞所引起的 O_2 振动弛豫时间的 C_1 和 C_2 值分别为 1.36×10^{-4} atm $\cdot$ μs 和 2.95×10^6 K。

由方程(3.103)表示的振动能的非平衡变化,其中 τ 和 e_v^* 是变量,即 $\tau = \tau(p, T)$ 和 $e_v^* = e_v^*(T)$,并且仅适用于双原子分子气体。另外,在推导过程中使用了 $e_v = nh\nu$,即将气体分子视为谐振子。在振动弛豫方程(3.103)中,仅计及能级之间的单级跃迁,没有计及从 i 能级直接至 $i \pm 2$ 能级的两级或更多级的跃迁,在非谐振分子中会出现多层跃迁的现象,不过这种跃迁概率非常小,尽管有上述种种限制,方程(3.103)仍然很有用。实验已证明,该方程能有效地解决双原子气体的实际问题,并且适用于所有双原子的非平衡分析。

振动速率方程(3.96)描述的能级跃迁称为"平动-振动"($T - V$)传递,一个分子与另一分子碰撞后将获得或损失振动能,同时将增大或减小相应的平动能。例如,CO 中的 $T - V$ 传递可表示为

$$CO(i) + CO(i) \Longleftrightarrow CO(i - 1) + CO(i) + E_k$$

其中,1 个处于第 i 能级的 CO 分子在碰撞后跌落到 $i - 1$ 能级,并释放出动能 E_k。

分子碰撞也会出现"振动-振动"$V-V$ 传递,例如,CO 的 $V-V$ 传递可表示为

$$CO(i) + CO(i) \Longleftrightarrow CO(i - 1) + CO(i + 1)$$

该式假定 CO 分子为谐振子,并且所有能级间的距离相等。实际上,所有的分子是非谐振子,而且振动能级之间的距离是不同的,因此,在非谐振子的 $V-V$ 传递过程中,会有少量的平动能交换,即

$$CO(i) + CO(i) \Longleftrightarrow CO(i - 1) + CO(i + 1) + E_k$$

气体在膨胀过程中,温度下降,与谐振子的 $V-V$ 传递相比,非谐振子之间的 $V-V$ 传递导致过多的分子处于较高的能级,称为非谐抽运(enharmonic pumping),这种现象在某些气体动力学和化学激光问题中非常重要,气体在压缩过程中,温度升高,并出现与膨胀过程相反的情形。在非谐抽运显著的情况下,方程(3.103)失效,必须从包括 $V - V$ 传递的基本速率方程[式(3.96)]出发进行分析。

3.4.2　化学非平衡和反应速率方程

考虑由 ns 个组元组成的化学反应混合气体系统,系统中基元反应的一般表达式可表示为

$$\sum_{s=1}^{ns} \nu_s' Z_s \underset{k_-}{\overset{k_+}{\Longleftrightarrow}} \sum_{s=1}^{ns} \nu_s'' Z_s \qquad (3.106)$$

反应式中,从左向右的反应称为正向反应,而从右向左的反应称为逆向反应,用 Z_s 代表任一组元,ν'_s 和 ν''_s 分别表示第 s 组元作为反应物和生成物的计量系数,k_+ 和 k_- 分别为正向和逆向反应速率常数。需要注意,若(3.106)不是基元反应,写出反应速率常数并无意义。

在化学动力学中习惯使用 $[Z_s]$ 表示 s 组元 Z_s 的摩尔浓度,实际与摩尔密度是同一概念。根据经典反应动力学理论,正向反应和逆向反应导致的组元 Z_s 的生成率分别为

$$\frac{\mathrm{d}[Z_s]}{\mathrm{d}t} = (\nu''_s - \nu'_s) k_+ \prod_s [Z_s]^{\nu'_s} \quad 正向反应 \tag{3.107}$$

$$\frac{\mathrm{d}[Z_s]}{\mathrm{d}t} = -(\nu''_s - \nu'_s) k_- \prod_s [Z_s]^{\nu''_s} \quad 逆向反应 \tag{3.108}$$

因此,Z_s 的净生成率为

$$\frac{\mathrm{d}[Z_s]}{\mathrm{d}t} = (\nu''_s - \nu'_s)\left(k_+ \prod_s [Z_s]^{\nu'_s} - k_- \prod_s [Z_s]^{\nu''_s} \right) \tag{3.109}$$

当反应平衡时,Z_s 的净生成率为零,即 $\mathrm{d}[Z_s]/\mathrm{d}t = 0$,可得

$$\frac{k_+}{k_-} = \prod_s [Z_s]^{(\nu''_s - \nu'_s)} \tag{3.110}$$

与(3.75)对比,上式右端项可看作使用摩尔密度表示反应平衡常数,因此定义:

$$K_\alpha = \frac{k_+}{k_-} = \prod_s [Z_s]^{(\nu''_s - \nu'_s)} \tag{3.111}$$

利用式(3.1)可以得到 K_α 与用分压表示的平衡常数 K_p 的关系为

$$K_\alpha(T) = K_p(T) \cdot (R_0 T)^{-\sum_s (\nu''_s - \nu'_s)} \tag{3.112}$$

需要指出,对于一个特定的基元反应,k_+、k_-、K_a 和 K_p 仅为温度的函数,虽然理论上根据分子动理论可计算出这些速率常数,但是计算值与实验值有时会相差几个量级,因此,计算速率常数通常采用根据实验总结的经验公式——Arrhenius 方程,其形式为

$$k = C e^{-\varepsilon_0/(kT)} \tag{3.113}$$

式中,C 为常数,又称指前因子;ε_0 是活化能,为温度的函数。进一步修正的公

式为

$$k = C_1 T^\alpha \mathrm{e}^{-\varepsilon_0/(kT)} \tag{3.114}$$

其中，C_1、α 和 ε_0 都可以由实验数据得到。

以氮气的离解反应为例：

$$\mathrm{N}_2 + \mathrm{M} \xrightarrow{k_+} 2\mathrm{N} + \mathrm{M}$$

其离解能为零点能之差，即

$$\varepsilon_d \equiv \Delta\varepsilon_0 = 2\,(\varepsilon_0)_{\mathrm{N}} - (\varepsilon_0)_{\mathrm{N}_2}$$

对于这个反应，活化能即离解能，为分子在 0 K 时离解所需的能量，因此，速率常数为

$$k_+ = C_+ T^\alpha \mathrm{e}^{-\varepsilon_d/(kT)} \tag{3.115}$$

特别注意：上式中 k_+ 的值依赖碰撞粒子 M 的选择，不同粒子对应的反应 k_+ 值是不同的。

再考虑复合反应：

$$\mathrm{N}_2 + \mathrm{M} \xleftarrow{k_-} 2\mathrm{N} + \mathrm{M}$$

两个 N 原子结合需要两者之间没有相对动能，因此，第三体 M 的作用是在两个 N 原子结合之前带走这两个碰撞原子所释出的能量。复合反应没有活化能，即 $\varepsilon_0 = 0$，这样，复合反应速率常数可写为

$$k_- = C_- T^\beta \tag{3.116}$$

应当指出，上述公式仅适用于基元反应，即一步可完成的反应。一个表观上的化学反应，例如氢和氧生成水的反应，实际上是由多个基元反应组成的复杂系统。那么，对于由 ns 个组元，并有 nr 个基元反应组成的系统，其反应式为

$$\sum_{s=1}^{ns} \nu_s'^{(r)} Z_s \underset{k_-^{(r)}}{\overset{k_+^{(r)}}{\rightleftharpoons}} \sum_{s=1}^{ns} \nu_s''^{(r)} Z_s \quad r = 1,\ 2,\ \cdots,\ nr \tag{3.117}$$

式中，$\nu_s'^{(r)}$ 和 $\nu_s''^{(r)}$ 表示在第 r 个反应式中的计量系数；$k_+^{(r)}$ 和 $k_-^{(r)}$ 分别为该基元反应的正向和逆向反应速率常数。Z_s 组元的净生成率为它在每一个基元反应中的净生成率之和，即

$$\frac{\mathrm{d}[Z_s]}{\mathrm{d}t} = \sum_{r=1}^{nr} \frac{\mathrm{d}[Z_s]^{(r)}}{\mathrm{d}t}$$

$$= \sum_{r=1}^{nr} \left[\nu''^{(r)}_s - \nu'^{(r)}_s \right] \left(k_+^{(r)} \prod_{s=1}^{ns} [Z_s]^{\nu'^{(r)}_s} - k_-^{(r)} \prod_{s=1}^{ns} [Z_s]^{\nu''^{(r)}_s} \right)$$

$$(3.118)$$

非平衡的反应机制远比平衡计算复杂,化学反应系统由大量的基元反应组成,而且必须确定各个反应的详细动力学机制。一般而言,气体的有限速率化学动力学分析包括以下步骤:① 分析化学反应的机制,列出总反应包含的各个基元反应式;② 查找反应速率常数,其表达式通常如式(3.115)的形式;③ 写出全部组元的化学反应速率方程;④ 联立求解速率方程。

显然,任何一个非平衡问题的分析是否精确,取决于速率常数的精确程度。高温空气化学反应的速率常数值在一些文献中可找到,例如 Dunn 和 Kang[9]给出一种计算高温空气中反应速率常数的方法,但是,现有的速率常数总有一定的误差。如果要进行非平衡反应分析,为了获得精确的反应速率数值,需要深入研究现有的文献,甚至将研究拓展至物理化学范畴。

3.4.3　振动-离解反应耦合机制

气体动理论告诉我们,温度 T 表征了系统内大量分子无规则热运动的平均动能,实际就是平动温度,也是公式(2.11)中影响分子碰撞频率的温度。由此,振动弛豫时间 τ 和化学反应速率常数 k 自然也是平动温度 T 的函数。

一般而言,气体的平动能和转动能均可以快速地达到平衡,但是振动能弛豫过程较为缓慢,出现振动非平衡现象,而此时若系统中还存在非平衡化学反应,则会产生振动弛豫速率和化学反应速率的相互影响,即耦合效应。具体而言,如果气体分子振动能高度激发,处于高振动能级的分子数较多,在其他粒子碰撞作用下,更容易发生离解,即振动激发程度高的气体离解反应速率更快。反之,离解发生时,优先使得高振动能级上的粒子数减少,从而影响了瞬时的振动能和振动弛豫时间。

精确计算振动弛豫和化学速率耦合问题是非常困难的。近似处理方法是引入振动温度 T_v,将瞬时振动能看作温度 T_v 下的平衡分布,即振动能 e_v 满足:

$$e_v = \frac{\theta_v / T_v}{\mathrm{e}^{\theta_v / T_v} - 1} R T_v$$

$$(3.119)$$

当 T_v 越高时,高振动能级上的粒子数越多,离解反应越容易发生,因此在计算离解反应速率时,需要考虑平动-转动温度 T 和振动温度 T_v 的耦合影响,通行的做法是引入一个非平衡因子 $Z(T, T_v)$ 来修正反应速率,修正公式写为

$$k_+(T, T_v) = Z(T, T_v) \cdot k_+^{(eq)} \tag{3.120}$$

式中,$k_+^{(eq)}$ 为热平衡温度 (T) 对应的速率常数,非平衡因子 Z 是平转动温度 T 和振动温度 T_v 的函数,这二者的乘积作为非平衡的离解反应速率常数。

Marrone 和 Treanor[10] 提出耦合的振动-离解-振动模型(CVDV model),假定振动能级符合玻尔兹曼分布,在任一振动能级上发生离解反应的概率相同,并在形如式(3.103)的振动能弛豫方程中添加了离解损耗项。最终,该方法得到非平衡因子为

$$Z(T_{tr}, T_v) = \frac{Q_v(T) Q_v(T_m)}{Q_v(T_v) Q_v(-\tilde{U})} \tag{3.121}$$

Macheret 等[11] 假设离解反应机制分为两部分:来自高振动激发态分子的贡献,以及来自振动未激发或弱激发态的分子与其他粒子高速碰撞的贡献,此过程受温度 T 控制,对应的非平衡因子表达式为

$$Z(T, T_v) = \frac{1 - \exp(-\theta_v/T_v)}{1 - \exp(-\theta_v/T_v)} \cdot (1 - L) \cdot \exp\left[-\frac{\varepsilon_d}{k}\left(\frac{1}{T_v} - \frac{1}{T}\right)\right]$$
$$+ L \cdot \exp\left[-\frac{\varepsilon_d}{k}\left(\frac{1}{T_\alpha} - \frac{1}{T}\right)\right] \tag{3.122}$$

Park[12] 给出一种相对简单的经验性方法,他建议结合平动-转动温度 T_{tr} 和振动温度 T_v 给出一个平均温度 T_a,即

$$T_a = T_v^q T_{tr}^{1-q} \tag{3.123}$$

式中,q 取 0.3~0.5,使用 T_a 作为计算离解、置换反应速率的温度,但是复合反应不受 T_v 的影响,仍使用 T 计算反应速率常数。但需注意,Park 模型主要是基于对现象的观察和简化,随着 q 取值变化,会带来较大不确定性。

振动-离解耦合问题依然是一个未解决的问题,事实上近 20 年来这方面几乎没有什么进展。也许利用量子化学及非接触式激光诊断技术等最新进展可以更好地理解这个问题。

3.5   高温气体流动的控制方程

前面的热力学关系式都是对静止系统给出的。对于运动系统,当观察者随系统一起运动时,只要把基本热力学变量 p、T 和 ρ 等都理解为静参数,那么,所有关系式对运动气体仍然适用。本节讨论高温气体流动控制方程。

3.5.1   扩散速度和质量扩散通量

高温气体流场中,一个特殊且重要的输运现象是扩散。若在某位置取一微元控制体,其本身速度为 u,已知控制体中 s 组元的质量分数 Y_s,因为 Y_s 在空间是不均匀分布的,存在梯度 ∇Y_s,那么,在该梯度的作用下,s 组元将朝着与 ∇Y_s 相反的方向做质量扩散运动,这种因扩散产生的速度定义为 s 组元在该位置的扩散速度,用 $u_{\mathrm{D},s}$ 表示,而 s 组元的绝对速度 u_s 应为

$$u_s = u + u_{\mathrm{D},s} \tag{3.124}$$

在气体动力学中,流场中某一位置的流动速度就是质量平均速度 u,满足

$$\rho u = \sum_s \rho_s u_s \tag{3.125}$$

将式(3.124)代入式(3.125),得

$$\rho u = \sum_s \rho_s u + \sum_s \rho_s u_{\mathrm{D},s} = \rho u + \sum_s \rho_s u_{\mathrm{D},s}$$

可得如下重要关系式:

$$\sum_s \rho_s u_{\mathrm{D},s} = 0 \tag{3.126}$$

式中,$\rho_s u_{\mathrm{D},s}$ 为 s 组元因扩散产生的物质流量,记为质量扩散通量 $J_{\mathrm{D},s}$,即

$$J_{\mathrm{D},s} \equiv \rho_s u_{\mathrm{D},s} \tag{3.127}$$

根据菲克定律式(2.139):

$$J_{\mathrm{D},s} = \rho_s u_{\mathrm{D},s} = -\rho D_{sm} \nabla Y_s \tag{3.128}$$

式中,多组元扩散系数 D_{sm} 表征组元 s 在混合气体中的扩散特性,用分子动理论方法精确计算多组元扩散系数的过程较为复杂,一般采用 Wilke 近似方法[式

(2.142)〕,

$$D_{sm} = (1 - X_s) / \sum_j \frac{X_j}{D_{sj}} \tag{3.129}$$

还应说明的是: s 组元在混合气体中的质量扩散通量的一般形式为[4]

$$\boldsymbol{J}_{D,s} \equiv \rho_s \boldsymbol{u}_{D,s} = f\left(\sum_d \left[\nabla \left(\bar{M} \frac{Y_s}{M_d} \right) \right], \nabla(\ln T), \nabla(\ln p), \rho_s \boldsymbol{F}_s \right) \tag{3.130}$$

上式表明,质量扩散可以由 4 种原因引起: ① 浓度梯度,由浓度梯度引起的质量扩散称为菲克扩散; ② 压强梯度影响,如在转动气体容器中分子受离心力影响而向器壁施加压强; ③ 外力影响,如电离气体受电场的作用; ④ 温度梯度对扩散流影响,即苏瑞效应(Soret Effect)。对于高超声速流,外力可以不计; ∇p 引起的质量扩散是极其微弱的,通常也不考虑; 至于引起的热质量扩散,只有在温度梯度很大的区域会产生较为明显的影响。因此,在高温气体动力学中,忽略了外力和压强梯度之后,并且仅考虑二元扩散时,式(3.130)可写为

$$\boldsymbol{J}_{D,s} \equiv \rho_s \boldsymbol{u}_{D,s} = -\rho D_s \nabla Y_s - D_s^T \nabla(\ln T) \tag{3.131}$$

式中, D_s 和 D_s^T 分别称为二元扩散系数和热扩散系数。由于 D_s^T 非常小,绝大多数情况下忽略温度梯度带来的质量扩散。

3.5.2　混合气体的热传导和扩散传热

传热的形式一般分为热传导、对流和辐射。对于混合气体,考虑到组元扩散不仅产生质量流,当 s 组元粒子从一个位置扩散到另一位置时,同时携带着自身的能量,这表明质量扩散流动必伴有热能的转移,由此形成能量输运的又一种形式,称为扩散传热。所以,混合气体的传热有 4 种形式。

首先考虑静止的气体,没有热对流,仅讨论热传导与扩散传热。

1. 热传导

热传导是最常见的热能传递现象。固体的传热是由于原子的振动和电子移动,液体和气体的热传导是分子运动的能量转移,分子的动能从高速运动的分子(温度也高)通过碰撞传递给低速运动的分子。平衡态下热传导产生的能量通量(亦称热流)由傅里叶公式表示:

$$\boldsymbol{q}_{\lambda} = -k \nabla T \tag{3.132}$$

式中,k 为导热系数。假设分子平动能输运与其热运动速度相关,但是分子内部能量(转动能、振动能和电子能)的输运与速度无关,那么,单一组元气体的导热系数可以由欧肯关系式(2.138)导出。

$$k = \mu \left(\frac{5}{2} c_{v_t} + c_{v_r} + c_{v_v} + c_{v_e} \right) \tag{3.133}$$

将上式右端展开后,对应的四项分别称为平动导热系数 k_t、转动导热系数 k_r、振动导热系数 k_v 和电子导热系数 k_e,有

$$k_t = \frac{5}{2} c_{v_t} \mu, \quad k_{int} = c_{v_{int}} \mu \quad \text{int = r, v, e} \tag{3.134}$$

若气体处于热力学非平衡条件下,热传导的能量通量应写为

$$\boldsymbol{q}_\lambda = - k_t \nabla T_t - k_r \nabla T_r - k_v \nabla T_v - k_e \nabla T_e \tag{3.135}$$

因为气体的平动能和转动能在低温下就已经完全激发而处于热力学平衡态,可用一个温度 T 表示平动-转动温度,所以,式(3.135)重写为

$$\boldsymbol{q}_\lambda = - k_{tr} \nabla T - k_v \nabla T_v - k_e \nabla T_e \tag{3.136}$$

式中,$k_{tr} = k_t + k_r$。

考虑低温下双原子分子气体,忽略振动能和电子能激发,可得

$$\boldsymbol{q}_\lambda = - k_{tr} \nabla T$$
$$Pr = \frac{\mu c_p}{k_{tr}} = \frac{c_p}{(5/2) c_{v_t} + c_{v_r}} = \frac{14}{19} \approx 0.737 \tag{3.137}$$

这就是普通气体动力学所用的傅里叶定律和普朗特数。

进一步考虑多组元混合气体的导热系数,严格的公式是从玻尔兹曼方程的解直接推导出来的,Chapmann - Enskog 展开的一阶近似解能有效地给出混合气体的导热系数。高温空气的各个内能模态对应的导热系数表达式比较复杂[13],而且计算量与组元数平方成比例。所以,在实际计算中常使用另一种方案:先获得单个组元的导热系数之后,利用 Wilke 半经验关系式来计算混合气体的导热系数,与式(2.141)类似,有

$$k = \sum_i \frac{X_i k_i}{\sum X_j \phi_{ij}} \tag{3.138}$$

其中，

$$\phi_{ij} = \frac{1}{\sqrt{8}}\left(1 + \frac{M_i}{M_j}\right)^{-1/2}\left[1 + \left(\frac{k_i}{k_j}\right)^{1/2}\left(\frac{M_j}{M_i}\right)^{1/4}\right]^2 \tag{3.139}$$

2. 扩散传热

多组元气体会产生扩散现象，当 s 组元粒子从一个位置扩散到另一位置时，不仅引起质量扩散，同时粒子携带着自身的能量，这意味着质量扩散流动必伴有热能的转移，由此形成能量输运的又一种形式，称为扩散传热。

化学反应混合气体 s 组元的焓 h_s 包括可感焓和化学焓（或生成焓），即

$$h_s = \int_{T_0}^{T} c_{p,s}\mathrm{d}T + (\Delta h_f)_s^0 \tag{3.140}$$

其中，T_0 为标准温度，通常取 $T_0 = 0\,\mathrm{K}$；$(\Delta h_f)_s^0$ 为标准温度下的生成焓。混合气体的焓为

$$h = \sum_s Y_s h_s \tag{3.141}$$

根据式（3.127），混合气体中某一位置处 s 组元的质量通量为 $\rho_s \boldsymbol{u}_{\mathrm{D},s}$，相应地在该处因质量扩散引起的能量通量为 $\rho_s \boldsymbol{u}_{\mathrm{D},s} h_s$，那么所有组元在该位置由扩散所引起的扩散能量通量 $\boldsymbol{q}_D$ 为

$$\boldsymbol{q}_D = \sum_s \rho_s \boldsymbol{u}_{\mathrm{D},s} h_s \tag{3.142}$$

忽略热扩散，仅考虑浓度梯度扩散，代入式（3.128），可得

$$\boldsymbol{q}_D = -\rho \sum_s D_{sm} h_s \nabla Y_s \tag{3.143}$$

综上，一个静止的、有温度和浓度梯度的高温化学反应气体系统，任一位置处的总能量通量为

$$\boldsymbol{q} = \boldsymbol{q}_\Lambda + \boldsymbol{q}_D = -k\nabla T + \sum_s \rho_s u_{\mathrm{D},s} h_s = -k\nabla T - \rho \sum_s D_{sm} h_s \nabla Y_s \tag{3.144}$$

这里包括由输运现象产生的热传导和扩散传热。在某些高温流动问题中要用到总热传导系数的概念，例如，在高温边界层流动中，沿垂直于物面的方向（y 向）存在温度和质量浓度梯度，根据式（3.144）得到的 y 向能量通量为

$$q_y = -k\frac{\partial T}{\partial y} - \rho \sum_s D_{sm} h_s \frac{\partial Y_s}{\partial y} \tag{3.145}$$

假设气体当地化学反应平衡,则有 $Y_s = Y_s(p, T)$,又由于边界层中 p 沿 y 方向为常数,所以,

$$\frac{\partial Y_s}{\partial y} = \frac{\partial Y_s}{\partial T} \frac{\partial T}{\partial y}$$

代入式(3.145)有

$$q_y = -k \frac{\partial T}{\partial y} - \rho \left(\sum_s D_{sm} h_s \frac{\partial Y_s}{\partial T} \right) \frac{\partial T}{\partial y}$$

或

$$q_y = -k \frac{\partial T}{\partial y} - k_D \frac{\partial T}{\partial y} = -k_T \frac{\partial T}{\partial y} \tag{3.146}$$

其中, k_D 称为反应导热系数,是由扩散产生的; k_T 称为总导热系数,其定义为

$$k_T = k + \rho \sum_s D_{sm} h_s \frac{\partial Y_s}{\partial T} \tag{3.147}$$

进一步地,

$$q_y = -k_T \frac{\partial T}{\partial y} = -\frac{\mu}{Pr_T} \frac{\partial h}{\partial y} \tag{3.148}$$

其中, $Pr_T = \mu c_p / k_T$ 称为平衡普朗特数。

应当说明,上述总导热系数和平衡普朗特数概念仅适用于这样的流动:① 流动处于当地化学平衡;② 沿某一方向计算热通量时,该方向的压强为常数。尽管这两个概念有很大的局限性,然而,它们仍然适用于大量的化学反应边界层问题,并且已有研究者对高温空气的 k_T 值和 Pr_T 值作了具体计算,有现成的数表供实际应用。

最后,还需要指出,高温流动中还有辐射传热现象,辐射传热与上述热传导、对流和扩散传热在机制上有显著区别,热传导、对流和扩散传热以分子为载体,是通过介质实现的能量转移,热辐射以电磁波或光子为载体,光子的运动或电磁波的传播并不依赖介质的存在与否,即不仅可在介质中转移,也可在真空中进行。另外,热传导的热通量与温度梯度或温度差成正比,与温度的绝对值无关。辐射热通量与热力学温度的 4 次方成正比,因此,在通常流动问题中,无须考虑热辐射的影响,但在极高温流动中,辐射传热是不可忽略的。建立流场中热辐射

模型至今仍具有重大挑战,困难来自气体辐射强烈依赖于流体的内能,例如强激波后,激发态的电子数目取决于振动温度。由于热辐射与气体流动之间是相互耦合,对其研究形成辐射气体动力学,可参考文献[1],本书暂不考虑辐射问题。

3.5.3　控制方程组

化学反应产生的多组元混合气体遵循质量守恒、动量守恒和能量守恒等基本物理定律,但是描述多组元气体的控制方程比起单一气体来说要复杂得多。第 2 章从分子动理论的玻尔兹曼方程导出单组元气体的控制方程,现在将其延伸至考虑非平衡化学反应及振动等内能弛豫的情形,即热/化学非平衡的气体流动。

1. 连续性方程(质量守恒方程)

式(3.124)已给出 s 组元的运动速度 $u_{sj} = u_j + u_{D,sj}$,依据质量守恒,s 组元的连续性方程为

$$\frac{\partial \rho_s}{\partial t} + \frac{\partial}{\partial x_j} [\rho_s(u_j + u_{D,sj})] = \dot{w}_s \tag{3.149}$$

式中,$u_{D,sj}$ 为 s 组元的扩散速度,该方程表示,在混合物中,每个组元的质量输运不仅取决于质量平均速度 u_j,而且与该组元的扩散速度 $u_{D,s}$ 和化学生成率 $\dot{w}_s$ 有关,这两个参数在单一气体中是不出现的。

将式(3.149)对所有组元求和,得

$$\frac{\partial}{\partial t} \left(\sum_{s=1}^{ns} \rho_s \right) + \frac{\partial}{\partial x_j} \left[\sum_{s=1}^{ns} \rho_s(u_j + u_{D,sj}) \right] = \sum_{s=1}^{ns} \dot{w}_s$$

由于扩散速度满足关系式(3.126),并且化学反应中总质量守恒,即 $\sum_{s=1}^{ns} \dot{w}_s = 0$,有

$$\frac{\partial \rho}{\partial t} + \frac{\partial(\rho u_j)}{\partial x_j} = 0 \tag{3.150}$$

或改写为

$$\frac{\mathrm{d}\rho}{\mathrm{d}t} + \rho \frac{\partial u_j}{\partial x_j} = 0 \tag{3.151}$$

这就是混合气体的总连续方程,形式上与单组元气体的连续方程是完全相同。

需要指出,总连续性方程(3.150)由 ns 个组元连续性方程(3.149)叠加而成,因此它们不是完全相互独立的。一般来说,选取总连续方程,再加上 $ns - 1$ 个组元连续性方程,构成描述混合气体成分的方程组。

组元连续性方程亦可采用质量分数 Y_s 表示,将式(3.149)改写为

$$\frac{\partial(\rho Y_s)}{\partial t} + \frac{\partial}{\partial x_j}(\rho Y_s u_j) + \frac{\partial J_{D,sj}}{\partial x_j} = \dot{w}_s$$

整理得

$$\rho\left(\frac{\partial Y_s}{\partial t} + u_j\frac{\partial Y_s}{\partial x_j}\right) + Y_s\left[\frac{\partial \rho}{\partial t} + \frac{\partial(\rho u_j)}{\partial x_j}\right] = \dot{w}_s - \frac{\partial J_{D,sj}}{\partial x_j}$$

上式中第二个括号为零,得到组元连续方程的另一种形式:

$$\rho\frac{\mathrm{d}Y_s}{\mathrm{d}t} = \dot{w}_s - \frac{\partial J_{D,sj}}{\partial x_j} \tag{3.152}$$

质量扩散通量的一般形式可参考文献[4],采用简化式(3.128):

$$J_{D,sj} = \rho_s u_{D,sj} = -\rho D_{sm}\frac{\partial Y_s}{\partial x_j}$$

代入式(3.152)得

$$\rho\frac{\mathrm{d}Y_s}{\mathrm{d}t} = \dot{w}_s + \frac{\partial}{\partial x_j}\left(\rho D_{sm}\frac{\partial Y_s}{\partial x_j}\right) \tag{3.153}$$

最后,s 组元的化学生成率为该组元的摩尔生成率乘以摩尔质量,即

$$\dot{w}_s = M_s \cdot \frac{\mathrm{d}[Z_s]}{\mathrm{d}t} \tag{3.154}$$

式中,净摩尔生成率 $\mathrm{d}[Z_s]/\mathrm{d}t$ 由式(3.118)计算。

2. 动量方程

第 s 组元的动量方程可以写为

$$\frac{\partial(\rho u_{si})}{\partial t} + \frac{\partial(\rho u_{si}u_{sj})}{\partial x_j} = -\frac{\partial p_s}{\partial x_i} + \frac{\partial \tau_{s,ji}}{\partial x_j} + \rho_s F_{s,i} \tag{3.155}$$

将其对组元求和,可得多组元反应气体的动量方程:

$$\frac{\partial(\rho u_i)}{\partial t} + \frac{\partial(\rho u_i u_j)}{\partial x_j} = -\frac{\partial p}{\partial x_i} + \frac{\partial \tau_{ji}}{\partial x_j} + \sum_{s=1}^{ns} \rho_s F_{s,i} \qquad (3.156)$$

其形式和单一气体的一样,就是熟知的纳维-斯托克斯(Navier-Stokes)方程。对于高温高速流动,通常忽略气体组元受到的体积力 $F_{s,i}$。黏性应力 τ_{ji} 为

$$\tau_{ji} = \mu\left(\frac{\partial u_j}{\partial x_i} + \frac{\partial u_i}{\partial x_j}\right) - \frac{2}{3}\mu\frac{\partial u_k}{\partial x_k}\delta_{ji} \qquad (3.157)$$

其中,混合气体的黏性系数 μ 按分子动理论中的式(2.141)计算:

$$\mu = \sum_i \frac{X_i \mu_i}{\sum X_j \phi_{ij}}$$

其中,

$$\phi_{ij} = \frac{1}{\sqrt{8}}\left(1 + \frac{M_i}{M_j}\right)^{-1/2}\left[1 + \left(\frac{\mu_i}{\mu_j}\right)^{1/2}\left(\frac{M_j}{M_i}\right)^{1/4}\right]^2$$

3. 能量方程

高温气体的能量传递和转换涉及相当多的物理、化学过程,非常复杂。因此,先导出热平衡的高温气体流动能量方程的几种等价形式,再给出热非平衡流动的能量方程。需要提醒,无论是否热平衡,此时气体流动可以是化学非平衡的。

1)热平衡流动

根据总能量守恒,可导出如下形式的能量方程:

$$\frac{\partial}{\partial t}\left[\rho\left(e + \frac{u_i u_i}{2}\right)\right] + \frac{\partial}{\partial x_j}\left[\rho u_j\left(h + \frac{u_i u_i}{2}\right)\right]$$

$$= \frac{\partial(\tau_{ji}u_i)}{\partial x_j} + \frac{\partial}{\partial x_j}\left(k\frac{\partial T}{\partial x_j}\right) + \frac{\partial}{\partial x_j}\left(-\sum_s \rho_s h_s u_{D,sj}\right) \qquad (3.158)$$

式中,$e + \frac{u_i u_i}{2}$ 称为单位质量气体的总能;$h + \frac{u_i u_i}{2}$ 称为单位质量总焓。混合物的单位质量内能 e 和焓 h 分别为

$$e = \sum_s Y_s e_s, \quad h = \sum_s Y_s h_s \qquad (3.159)$$

s 组元的内能为

$$e_s = e_{t,s} + e_{r,s} + e_{v,s} + e_{e,s} + (\Delta h_f)_s^0 \tag{3.160}$$

除化学焓 $(\Delta h_f)_s^0$，其余内能模式表达式见 3.2.1 节。

由于任一组元 s 都满足：

$$h_s = e_s + p_s/\rho_s = e_s + R_s T \tag{3.161}$$

因此，混合气体的焓满足：

$$h = \sum_s Y_s h_s = \sum_s Y_s e_s + \sum_s Y_s R_s T = e + RT = e + p/\rho \tag{3.162}$$

代入式（3.162）和连续性方程（3.150），能量方程（3.158）变为

$$\rho \frac{d}{dt}\left[\rho\left(e + \frac{u_i u_i}{2}\right)\right] = -\frac{\partial(pu_j)}{\partial x_j} + \frac{\partial(\tau_{ji} u_i)}{\partial x_j} + \frac{\partial}{\partial x_j}\left(k\frac{\partial T}{\partial x_j}\right) + \frac{\partial}{\partial x_j}\left(-\sum_s \rho_s h_s u_{D,sj}\right)$$

再利用动量方程（3.156），可得内能方程：

$$\rho\frac{de}{dt} = -p\frac{\partial u_j}{\partial x_j} + \tau_{ij}\frac{\partial u_i}{\partial x_j} + \frac{\partial}{\partial x_j}\left(k\frac{\partial T}{\partial x_j}\right) + \frac{\partial}{\partial x_j}\left(-\sum_s \rho_s h_s u_{D,sj}\right) \tag{3.163}$$

内能方程（3.163）的左边代表流体微团的内能变化，右边第一项和第二项分别表示由压强做功、黏性力做功所引起的内能变化，第二项是黏性效应，又称为耗散项。第三和第四项分别表示由热传导和气体的扩散传热所改变的内能。

在分析边界层流动时，使用焓 h 表示能量方程较为方便。利用式（3.162）和连续性方程（3.151），代入式（3.163），得到用焓 h 表示的能量方程：

$$\rho\frac{dh}{dt} = \frac{dp}{dt} + \tau_{ij}\frac{\partial u_i}{\partial x_j} + \frac{\partial}{\partial x_j}\left(k\frac{\partial T}{\partial x_j}\right) + \frac{\partial}{\partial x_j}\left(-\sum_s \rho_s h_s u_{D,sj}\right) \tag{3.164}$$

2）热非平衡流动

当气体不满足局部热力学平衡态假设时，其热力学状态需要用多个温度来描述，以三温模型为例，引入平动、转动温度 T_{tr}（简写为 T）、振动温度 T_v 和电子温度 T_e，总能量方程写为

$$\frac{\partial}{\partial t}\left[\rho\left(e + \frac{u_i u_i}{2}\right)\right] + \frac{\partial}{\partial x_j}\left[\rho u_j\left(h + \frac{u_i u_i}{2}\right)\right]$$

$$= \frac{\partial(\tau_{ji} u_i)}{\partial x_j} + \frac{\partial}{\partial x_j}\left(k_{tr}\frac{\partial T}{\partial x_j} + k_v\frac{\partial T_v}{\partial x_j} + k_e\frac{\partial T_e}{\partial x_j}\right) + \frac{\partial}{\partial x_j}\left(-\sum_s \rho_s h_s u_{D,sj}\right) - Q_{rad}$$

$$\tag{3.165}$$

总能守恒方程中各项的物理意义:第 1 项表示在单位体积中总的能量变化率; 第 2 项表示以速度 u_j 通过控制单元体界面的总的焓通量;第 3 项表示剪切力所做的功;第 4 项表示由于温度梯度引起的能量传导;第 5 项表示由于浓度梯度引起的焓扩散;第 6 项表示电子引起的辐射产生的能量损失速率。

对于混合气体,单位质量内能包括

$$e = \sum_s Y_s e_s = \sum_{s \neq e} Y_s (e_{t,s} + e_{r,s} + e_{v,s} + e_{e,s} + (\Delta h_f)_s^0) + Y_e e_{e,e} \quad (3.166)$$

式中,下标 s 表示任一组元, e 表示自由电子, $s \neq e$ 指除自由电子外的重粒子组元。对于重粒子组元 s,其内能和焓可根据式(3.51)和式(3.52)计算,平动和转动比热为

$$c_{v,t}^s = \frac{3}{2} R_s T, \ c_{p,t}^s = \frac{5}{2} R_s T \quad (3.167)$$

$$c_{v,r}^s = c_{p,r}^s = R_s T \ (\text{仅双原子分子}) \quad (3.168)$$

Gnoffo 等将振动比热和电子比热拟合为温度函数[13],或者将总比热拟合为温度函数,从中减去平动和转动比热,可得到振动-电子比热[5]。

自由电子的平动能为

$$e_{e,e} = \frac{3}{2} R_e T_e \quad (3.169)$$

对应的焓为

$$h_{e,e} = e_{e,e} + R_e T_e \quad (3.170)$$

综上,混合气体的单位质量焓 h 为

$$h = \sum_{s \neq e} Y_s [e_{t,s} + e_{r,s} + e_{v,s} + e_{e,s} + R_s T + (\Delta h_f)_s^0] + Y_e (e_{e,e} + R_e T_e)$$

$$(3.171)$$

4. 振动能与电子能方程

对于热非平衡气体流动,还要给出振动能和电子能方程, s 组元振动能方程为

$$\frac{\partial (\rho_s e_{v,s})}{\partial t} + \frac{\partial (\rho_s u_{sj} e_{v,s})}{\partial x_j}$$

$$= -\frac{\partial q_{v,sj}}{\partial x_j} + \rho_s \frac{e_{v,s}^*(T) - e_{v,s}}{\tau_s} + \rho_s \frac{e_{v,s}^*(T_e) - e_{v,s}}{\tau_{e,s}} + \dot{w}_s \hat{D}_s \quad (3.172)$$

因此,总振动能方程为

$$\frac{\partial(\rho e_v)}{\partial t} + \frac{\partial(\rho e_v u_j)}{\partial x_j} = \frac{\partial}{\partial x_j}\left(k_v \frac{\partial T_v}{\partial x_j}\right) + \frac{\partial}{\partial x_j}\left(-\sum_s \rho_s e_{v,s} u_{D,s}\right)$$

$$+ \sum_s \left[\rho_s \frac{e_{v,s}^*(T) - e_{v,s}}{\tau_s}\right] + \sum_s \left[\rho_s \frac{e_{v,s}^{**}(T_e) - e_{v,s}}{\tau_{e,s}}\right] + \sum_s (\dot{w}_s \hat{D}_s)$$

$$(3.173)$$

振动能方程各项的物理意义如下:第 1 项表示单位体积的振动能的当地变化率;第 2 项表示以速度 u_j 通过控制单元体界面的振动能通量;第 3 项表示由于振动温度梯度引起的振动能热传导;第 4 项表示由于浓度梯度引起的振动能扩散;第 5 项表示气体组元碰撞引起的振动和平动模式之间的能量转换;第 6 项表示振动和电子激发模式之间的能量转换;第 7 项表示由于分子离解或复合而失去或获得的振动能。

混合气体单位质量振动能 $e_v = \sum_s Y_s e_{v,s}$,$e_{v,s}$ 为 s 组元单位质量振动能,假定组元的振动能级分布均符合由单个振动温度 T_v 表示的玻尔兹曼分布;$e_{v,s}^*(T)$ 和 $e_{v,s}^*(T_e)$ 分别为 s 组元在平转动温度 T 和电子温度 T_e 下的平衡态振动能;τ_s 为 s 组元平动-振动能量传递(T-V transfers)时的特征弛豫时间;$\tau_{e,s}$ 为 s 组元电子-振动能量传递(e-V transfers)时的特征弛豫时间;$\hat{D}_s$ 表示 s 组元因离解/复合反应产生的振动能生成率,在考虑振动-离解耦合时,该项为离解能乘以一个小于 1 的系数,通常建议使用 0.3。

类似地,可以得到电子和电子激发能方程为

$$\frac{\partial(\rho e_e)}{\partial t} + \frac{\partial(\rho h_e u_j)}{\partial x_j}$$

$$= -u_j \frac{\partial p_e}{\partial x_j} + \frac{\partial}{\partial x_j}\left(k_e \frac{\partial T_e}{\partial x_j}\right) + \frac{\partial}{\partial x_j}\left(-\sum_s \rho_s h_{e,s} u_{D,s}\right)$$

$$+ 2\rho_e \frac{3}{2} R_0(T - T_e) \sum_{s \neq e} \frac{\nu_{e,s}}{M_s} - \sum_{s=\text{icon}} \dot{n}_{e,s} \hat{I}_s - \sum_s \left[\rho_s \frac{e_{v,s}^*(T_e) - e_{v,s}}{\tau_{e,s}}\right] - Q_{\text{rad}}$$

$$(3.174)$$

该方程中各项的物理意义:第 1 项表示单位体积的电子能量的变化率;第 2 项表示以速度 u_j 通过控制单元体界面的电子能通量;第 3 项表示由电子压强场对

电子所作的功;第 4 项表示由电子温度梯度引起的电子能传导;第 5 项表示由浓度梯度引起的电子能扩散;第 6 项表示电子和重粒子之间的弹性碰撞引起的能量转换;第 7 项表示由电子与离子相互作用引起的电子能损失;第 8 项表示电子和分子之间的非弹性碰撞引起的能量转换,参见振动能方程的第 6 项;第 9 项表示通过电子引起的辐射所产生的能量损失速率。

混合气体单位质量电子和电子激发能:

$$e_e = \sum_s Y_s e_{e,s} = \sum_{s \neq e} Y_s e_{e,s} + Y_e e_{e,e} \tag{3.175}$$

式中,右边第 1 项是除自由电子外,重粒子组元的电子激发能;右边第 2 项为自由电子平动能。

混合气体单位质量电子焓:

$$h_e = \sum_s Y_s h_{e,s} = \sum_{s \neq e} Y_s h_{e,s} + Y_e h_{e,e} \tag{3.176}$$

其中,重粒子组元的单位质量电子焓 $h_{e,s} = e_{e,s}$,对于自由电子情形,单位质量电子焓 $h_{e,e} = e_{e,e} + R_e T_e = e_{e,e} + \dfrac{R_0}{M_e} T_e$。

方程(3.174)中,$\nu_{e,s}$ 为电子与重粒子之间的有效碰撞频率;$\dot{n}_{e,s}$ 表示由于电子撞击离子引起的组元 s 的摩尔生成速率;$\hat{I}_s$ 表示电子撞击离子产生组元 s,对应损失的单位摩尔能量;Q_{rad} 表示辐射能量交换率。在电子和电子激发能量守恒方程推导中,认为所有原子和分子都处在电子激发状态,以及自由电子的平动能是在温度 T_e 下服从于玻尔兹曼分布。

振动能方程(3.173)与电子能方程(3.174)中,出现描述内能各模式之间能量交换的弛豫项,涉及很多参数,文献[13]和[14]对此做了详细叙述,然而,这些数据存在不确定性,随着研究深入,需要不断补充最新的数据或修正模型。

5. 状态方程

重粒子组元 s:

$$p_s = \rho_s R_s T = \rho_s \frac{R_0}{M_s} T \tag{3.177}$$

自由电子:

$$p_e = \rho_e R_e T_e = \rho_e \frac{R_0}{M_e} T_e \tag{3.178}$$

至此,本节已经给出了高温真实气体流动的控制方程组。对于热平衡的化学反应气体流动,包括1个连续性方程;$ns-1$个组元连续性方程;1个动量方程(矢量方程);1个能量方程;1个状态方程。对应未知数为密度ρ、$ns-1$个质量分数Y_s、速度矢量u、压强p、内能e(或温度T),方程组是封闭的。需要补充说明,黏性应力、热传导通量、扩散导致的质量和能量通量为质量分数、速度和温度梯度的函数,还有连续性方程中的化学生成率项由式(3.154)表示,共ns个。

当流动中出现热非平衡情形时,在上述方程之外,还需补充振动能和电子能方程,此时,多出了振动能e_v(或振动温度T_v)、电子能e_e(或电子温度T_e)两个未知函数,控制方程整体上是封闭的。求解热非平衡的气体流动,还要给出振动能、电子能的热输运系数,还有各内能模式的能量弛豫过程的建模及相关的参数,并且在非平衡显著时,还必须考虑振动-离解耦合效应。

高温真实气体流动的控制方程组是由多个高度非线性的方程联立而成,需要利用高性能计算系统进行数值模拟,在理论求解中,通常建立激波、膨胀波或边界层等流动模型,导出简化的控制方程组进行分析,后面几章将具体阐述。

3.5.4 边界条件

高温气体流动的边界条件变化范围非常大。常温常压条件下气体流动通常使用壁面速度无滑移无穿透条件,而温度可根据材料的传热特性,取为壁面等温或壁面绝热条件,在流体力学教科书中有详细讨论。这里主要给出热/化学非平衡条件下,高温真实气体流动需要的新的壁面条件。

1. 壁面催化反应及边界条件

当化学反应发生时,需要求解混合气体的组元分数Y_s,自然地,需要给出Y_s的边界条件。建立组分边界条件的复杂性在于,化学反应不仅在流场中发生,而且在壁面上也存在,前者为气体的同相反应,后者为气体与固体壁面间的异相反应,这里主要指壁面催化反应。

壁面催化反应指的是固体表面对气体反应起催化作用的那种表面反应,它通过壁面边界条件的形式,与流场中气体流动发生联系。表面反应动力学比气相反应动力学更为复杂,不仅与壁面反应过程有关,还与催化表面的吸附、脱附过程相关。本节只从气体动力学应用的角度,进行简单的论述。

根据催化反应的动力学,正向(复合)反应和逆向(离解)反应产生的原子组分A的质量生成率为

$$\dot{w}_A = -k_{+,w}(\rho_A)_w^{\delta_+} + k_{-,w}(\rho_{A_2})_w^{\delta_-} \tag{3.179}$$

式中, $k_{+,w}$ 和 $k_{-,w}$ 分别为正向和逆向反应速率常数; δ_+ 和 δ_- 分别为正向和逆向反应级数。对于平衡反应,有

$$\frac{k_{+,w}}{k_{-,w}} = \frac{(\rho_{A_2})_w^{*\delta_-}}{(\rho_A)_w^{*\delta_+}}$$

将上式代入式(3.179)得

$$\dot{w}_A = -k_{+,w}\left[(\rho_A)_w^{\delta_+} - \frac{(\rho_A)_w^{*\delta_+}}{(\rho_{A_2})_w^{*\delta_-}}(\rho_{A_2})_w^{\delta_-}\right] \tag{3.180}$$

一般把原子的壁面催化复合当作一级反应,即 $\delta_+ = 1$,并且将其当作系列基元反应步骤中的控制步骤,即不考虑吸附和脱附过程的影响,可进一步将式(3.180)改写为

$$\dot{w}_A = -k_{+,w}\rho_w\left[(Y_A)_w - (Y_A)_w^*\right] \tag{3.181}$$

式中, $(Y_A)_w^*$ 表示催化平衡时壁面上的原子组分浓度。

另一方面,根据菲克定律,原子 A 向固体表面扩散的质量通量为

$$j_A = \rho_w D_{Aw}\left(\frac{\partial Y_A}{\partial n}\right)_w \tag{3.182}$$

由质量守恒知 $j_A + \dot{w}_A = 0$,即

$$\rho_w D_{Aw}\left(\frac{\partial Y_A}{\partial n}\right)_w = -k_{+,w}\rho_w\left[(Y_A)_w - (Y_A)_w^*\right] \tag{3.183}$$

上式可作为组元连续性方程在任意催化壁面(或称非平衡催化壁)的边界条件。

壁面催化存在两个重要极限情形,若壁面催化反应无限快, $k_{+,w} \to \infty$,则

$$(Y_A)_w = (Y_A)_w^* \tag{3.184}$$

称为平衡催化壁,当表面温度在 2 000 K 以下时,壁面催化以复合反应为主,基本不计离解反应,即可认为 $(Y_A)_w = (Y_A)_w^* = 0$,因此,又称此情形为完全催化壁;若催化反应无限慢, $k_{+,w} \to 0$,则

$$(\partial Y_A / \partial n)_w = 0 \tag{3.185}$$

称为非催化壁。

壁面催化效应对壁面传热来说是一个非常重要的因素,在壁面催化释放出的复合能取决于壁面的组元浓度,即壁面的催化特性,由反应速率常数 $k_{+,w}$ 表征。在气体动力学中,$k_{+,w}$ 通常利用催化效率因子 γ 来计算,它的物理意义是原子撞击壁面发生复合反应的概率,通常认为 γ 是温度的函数,而与压强和密度无关。根据分子动理论,单位时间撞击至壁面的原子 A 的质量为

$$j' = (\rho_A)_w \frac{\bar{c}_w}{4} = (\rho_A)_w \sqrt{\frac{R_0 T}{2\pi M_A}} \tag{3.186}$$

式中,$\bar{c}_w$ 为 A 的热运动平均速率,那么,被壁面催化复合的原子 A 质量生成率为

$$\dot{w}_A = -\gamma \cdot j' = -\gamma (\rho_A)_w \sqrt{\frac{R_0 T}{2\pi M_A}}$$

与式(3.181)对比,可得

$$k_{+,w} = \gamma \sqrt{\frac{R_0 T}{2\pi M_A}} \tag{3.187}$$

上述壁面催化反应指壁面物质作为化学反应的催化剂,还有一种可能,壁面物质直接参与反应,如表面氧化、升华等,需要采用表面速度引射条件,读者可参考文献[4]。

2. 壁面能量不完全适应及边界条件

描述热非平衡流动不仅有总能量方程,还有振动能方程和电子能方程。因此,应给出振动能、电子能的边界条件。这里以振动能为例,考虑未电离气体。

对于高超声速飞行器而言,热非平衡效应出现在高空飞行时,由于空气密度很低,需要分析气体在飞行器表面上的能量不完全适应现象。从微观角度看,若分子与壁面碰撞后与壁面温度完全适应并发生随机的漫反射,对应着平衡态情形,从壁面反射出的分子的内能等于壁面温度对应的热力学平衡态内能,那么,当反射分子的内能不满足这个条件时,意味着分子没有充分完成与壁面的能量交换,引入能量适应系数 σ_T(又称热适应系数),表征分子与固体壁面碰撞时能量交换的效率,其定义为

$$\sigma_T = \frac{E_i - E_r}{E_i - E_w} \tag{3.188}$$

式中,下标 i、r、w 分别代表入射、反射和壁面。显然,σ_T 的值为 0 ~ 1。

当双原子分子气体的振动能激发时,需要考虑振动能在壁面适应程度。已知壁面振动能适应系数为 σ_v,若气体 s 组元的单位质量振动能为 $e_{v,s}$,则单位时间撞击壁面的 s 组元分子携带的振动能为

$$E_i = \frac{1}{4}\bar{c}_w(\rho_s e_{v,s})_w = \sqrt{\frac{R_0 T}{2\pi M_A}}(\rho_s e_{v,s})_w \tag{3.189}$$

令 $e_v(T_w)$ 为壁面温度 T_w 下的平衡振动能,易知,单位时间入射与反射分子的振动能之差:

$$E_i - E_r = \sigma_v \sqrt{\frac{R_0 T}{2\pi M_A}}\rho_{s,w}\left[(e_{v,s})_w - e_v(T_w)\right] \tag{3.190}$$

又由傅里叶定律知,振动能贡献的能量通量(热流)为

$$q_{v,s} = k_{v,s}\left(\frac{\partial T_v}{\partial n}\right)_w \tag{3.191}$$

引入振动比热,将上式改写为

$$q_{v,s} = \frac{k_{v,s}}{c_{p,v}^s}\left(\frac{\partial e_{v,s}}{\partial n}\right)_w \tag{3.192}$$

由能量守恒知,入射分子的振动能通量等于反射分子振动能通量与传入壁面的振动能通量之和,因此,

$$\frac{k_{v,s}}{c_{p,v}^s}\left(\frac{\partial e_{v,s}}{\partial n}\right)_w = \sigma_v \sqrt{\frac{R_0 T}{2\pi M_A}}\rho_{s,w}\left[(e_{v,s})_w - e_v(T_w)\right] \tag{3.193}$$

对于 600 K 以下的低温壁面,理想情况下,分子与壁面碰撞后振动能几乎消失,即认为壁面对应的振动能为零,那么,振动能边界条件写为

$$\frac{k_{v,s}}{c_{p,v}^s}\left(\frac{\partial e_{v,s}}{\partial n}\right)_w = \sigma_v \sqrt{\frac{R_0 T}{2\pi M_A}}\rho_{s,w}(e_{v,s})_w \tag{3.194}$$

壁面的能量不完全适应效应对壁面催化亦有很大影响[15],很多实验发现,即便大量原子在壁面催化复合,但是传入壁面的热量少于复合反应总的放热量,这意味着壁面上由复合生成的分子可能处于较高的内能激发态,不能简单用壁面温度对应的平衡态内能来衡量。对应地,引入能量适应系数 β,定义为壁面催化反应中传入壁面的能量与反应释放总能量之比。在热非平衡情形下,β 对催

化反应导致的壁面热流有较大影响,有人提出用等效因子 $\gamma'\beta$ 来综合衡量壁面催化及能量不完全适应的效应,但其有效性仍待深入分析。

参考文献

[1] Anderson J D. Hypersonic and high temperature gas dynamics[M]. 2nd ed. New York: McGraw-Hill, 2006.

[2] 欧阳水吾,谢中强.高温非平衡空气绕流[M].北京:国防工业出版社,2001.

[3] 童秉纲,孔祥言,邓国华.气体动力学[M].北京:高等教育出版社,2012.

[4] 卞荫贵,徐立功.气体热力学[M].合肥:中国科学技术大学出版社,1997.

[5] Gordon S, Mcbride B J. Computer program for calculation of complex chemical equilibrium compositions and applications. Part 1: Analysis[R]. NASA – RP – 1311, 1994.

[6] Stull D R. NIST-JANAF thermodynamical tables[S]. National Bureau of Standards, NSRDS-NBS 37, 1971.

[7] Mcbride B J, Heimel S, Ehlers J G, et al. Thermodynamic properties to 6 000 K for 210 substances involving the first 18 elements[R]. NASA – SP – 3001, 1963.

[8] Vincenti W G, Kruger C H. Introduction to physical gas dynamics [M]. New York: Wiley, 1965.

[9] Dunn M G, Kang S W. Theoretical and experimental studies of reentry plasmas [M]. Washington: National Aeronautics and Space Administration, 1973.

[10] Marrone P V, Treanor C E. Chemical relaxation with preferential dissociation from excited vibrational Levels[J]. Physics of Fluids, 1963, 6(9): 1215.

[11] Macheret S O, Fridman A A, Adamovich I V, et al. Mechanisms of nonequilibrium dissociation of diatomic molecules[C]. AIAA – 94 – 1984, 1994.

[12] Park C. Nonequilibrium hypersonic aerothermodynamics[M]. New York: Wiley, 1990.

[13] Gnoffo P A, Gupta R N, Shinn J L. Conservation equations and physical models for hypersonic air flows in thermal and chemical nonequilibrium[R]. NASA – TN – 2867, 1989.

[14] Gupta R N, Yos J M, Thompson R A, et al. A review of reaction rates and thermodynamic and transport properties for an 11 – species air model for chemical and thermal nonequilibrium calculations to 30000 K[R]. NASA – RP – 1232, 1990.

[15] Bertin J J, Cummings R M. Critical hypersonic aerothermodynamic phenomena[J]. Annual Review of Fluid Mechanics, 2006, 38(1): 129 – 157.

第 4 章

气体的冻结流动与平衡流动

气动热力学所研究的高超声速或高温流动必须考虑流动的物理化学状态，从这个观点出发，可把高温流动分为冻结流、平衡流和非平衡流。这三种流动的精确定义如下：

(1) 冻结流，反应速率常数 $k_+ = k_- = 0$ 和振动弛豫时间 $\tau \to \infty$ 的流动；

(2) 平衡流，反应速率常数 $k_+ = k_- \to \infty$ 和振动弛豫时间 $\tau = 0$ 的流动；

(3) 非平衡流，反应速率常数为有限值和(或)振动弛豫时间为有限值的流动。

假定在一个高温流场中，压强 p 和温度 T 等流动参数是空间和时间的变量，如果沿流线运动的流体微元的内部能量模式和化学成分能瞬时调整到当地 p 和 T 值下的局部平衡值，即有无限大的反应速率和零弛豫时间，这样的流动为平衡流；如果流体微元沿流线其内部能量模式和化学成分不发生变化，即有零反应速率和无限长的弛豫时间，这样的流动为冻结流；如果流体微元的内部能量模式和化学成分沿流线变化，又不能调整到当地的平衡值，即反应速率和弛豫时间均为有限值，这样的流动为非平衡流。显然，平衡流和冻结流是非平衡流的两种极限状态，从严格意义上讲，高温流动均为非平衡流动。

尽管真实的平衡流和冻结流在自然界中并不存在，然而，许多流动非常接近这两种极限情形，在分析时可采用这样的假设。正如真正的等熵流并不存在一样，但利用等熵流假定对许多实际问题可做出很精确的分析。判断流动是否接近平衡流或冻结流，取决于流动时间和反应时间之间的比值，即

$$Da = \frac{\tau_d}{\tau_c} \tag{4.1}$$

式中，Da 为达姆科勒数(Damköhler number)；τ_d 为流体微元在流场中运动的特

征时间,可以用流体力学特征参数粗略估计,$\tau_d \approx L/V_\infty$,这里 V_∞ 是流速,L 为流场的特征长度,如飞行器的体长或喷管长度,那么,τ_d 近似为流体微元在流场中的滞留时间,即流体微元流经物体的时间或通过喷管的时间,因此,τ_d 为流体动力学时间;τ_c 为化学反应达到平衡或振动能达到平衡所需的特征时间,又称为弛豫时间,由化学动力学数据确定,如氧分子通过三体复合产生,其复合时间 τ_c 可由下式表示[文献[1]中式(B-4-7)]:

$$\tau_c^{-1} = 2k_- \left(\frac{p}{RT}\right)^2 \qquad (4.2)$$

式中,k_- 为复合速率常数。这时,流动特征时间与反应特征时间之比可表示为

$$Da = 2 k_- \left(\frac{p}{RT}\right)^2 \frac{L}{V_\infty} \qquad (4.3)$$

流动的化学状态可根据 Da 的大小划分为以下 3 种情形。

(1)当 $Da \gg 1$ 时,即 $\tau_d \gg \tau_c$ 的极限情形,这表明流体微元在流场中滞留的时间足够长,微元的热力学和化学特性有充分的时间自身调节,达到局部热力学和化学平衡值,这种情形为平衡流。在平衡流中,组元浓度可通过平衡常数确定,因此不需用扩散方程。

(2)当 $Da \ll 1$ 时,即 $\tau_d \ll \tau_c$ 的极限情形,这表明流体微元在流场中滞留的时间非常短,微元在发生任何化学变化之前已通过了流场,这种情形为冻结流。在冻结流中,组元的生成率为零,黏性冻结流的浓度由扩散方程确定,与在热力学平衡条件下的局部温度无关。

(3)流体的实际化学状态总是在上述两种极限情形之间,特别是 τ_d 和 τ_c 为同量级时为非平衡流。在非平衡流中,化学反应在有限速率下进行,在整个流场中,不一定都达到热力学平衡状态。这里,化学动力学因素是重要的。

准确地确定 Da,需要根据守恒方程进行具体计算,当 Da 大到某个值,组元浓度已接近局部平衡值时,取该 Da 值作为非平衡与平衡流的界限。当 Da 小到某个值,组元浓度接近化学冻结时,取该 Da 值作为非平衡与冻结流的界限。对于再入地球大气层的飞行器,用飞行条件表示 Da,可以确定冻结流、非平衡流和平衡流的高度和速度的范围。当然,这个范围的准确程度取决于化学动力学速率数据的准确程度。

本章主要讨论冻结流动和平衡流动,即讨论 Da 趋于零或极大值时的流动。

4.1　冻结流动

高温无黏冻结流动的基本特征是流体微元的化学成分在空间和时间上保持常数。当然,这个特征仅对无黏流适用。对黏性流动,由于扩散效应流体微元的成分可能改变。本节分析无黏冻结流动的热力学特性,并与平衡流进行比较,然后在下一节中讨论平衡气体的激波与膨胀波,最后讨论平衡边界层驻点流动与传热。

4.1.1　无黏冻结流动的热力学特性

在高温混合气体流场中,把气体成分任意固定在某初始值上,计算在这个条件下的部分离解气体的流动是有实际用处的。假定在某种情况下化学反应突然中止,那么,虽然分子碰撞仍然发生,但分子结构不变化,即所有组元的分子平动和多原子组元的分子转动一直处于平衡状态,多原子组元的振动能或固定在某初始值或者处于平衡而取其完全激发值,那么,这种固定成分的完全气体混合物将具有量热完全气体的性质。只要将 R、c_v、c_p 和 γ 取为适合于初始条件下的常数值,那么,利用气体动力学无黏流基本方程组和熟知的量热完全气体状态方程就能很快完成流动的计算。因此,求解无黏冻结流动的问题,主要是找出满足初始条件的气体特性。

对一个有反应的完全气体混合物而言,用 i 组元的状态方程 $p_i v = \eta_i \hat{R} T$ 和 $p = \sum p_i$,有

$$\frac{p}{\rho} = \eta \hat{R} T \tag{4.4}$$

式中,$\eta = \sum \eta_i$ 为单位质量混合气体的物质的量(即摩尔-质量比数,见表 3.2),另外,混合气体的状态方程在形式上也能写成

$$\frac{p}{\rho} = Z R^* T \tag{4.5}$$

式中,Z 为压缩因子;R^* 为该混合气体在低温参考态下没有离解时的特定气体常数;比较以上两式,表明 $Z R^* = \eta \hat{R}$。 在低温参考态下,可得 $R^* = \eta^* \hat{R}$,这里 η^* 是参考态下单位质量的物质的量,由此可得

$$Z = \frac{\eta}{\eta^*} = \frac{\mathcal{N}}{\mathcal{N}^*} \tag{4.6}$$

式中，$\mathcal{N}$ 为混合气体的总物质的量。如果混合气体的成分冻结，则 η 和 $\mathcal{N}$ 值不变，因而 Z 值是常数。在这种情况下，式(4.4)和式(4.5)都是通常的完全气体形式，可统一写成

$$\frac{p}{\rho} = R_f T \tag{4.7}$$

式中，R_f 为特定冻结气体常数。并有

$$R_f = \eta \hat{R} = Z R^* \tag{4.8}$$

Z 值能在各种各样的高温气体的表或图中找到，由此可得到冻结流任何初始条件下的 R_f 值。

冻结比热的计算方法。假定高温混合气体仅由单原子和双原子气体组成。对空气而言，这一假定可适用到 8 000 K，用下标 1 和 2 分别表示单原子组元和双原子组元，则冻结比定容热容可表示为

$$c_{vf} = \eta_1 C_{v1} + \eta_2 C_{v2} \tag{4.9}$$

式中，c_{vf} 为单位质量混合气体的冻结比定容热容；η_1 和 η_2 为两类组元在单位质量混合物中的总物质的量；C_v 为组元的摩尔比定容热容。在每一类中的组元数没有限制。$C_{v1} = \frac{3}{2}\hat{R}$ 和 $C_{v2} = A\hat{R}$，如果振动能冻结，则 $A = \frac{5}{2}$；如果振动能假定全激发，则 $A = \frac{7}{2}$。所以，式(4.9)变为

$$c_{vf} = \hat{R}\left(\frac{3}{2}\eta_1 + A\eta_2\right) \tag{4.10}$$

也可用 Z 来表示式(4.10)。假定低温状态全部由双原子组元组成，即 $\eta^* = \eta_2^*$，那么，$(\eta^* - \eta_2)$ 就是已经离解的单位质量双原子组元的物质的量，生成的单原子物质的量为 $\eta_1 = 2(\eta^* - \eta_2)$，由于混合气体单位质量的物质的量为 $\eta = \eta_1 + \eta_2$，利用这些关系可以解得

$$\begin{aligned} \eta_2 &= 2\eta^* - \eta \\ \eta_1 &= 2(\eta - \eta^*) \end{aligned} \tag{4.11}$$

根据式(4.6)，有 $\eta = Z\eta^*$，代入以上两式，得

$$\eta_2 = \eta^*(2 - Z)$$

$$\eta_1 = 2\eta^*(Z - 1) \qquad (4.12)$$

又因为 $\eta^* \hat{R} = R^*$, 把这些关系式代入式(4.9), 得

$$c_{vf} = R^*\left[(2A - 3) + (3 - A)Z\right] \qquad (4.13)$$

对量热完全气体, 比定压热容 $c_p = c_v + R = c_v + ZR^*$, 因此, 冻结比定压热容为

$$c_{pf} = R^*\left[(2A - 3) + (4 - A)Z\right] \qquad (4.14)$$

最后, 根据定义可得到冻结比热比 γ_f 为

$$\gamma_f = \frac{c_{pf}}{c_{vf}} \qquad (4.15)$$

在特殊情况下, 上述冻结比热表达可简化如下。

(1) 化学成分冻结, 振动能也冻结(指振动能保持为常数, 不参与能量交换), 在这种情况下, A 值为 $\frac{5}{2}$, 式(4.13)~式(4.15)变为

$$\left.\begin{aligned} c_{vf} &= R^*\left(2 + \frac{1}{2}Z\right) \\ c_{pf} &= R^*\left(2 + \frac{3}{2}Z\right) \\ \gamma_f &= \frac{4 + 3Z}{4 + Z} \end{aligned}\right\} \qquad (4.16)$$

(2) 化学成分冻结, 振动能完全激发。在这种情况下, A 为 $\frac{7}{2}$, 式(4.13)~式(4.15)变为

$$\left.\begin{aligned} c_{vf} &= R'\left(4 - \frac{1}{2}Z\right) \\ c_{pf} &= R'\left(4 + \frac{1}{2}Z\right) \\ \gamma_f &= \frac{8 + Z}{8 - Z} \end{aligned}\right\} \qquad (4.17)$$

如果混合气体中的双原子分子全部离解, 由式(4.6)有 $Z = \eta_1/\eta^* = 2$, 根据式(4.16)和式(4.17), 得 $\gamma_f = \frac{5}{3}$; 如果混合气体中未发生离解, 则 $Z = 1$, 根据式

(4.16),得 $\gamma_f = \dfrac{7}{5}$;而根据式(4.17)得 $\gamma_f = \dfrac{9}{7}$,这些值在假定条件下都是正确的。

4.1.2　无黏冻结流与平衡流的比较

　　冻结流与平衡流有很大的区别。图 4.1(a)是冻结喷管流与平衡喷管流的定性描述,气源为纯氧并完全离解,因此流动开始时,$Y_O = 1$,而 $Y_{O_2} = 0$[图 4.1(c)]。如果是平衡流,由于膨胀使温度下降,氧原子将复合成氧分子,故随距离增加,Y_O 减小而 Y_{O_2} 增大。若膨胀面积比很大,以至于出口静温接近室温,则平衡条件要求氧原子全部复合,出口处 $Y_O = 0$ 而 $Y_{O_2} = 1$。图 4.1(c)中用实线表示了上述变化。如果流动是化学冻结的,那么,质量比数 Y_O 和 Y_{O_2} 沿距离保持为常数,图中用虚线表示。复合反应是放热反应,因为两个氧原子的零点能远大于 1 个氧分子的零点能,复合反应释放的能量转变成分子的平动、转动和振动能,因此,平衡流动的温度高于冻结流动的温度,如图 4.1(b)所示。

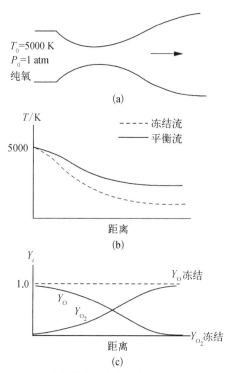

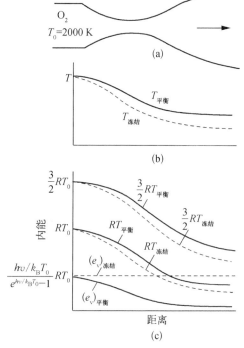

图 4.1　喷管化学反应冻结与平衡流动的比较　　图 4.2　喷管振动冻结和振动平衡流动的比较

再讨论振动冻结流。这种流动的振动能为常数,图 4.2 是气体分子振动被激发但并无化学反应的喷管流动。假定气源为纯氧,气源温度足以使 O_2 的振动能激发,但 O_2 不出现离解。若流动处于局部热力学平衡,其平动、转动和振动能分别由 3.2 节给出。图 4.2(c)用实线表示这三种能量在喷管流中的变化。现在,如果是振动冻结流,那么 e_v 为常数,并等于气源中的 e_v 值,在图 4.2(c)中用水平虚线表示。这时只有平动和转动模式的能量是可变的。由于振动模式中的能量被锁闭,所以振动冻结流中的 e_t 和 e_r 小于平衡流时的值,图中用虚线所示。由于温度 T 正比于平动(或转动)能,基于同样的理由,振动冻结流的温度小于平衡流温度,如图 4.2(b)所示。

4.2 平衡气体的激波与膨胀波

高温平衡流动的定义包括两个方面:一是局部热力学平衡,流场任一位置处于当地温度下的局部玻尔兹曼分布,每一个组元的能量由式(3.44)或式(3.45)给出;二是局部化学平衡,流场任一位置处的当地化学成分与用当地温度和当地压强通过平衡常数所计算的平衡化学成分相同。本章讨论满足这两种平衡条件的高温无黏流动。

首先分析高温对气体动力学基本方程组的影响。气体动力学基本方程组由基于质量守恒定律的连续性方程、基于牛顿第二定律的动量方程和基于能量守恒定理(热力学第一和第二定律)的能量方程所组成。显然这些守恒定律与流体是否有化学反应无关。因此在形式上高温绝热无黏流方程组与气体动力学方程组是一样的。

用矢量和随体导数写出的高温无黏平衡流动的控制方程为

$$\frac{\partial \rho}{\partial t} + \nabla \cdot (\rho \boldsymbol{V}) = 0$$

$$\rho \frac{D\boldsymbol{V}}{Dt} = -\nabla p \qquad (4.18)$$

$$\rho \frac{Dh_0}{Dt} = \frac{\partial p}{\partial t}$$

式中,

$$h_0 = h + \frac{1}{2}V^2 \tag{4.19}$$

应注意的是,在能量方程中没有化学反应引起的能量附加项,事实上这一能量变化包括在 h 中,这里 h 是绝对焓[参看式(3.47)],这样,由于化学反应产生的当地能量变化在计算过程中已自动计入了。

流动方程(4.18)有 3 个方程 4 个未知量 ρ、V、p 和 h,因此还需补充气体的平衡热力学特性方程:

$$
\begin{aligned}
T &= T(p, h) \\
p &= p(\rho, h)
\end{aligned}
\tag{4.20}
$$

这样,式(4.18)和式(4.20)由 5 个未知量 ρ、V、p、h 和 T 组成 5 个方程,是封闭的。其中 T 不仅是流动的重要参数,而且在计算由统计热力学给出的平衡常数、内能和焓时是必不可少的。

求解方程(4.20)的方法,有 4 种选择:

(1)对流动作数值解时,将统计热力学计算平衡气体特性的公式构成一个子程序,在求解流动方程的同时直接计算气体的热力学参数;

(2)如果有合适的平衡热力学特性表,可查表获得,例如高温空气表;

(3)如果有适用的平衡热力学特性关系式,可用关系式进行计算;

(4)可利用平衡热力学特性曲线图,例如经放大的适合工程应用的高温空气 Mollier 图。

显然,即使是最简单的高温流动问题,用上述方程组求解都无法获得解析表达式。

4.2.1   平衡正激波和斜激波

考虑如图 4.3 所示的正驻激波。波前条件是已知的。如果激波足够强,波后温度 T_2 很高,以至于气体分子出现振动激发和化学反应。假定波后气体处于局部热力学平衡和化学平衡,现在要计算激波后气体的特性。

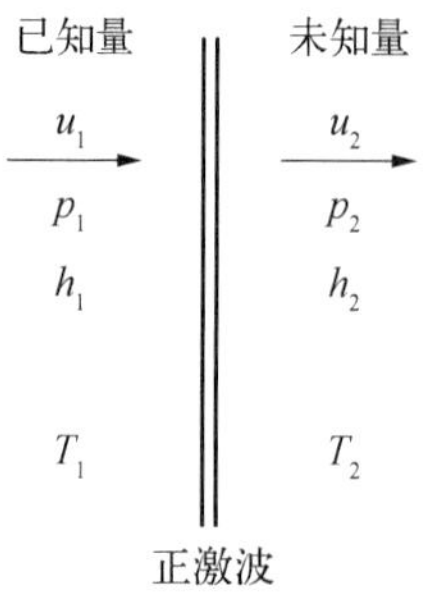

定常、一维、积分形式的正激波流动方程为

已知量   未知量

u_1 u_2

p_1 p_2

h_1 h_2

T_1 T_2

正激波

图 4.3   正激波求解图

$$
\begin{aligned}
\rho_1 u_1 &= \rho_2 u_2 \\
p_1 + \rho_1 u_1^2 &= p_2 + \rho_2 u_2^2 \\
h_1 + \frac{1}{2}u_1^2 &= h_2 + \frac{1}{2}u_2^2
\end{aligned}
\tag{4.21}
$$

这些是熟知的正激波基本方程,正如前面所讨论的,这组方程对有或无化学反应气体都是适用的,高温气体的平衡热力学特性认为是已知的,无论是用数表、图表查出或直接计算,都可用下列函数关系(即状态方程)表示:

$$p_2 = p(\rho_2, h_2)$$
$$T_2 = T(p_2, h_2)$$

(4.22)

在气体动力学教科书中对量热完全气体有一系列以波前马赫数 Ma_1 为函数的 p_2/p_1、T_2/T_1、Ma_2 等的正激波关系式。然而,对振动激发或化学反应气体不能获得简单的公式,必须对式(4.21)和式(4.22)进行数值解。为了求解方便,先对式(4.21)进行重新组合。连续性方程为

$$u_2 = \rho_1 u_1 / \rho_2$$

(4.23)

将其代入动量方程,经整理后可得

$$p_2 = p_1 + \rho_1 u_1^2 \left(1 - \frac{\rho_1}{\rho_2} \right)$$

(4.24)

能量方程为

$$h_2 = h_1 + \frac{1}{2} u_1^2 \left[1 - \left(\frac{\rho_1}{\rho_2} \right)^2 \right]$$

(4.25)

这样,将 p_2 和 h_2 变成未知量 ρ_1/ρ_2 的函数。求解步骤如下:

(1) 设定一个 ρ_1/ρ_2 值,通常取 $\rho_1/\rho_2 = 0.1$;

(2) 由式(4.24)和式(4.25)算出 p_2 和 h_2;

(3) 把算出的 p_2 和 h_2 代入状态方程式(4.22)计算 ρ_2;

(4) 更新 ρ_1/ρ_2 的值;

(5) 用更新的 ρ_1/ρ_2 值,重复步骤(2)~(4),直至收敛,通常收敛很快;

(6) 由以上解得的 p_2、h_2 和 ρ_2 值,计算 T_2;

(7) 再由式(4.23)解得 u_2。

这样,根据已知的波前特性,通过以上 7 个步骤的计算,就能得到波后的全部特性。

量热完全气体与化学反应的正激波关系之间存在实质性的区别。对量热完全气体,正激波的函数关系为

$$\rho_2 / \rho_1 = f_1(Ma_1)$$

$$p_2 / p_1 = f_2(Ma_1)$$

$$h_2 / h_1 = f_3(Ma_1)$$

在这种情况下,激波前后的特性比仅取决于来流马赫数 Ma_1。然而,对平衡化学反应气体,其正激波的函数关系可表示为

$$\rho_2 / \rho_1 = g_1(u_1,\ p_1,\ T_1)$$

$$p_2 / p_1 = g_2(u_1,\ p_1,\ T_1)$$

$$h_2 / h_1 = g_3(u_1,\ p_1,\ T_1)$$

要获得正激波前后的特性比需要 3 个来流参数,其中,来流速度 u_1 是必不可少的,另外,因波后的平衡成分取决于 p_2 和 T_2,而 p_2 和 T_2 与 p_1 和 T_1 有关。基于同样的理由,对热完全气体而言,气体不发生化学反应,但振动能和电子能受到激发,在这种情况下正激波前后的特性取决于来流条件 u_1 和 T_1。

　　值得说明的是,对于正激波后的高温气体而言,马赫数不起重要作用。事实上在有化学反应的高温流动中,马赫数是一个没有用的量,这种流动主要受速度、温度和压强的控制。

　　图 4.4 比较了将正激波流动视为量热完全气体和平衡反应气体的区别,量热完全气体明显高估了波后温度,这是因为,若将空气视为量热完全气体,那么正激波前的动能转化成波后气体分子的平动和转动能;若将空气视为热完全或化学反应气体,则正激波前的动能转化成波后气体分子所有的能量模式或变成化学生成物的零点能,因此后者温度要低得多。下面以激波管或激波风洞性能参数的具体算例加以说明。激波风洞是进行气动热力学实验研究的重要设备。当激波管中入射激波的速度很高时,计算入射激波波后平衡气体参数的计算方法实质上与以上介绍的方法是相同的。入射激波前后的参数比就是正激波前后的参数比,两个算例的计算结果列于表 4.1。

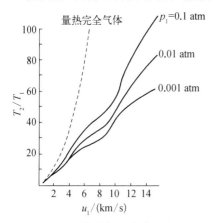

图 4.4　平衡空气正激波温度比随速度和压强的变化

表 4.1　激波管中平衡入射激波前后的参数比

	氮　气		空　气	
	平衡反应氮气	量热完全氮气 $\gamma = 1.4$	平衡反应空气	量热完全空气 $\gamma = 1.4$
p_2/p_1	175.05	167.83	1 387	1 286
ρ_2/ρ_1	7.317 3	5.798 7	15.20	5.973
h_2/h_1	29.262	28.943	212.7	215.3
T_2/T_1	23.922	28.943	41.65	215.3
计算条件	$p_1 = 0.1$ atm $T_1 = 298$ K $V_1 = 4\ 230$ m/s		$p_1 = 630$ Pa $T_1 = 273$ K $V_1 = 11\ 000$ m/s	

　　由表 4.1 所列数据可看出,化学反应对温度的影响最大,所有化学反应的流动都是如此,足见温度是最敏感的变量。相反,压强的变化不大,因为压强主要受控于流体力学而较少依赖于热力学。这可通过动量方程加以说明。对高速流动,正激波前后有 $u_2 \ll u_1$ 和 $p_2 \gg p_1$,因此,动量方程变成 $p_2 \approx \rho u_1^2$,这是常用的高超声速近似,这一近似表明 p_2 主要取决于来流速度,而热力学效应是第二位的。

　　平衡离解和电离气体,在温度不变的情况下,随着压强升高其原子和电子的质量比数减小,也就是说压强有抑制离解和电离的作用,这种影响趋势对平衡正激波特性的影响示于图 4.4。这是在 3 种不同的 p_1 值下温度比 T_2/T_1 随来流速度 u_1 的变化曲线。这些曲线表明,p_1 值较高时,T_2/T_1 值也较大,其原因就在于波后气体的离解度和电离度减小,有较多的能量变成粒子的运动能,而不是变成离解或电离生成物的零点能。

　　基于高速飞行器在大气层中飞行时的高温效应特别重要,图 4.5 较详细地给出了平衡正激波特性的计算结果。该图以高度为参变量,画出了正激波波后温度 T_2 随来流速度 u_1 的变化。其中,图 4.5(a) 的速度范围小于轨道速度,温度 T_2 主要受空气离解的影响,图 4.5(b) 的速度范围接近和大于轨道速度,温度 T_2 主要受电离的影响。同样,这两张图也可看出压强的影响,由于大气压强随高度增加而减小,所以在给定的速度下,T_2 随高度减小(压强相应增大)而增加。通过图 4.5 可大致读出温度的大小,例如,速度 $u_1 = 3$ km/s 时(典型的高超声速运输机的巡航速度),$T_2 \approx 3\ 000$ K;速度 $u_1 = 7.9$ km/s 时(航天飞机或空天飞行器的轨道速度），$T_2 \approx 7\,000$ K；速度 $u_1 = 11$ km/s 时（阿波罗登月飞行器、轨道转换器的再入速度），$T_2 \approx 11\,000$ K。由图 4.5(a) 还可看出，当速度超过 1.8 km/s（$Ma \approx 6$）时，化学反应开始影响正激波的特性。

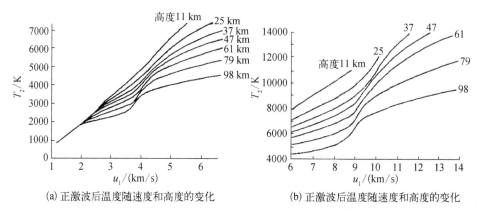

(a) 正激波后温度随速度和高度的变化　　(b) 正激波后温度随速度和高度的变化

图 4.5　正激波后温度随速度和高度的变化[2]

图 4.6(a) 和图 4.6(b) 是以高度为参变量，正激波的密度比 ρ_2/ρ_1 随速度 u_1 的变化曲线。我们知道，对于量热完全气体，当 $Ma_\infty \to \infty$ 时，$\rho_2/\rho_1 \to (\gamma + 1)/(\gamma - 1)$。例如，$\gamma = 1.4$ 的空气，$\rho_2/\rho_1 \to 6$。然而，图 4.6 的结果表明，ρ_2/ρ_1 受到化学反应的显著影响，比值远大于 6，最高可超过 22。另外，ρ_2/ρ_1 值与高超声速钝头体前缘激波的脱体距离有关。就量热完全气体而言，球头半径为 R_b 的激波脱体距离 δ 近似为

$$\frac{\delta}{R_b} = \frac{\rho_1/\rho_2}{1 + \sqrt{2(\rho_1/\rho_2)}} \tag{4.26}$$

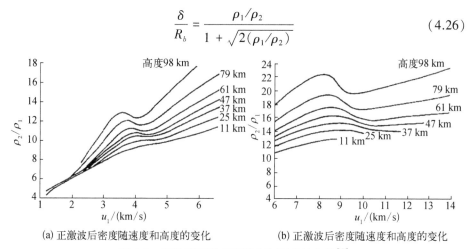

(a) 正激波后密度随速度和高度的变化　　(b) 正激波后密度随速度和高度的变化

图 4.6　正激波后密度随速度和高度的变化[2]

在高速极限情形, ρ_1/ρ_2 远小于 1,因此式(4.26)近似为

$$\frac{\delta}{R_b} \approx \frac{\rho_1}{\rho_2} = \frac{1}{\rho_2/\rho_1} \qquad (4.27)$$

可见,正激波密度比的主要作用之一是影响激波脱体距离。密度比 ρ_2/ρ_1 越大,激波脱体距离越小。化学反应使 ρ_2/ρ_1 增大,因而使激波脱体距离减小,故化学反应气体的激波更靠近壁面,如图 4.7 所示。

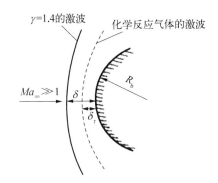 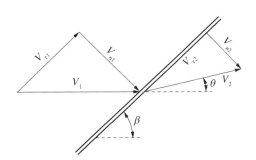

图 4.7 化学反应气体和量热完全气体钝体弓形激波的相对位置　　　**图 4.8 斜激波的几何关系**

下面讨论平衡气体的斜激波。图 4.8 为斜激波流动图,对直斜激波而言,由切向动量方程可知,波前和波后的切向速度分量 $V_{\tau1} = V_{\tau2}$,它不受高温效应的影响,因此,越过斜激波的热力学变化仅取决于垂直于激波的上游速度 V_{n1}。可见,高温平衡化学反应气体的斜激波流动与上游速度为 $u_1 = V_{n1}$ 的正激波流动是类似的。这样,式(4.23)~式(4.25)的分析也适用于斜激波流动。根据图4.8,有

$$\tan(\beta - \theta) = \frac{V_{n2}}{V_{\tau2}} \qquad (4.28)$$

其中, β 为激波角; θ 为气流偏转角。因为 $V_{\tau2} = V_{\tau1}$,故式(4.28)又可写成

$$\tan(\beta - \theta) = \frac{V_{n2}}{V_{n1}}\frac{V_{n1}}{V_{\tau1}} = \frac{V_{n2}}{V_{n1}}\tan\beta \qquad (4.29)$$

该式给出了激波角 β、偏转角 θ 和上游速度 $\boldsymbol{V}$ 之间的关系,结合对式(4.23)~式(4.25)所叙述的正激波的数值解法,对平衡斜激波流动,求解方程(4.29)可得 $\beta - \theta - \boldsymbol{V}$ 图,该图与量热完全气体的 $\beta - \theta - Ma$ 图相类似。图 4.9(a)为高温平衡空气的 $\beta - \theta - \boldsymbol{V}$ 图,图中实线为 V_1 为不同数值时 β 随 θ 的变化,为了比较,图

中用虚线画出了量热完全气体的计算结果。从这些结果可得如下结论。

（1）从定性上看,平衡化学反应气体与量热完全气体的结果是类似的。

（2）对平衡化学反应气体而言,马赫数 Ma_1 不是重要参数,与正激波一样,斜激波的特性取决于 V_1、p_1 和 T_1。

（3）密度比的变化十分明显,考虑图 4.9(a)的弱解(图中下部的曲线),对给定的 θ 角,平衡气体的 β 角小于 $\gamma = 1.4$ 量热完全气体的 β 值,也就是说平衡气体的斜激波更靠近表面,正如图 4.9(b)所示。图 4.9(b)是尖楔的流动,与图 4.7类似。其原因就在于平衡气体斜激波的 ρ_2/ρ_1 值较大。有趣的是图 4.9(a)的强解(图中顶部曲线),其结论正好相反,即化学反应气体的激波角增大,不过实际应用中总是弱解。

（4）化学反应使直斜激波的最大偏转角 θ_{max} 增大。

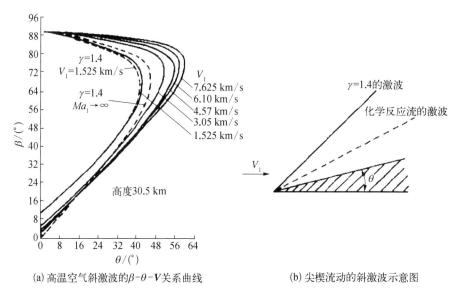

(a) 高温空气斜激波的 β-θ-V 关系曲线　　　　(b) 尖楔流动的斜激波示意图

图 4.9　量热完全气体与平衡化学反应气体斜激波的比较

4.2.2　平衡比热和平衡声速

1. 平衡比热

前面讨论的流动问题,其控制方程中没有用比热 c_p 或 c_v,而是用基本的热力学变量焓 h 或内能 e 来表述能量方程。这里进一步讨论化学反应气体的热力学特性,即比热。

先讨论平衡化学反应气体的比热表达式。化学反应混合气体的焓为 $h = \sum Y_i h_i$，而比定压热容 c_p 的定义为

$$c_p = \left(\frac{\partial h}{\partial T}\right)_p \tag{4.30}$$

由此可得

$$c_p = \left[\frac{\partial}{\partial T}\left(\sum_i Y_i h_i\right)\right]_p = \sum_i Y_i \left(\frac{\partial h_i}{\partial T}\right)_p + \sum_i h_i \left(\frac{\partial Y_i}{\partial T}\right)_p \tag{4.31}$$

式中，$(\partial h_i / \partial T)_p$ 为第 i 组元的比定压热容 c_{pi}，因此，式(4.31)可变成

$$c_p = \sum_i Y_i c_{pi} + \sum_i h_i \left(\frac{\partial Y_i}{\partial T}\right)_p \tag{4.32}$$

这就是化学反应混合气体的比定压热容。如果流动是冻结的，流动过程中无化学反应，则式中的 $(\partial Y_i / \partial T)_p = 0$，这样比热变成

$$c_p = c_{pf} = \sum_i Y_i c_{pi} \tag{4.33}$$

此为冻结比定压热容，用 c_{pf} 表示。将式(4.33)代入式(4.32)，最后得化学反应气体的比定压热容为

$$c_p = c_{pf} + \sum_i h_i \left(\frac{\partial Y_i}{\partial T}\right)_p \tag{4.34}$$

可见，化学反应混合气体的比定压热容等于其冻结比热加上因化学反应对比热的贡献。

化学反应气体的内能 $e = \sum_i Y_i e_i$，而比定容热容的定义为 $c_v = (\partial e / \partial T)_v$，因此，化学反应的混合气体的比定容热容为

$$c_v = c_{vf} + \sum_i e_i \left(\frac{\partial Y_i}{\partial T}\right)_v \tag{4.35}$$

式中，冻结比定容热容 c_{vf} 为

$$c_{vf} = \sum_i Y_i c_{vi} \tag{4.36}$$

式(4.34)和式(4.35)在概念上十分重要。在气体动力学中将气体视为量热完全气体,其 c_p 和 c_v 的表达式实际上是式(4.33)和式(4.36)。但化学反应混合气体的 c_p 和 c_v 是式(4.34)和式(4.35),式中多出了因化学反应引起的组元变换项,这是化学反应自身的比热,这种比热可能非常大,通常对 c_p 和 c_v 值起重大作用。

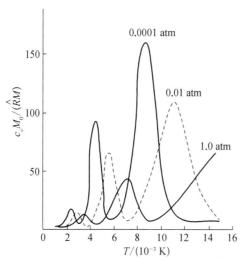

图4.10 高温空气的无量纲比定容热容[4]

在一般情况下, $(\partial Y_i/\partial T)_p$ 和 $(\partial Y_i/\partial T)_v$ 没有解析表达式。对平衡混合气体,可采用差分方法进行数值解。图4.10是对平衡空气的计算结果[4],该图是不同压强下, c_v 随 T 的变化。每条线有三次起伏,分别是 O_2 的离解、N_2 的离解和高温电离反应所引起的对 $\sum_i e_i(\partial Y_i/\partial T)_v$ 的贡献。图中 $c_v M_0/(\hat{R}M)$ 为无量纲比定容热容, M_0 为未离解空气的初始摩尔质量, M 为 T 和 p 值下的摩尔质量, $\hat{R}$ 为通用气体常数。

化学反应混合气体的 c_p 和 c_v 是温度和压强的函数,由图4.10可看出,比热的变化非常大,无法直接用于无黏高温流的计算,因此,在以上关于激波和喷管流的计算中直接用 h 或 e,而不用 c_p 和 c_v。这里叙述高温气体的 c_p 和 c_v 特性,目的有两个:一是了解高温气体的比热为什么变化和怎样变化;二是在以后章节中处理黏性高温化学反应流动时,常用到两个重要的相似参数——普朗特数和刘易斯数,这两个参数中包含 c_p,因此在计算化学反应黏性流动时,为了获得当地的普朗特数和刘易斯数,必须知道当地的 c_p 值。

2. 平衡声速

声速公式为 $a = \sqrt{(\partial p/\partial\rho)_s}$。这是对声速的物理描述,与是否有化学反应无关。对量热完全气体,有 $a = \sqrt{\gamma RT}$。现在讨论平衡反应混合气体的声速。假定一道声波在平衡混合气体中传播,波后的压强和温度较波前有微小变化,若波后气体处于局部热力学和化学平衡,则由于压强和温度的微小变化将引起气体成分的微小变化。这种声速称为平衡声速,用 a_e 表示。如果气体以速度 V 运动,那么平衡马赫数 $Ma_e = V/a_e$。

现在推导计算平衡声速的定量关系。按照热力学第一定律和第二定律,有

$$T\mathrm{d}s = \mathrm{d}e + p\mathrm{d}v \tag{4.37}$$
$$T\mathrm{d}s = \mathrm{d}h - v\mathrm{d}p$$

声速传播过程是等熵的,由式(4.37)有

$$\mathrm{d}e + p\mathrm{d}v = 0 \tag{4.38}$$
$$\mathrm{d}h - v\mathrm{d}p = 0$$

对于平衡化学反应气体,内能 $e = e(v, T)$ 的全导数为

$$\mathrm{d}e = \left(\frac{\partial e}{\partial v}\right)_T \mathrm{d}v + \left(\frac{\partial e}{\partial T}\right)_v \mathrm{d}T = \left(\frac{\partial e}{\partial v}\right)_T \mathrm{d}v + c_v \mathrm{d}T \tag{4.39}$$

类似地,焓 $h = h(p, T)$,其全导数为

$$\mathrm{d}h = \left(\frac{\partial h}{\partial p}\right)_T \mathrm{d}p + \left(\frac{\partial h}{\partial T}\right)_p \mathrm{d}T = \left(\frac{\partial h}{\partial p}\right)_T \mathrm{d}p + c_p \mathrm{d}T \tag{4.40}$$

在式(4.39)和式(4.40)中, c_v 和 c_p 由式(4.35)和式(4.34)给出。将它们代入式(4.38),则有

$$c_v \mathrm{d}T + \left[p + \left(\frac{\partial e}{\partial v}\right)_T \right] \mathrm{d}v = 0 \tag{4.41}$$
$$c_p \mathrm{d}T + \left[\left(\frac{\partial h}{\partial p}\right)_T - v \right] \mathrm{d}p = 0$$

因此,比热比为

$$\frac{c_p}{c_v} = \frac{(\partial h/\partial p)_T - v}{(\partial e/\partial v)_T + p} \frac{\mathrm{d}p}{\mathrm{d}v} \tag{4.42}$$

由于 $v = 1/\rho$,有 $\mathrm{d}v = -\mathrm{d}\rho/\rho^2$,代入式(4.42),则得

$$\frac{c_p}{c_v} = \frac{(\partial h/\partial p)_T - v}{(\partial e/\partial v)_T + p}(-\rho^2)\frac{\mathrm{d}p}{\mathrm{d}\rho} \tag{4.43}$$

利用等熵条件, $\mathrm{d}p/\mathrm{d}\rho = (\partial p/\partial \rho)_s = a_e^2$,上式变成

$$a_e^2 = \frac{c_p}{c_v} \frac{p}{\rho} \frac{1 + (1/p)(\partial e/\partial v)_T}{1 - \rho(\partial h/\partial p)_T} \tag{4.44}$$

令 $\gamma = c_p/c_v$,根据状态方程有 $p/\rho = RT$,这样,式(4.44)最后可写成

$$a_e^2 = \gamma RT \frac{1 + (1/p)(\partial e/\partial v)_T}{1 - \rho(\partial h/\partial p)_T} \tag{4.45}$$

这就是化学反应混合气体的平衡声速方程,显然它不同于量热完全气体的声速方程。对于量热完全气体,$h = c_p T$ 和 $e = c_v T$,那么,$(\partial h/\partial p)_T = 0$ 和 $(\partial e/\partial v)_T = 0$,式(4.45)简化成

$$a_f = \sqrt{\gamma RT} \tag{4.46}$$

这里,a_f 为冻结声速,因为量热完全气体无化学反应,声波内部也没有化学反应,是化学冻结的。再就热完全气体而言,$h = h(T)$ 和 $e = e(T)$,式(4.45)也简化成式(4.46),可见热完全气体与量热完全气体的声速方程均为式(4.46)。

显然,只有 $(\partial e/\partial v)_T$ 和 $(\partial h/\partial p)_T$ 为有限值时才需使用完整的声速方程(4.45),这在下列两种情况中会出现:① 气体有化学反应;② 必须考虑分子间的作用力,即气体为真实气体(见 3.1.1 节)。

由式(4.45)可知,平衡声速是 T 和 p 的函数,图 4.11 给出了 p 为不同数值时高温空气的无量纲平衡声速 $a_e^2 \rho/p$ 随温度 T 的变化。为了比较,图中用虚线画出了无量纲冻结声速 $a_f^2 \rho/p = 1.4$,这是一条水平线。由图 4.11 可看出,空气的平衡声速与冻结声速相差约 20%。这再一次表明,对高温流动而言,其马赫数定义有多义性,例如冻结马赫数 $Ma_f = V/a_f$,而平衡马赫数 $Ma_f = V/a_e$,两者在数值上是不同的。因此,处理高温流动问题一般不使用马赫数。

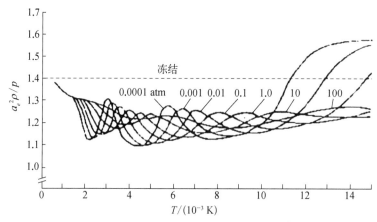

图 4.11 高温空气平衡声速随温度的变化[4]

最后应注意的是式(4.44)只是从形式上说明了平衡声速的物理特征,并不构成用当地 p 和 T 值直接求得当地 a_e 的计算公式。事实上,式中内能 e 和焓 h 的导数需用数值方法根据高温平衡混合气体的特性来获得。Tannehill 和 Mugge[5] 根据高温平衡空气的特性给出了一种计算平衡声速的多项式关系式:

$$a_e = \left(e \left\{ K_1 + (\bar{\gamma} - 1) \left[\bar{\gamma} + K_2 \left(\frac{\partial \bar{\gamma}}{\partial \ln e} \right)_p \right] + K_3 \left(\frac{\partial \bar{\gamma}}{\partial \ln \rho} \right)_v \right\} \right)^{1/2} \quad (4.47)$$

式中, $\bar{\gamma}$ 是用内能表示的状态方程 $p = \rho e (\bar{\gamma} - 1)$ 中的系数,计算比较复杂,感兴趣的读者可以参考文献[1]的第三章,而系数 K_1、K_2 和 K_3 见文献[1]中的表 3.1。

4.2.3　平衡普朗特-迈耶(Prandtl – Meyer)膨胀流

高超声速平衡气体绕凸角的平面膨胀流动图像如图 4.12 所示。该图在定性上与超声速量热完全气体的普朗特-迈耶膨胀流是一样的,从凸角发出的每条马赫线是直线,这些直线的马赫角 μ 为

$$\sin\mu = a_e / V \quad (4.48)$$

式中, a_e 为平衡气体的当地声速; V 为当地流速。在气体动力学中推导 Prandtl – Meyer 膨胀波基本关系式时,并没有引入量热完全气体的条件,因此,超声速流动的 Prandtl –

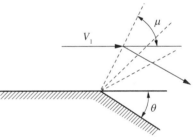

图 4.12　平衡气体的 Prandtl – Meyer 膨胀波

Meyer 流动的微分方程对平衡气体也是适用的,只需把式中的 a 改写成 a_e 即可。平衡气体的 Prandtl – Meyer 膨胀波基本关系式为

$$\mathrm{d}\theta = \sqrt{\frac{V^2}{a_e^2} - 1} \, \frac{\mathrm{d}V}{V} \quad (4.49)$$

为了进行数值积分,将上式改写成

$$V_{i+1} = V_i \frac{V_i}{\sqrt{\dfrac{V_i^2}{a_{ei}^2} - 1}} \Delta\theta \quad (4.50)$$

Prandtl – Meyer 流动的能量方程和等熵条件可写成

$$h_{i+1} + V_{i+1}^2 = h_1 + V_1^2 = h_0$$
$$s_{i+1} = s_1 \tag{4.51}$$

上两式中的下标 1 表示来流条件。

平衡 Prandtl – Meyer 流动的求解步骤如下:

(1) 选取积分步长 $\Delta\theta$, 以 $i = 1$ 起算, 由式(4.50)根据已知的速度 V_1 和 a_{e1}, 计算出 V_2;

(2) 利用式(4.51), 根据已知的 h_1 和求得的 V_2 算出 h_2;

(3) 利用等熵条件式(4.51), 根据算出的 h_2 和已知的 s_1, 从高温空气热力学函数表中查出 a_{e2}、p_2、ρ_2 和 T_2 等值;

(4) 进而计算第二步 ($i = 2$), 重复以上步骤, 直到给定的偏转角 θ 为止。

图 4.13 是 Heims 用不包括氩的平衡空气模型算出的 Prandtl – Meyer 膨胀波的典型结果[6]。初始条件是 $Ma_1 = 1.0$, $T_1 = 6\,140\,\text{K}$, $p_1 = 1.2\,\text{atm}$。 图中的实线是平衡流结果, 虚线是冻结流结果。

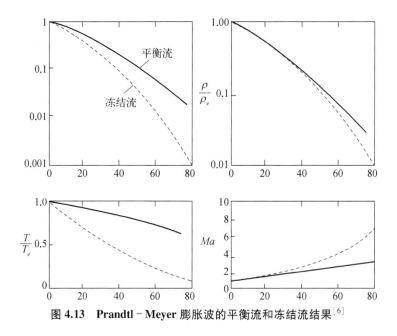

图 4.13 Prandtl – Meyer 膨胀波的平衡流和冻结流结果[6]

由图 4.13 可以看出:

(1) 在 Prandtl – Meyer 膨胀波中, 平衡流的温度显著地大于冻结流的温度, 这是因为在平衡膨胀中, O 原子和 N 原子要复合为 O_2 分子和 N_2 分子, 属于放热反应, 这部分热增大了分子的平动能, 所以平衡流的温度比冻结流高;

（2）在 Prandtl‐Meyer 膨胀波中,真实气体效应对压强要比密度更敏感,也就是说,平衡流的压强大于冻结流的压强,而两种情况的密度的差别却很小,这与前面所述的激波压缩情况正好相反;

（3）平衡流的马赫数较冻结流要小一些,主要原因是前者的流速较小。

4.3　平衡边界层流动与传热

在高速飞行器绕流问题中,边界层方法的应用极为广泛。纵览多年来的研究成果,出现了多种卓有成效的求解方法,例如相似解法,通过相似变换把偏微分方程换成常微分方程,此法始于 Blasius 对不可压缩流的平板解,后来被推广到可压缩流。算例有离解空气的驻点传热,具体包括冻结流、平衡流和非平衡流。非相似边界层有多种解法。在驻点处,边界层方程有精确相似解,然而,在非驻点区,精确相似解一般是不可能的,即使对于平板和锥体,也只有当原子或离子的复合速率特别快或非常慢,即对应于边界层是"平衡流"或"冻结流"的极限情形时,这个简化才有可能。这里阐述的几种非相似边界层解法包括局部相似解方法、应用极广的有限差分法以及一些近似解法,如积分关系法、积分‐矩阵法。

4.3.1　边界层方程的相似变换

用 ξ 和 η 作为边界层的相似坐标,其定义为

$$\xi = \int_0^x (\rho\mu)_{\text{ref}} u_e r^{2j} \mathrm{d}x, \quad \eta = \frac{u_e r^j}{\sqrt{2\xi}} \int_0^y \rho \mathrm{d}y \tag{4.52}$$

式中,下标 ref 为参考条件,可取边界层外缘值, ref = e, 也可用壁面值, ref = w; u_e 为边界层外缘速度。x、y 与 ξ、η 坐标的变换关系为

$$\frac{\partial}{\partial x} = (\rho\mu)_{\text{ref}} u_e r^{2j} \frac{\partial}{\partial \xi} + \frac{\partial \eta}{\partial x} \frac{\partial}{\partial \eta}$$

$$\frac{\partial}{\partial y} = \frac{\rho\mu_r r^j}{\sqrt{2\xi}} \frac{\partial}{\partial \eta}$$

从二维连续方程（边界层方程）引进流函数:

$$\rho u r^j = \frac{\partial \psi}{\partial y}, \ \rho v r^j = - \frac{\partial \psi}{\partial x} \tag{4.53}$$

并设

$$\psi = \sqrt{2\xi} f(\xi, \eta) \tag{4.54}$$

则有

$$\frac{\partial \psi}{\partial x} = \frac{(\rho\mu)_{\text{ref}} u_e r^{2j}}{\sqrt{2\xi}} f + (\rho\mu)_{\text{ref}} u_e r^{2j} \sqrt{2\xi} \frac{\partial f}{\partial \xi} + \sqrt{2\xi} \frac{\partial \eta}{\partial x} \frac{\partial f}{\partial \eta}$$

$$\frac{\partial \psi}{\partial y} = \frac{\rho u_e r^j}{\sqrt{2\xi}} \frac{\partial}{\partial \eta} (\sqrt{2\xi} f) = \rho u_e r^j \frac{\partial f}{\partial \eta}$$

于是有

$$\frac{u}{u_e} = \frac{\partial f}{\partial \eta}$$

$$\rho v r^j = - (\rho\mu)_{\text{ref}} u_e r^{2j} \left(\frac{1}{\sqrt{2\xi}} f + \sqrt{2\xi} \frac{\partial f}{\partial \xi} \right) - \sqrt{2\xi} \frac{\partial \eta}{\partial x} \frac{\partial f}{\partial \eta} \tag{4.55}$$

则对流项变换成

$$\rho u \frac{\partial u}{\partial x} + \rho v \frac{\partial u}{\partial y}$$

$$= - \rho u_e^3 (\rho\mu)_{\text{ref}} r^{2j} \left[\frac{\partial f}{\partial \eta} \frac{\partial^2 f}{\partial \xi \partial \eta} + \frac{\mathrm{d} u_e}{u_e \mathrm{d} x} \left(\frac{\partial f}{\partial \eta} \right)^2 - \left(\frac{f}{2\xi} + \frac{\partial f}{\partial \xi} \right) \frac{\partial^2 f}{\partial \eta^2} \right] \tag{4.56}$$

对于离解空气,由于氧和氮的输运特性基本相同,因此空气原子 O、N 和空气分子 O_2、N_2、NO 组成二元混合物并采用等效扩散系数的假定来处理。现在根据坐标转换式(4.52)~式(4.56),将边界层方程改用 ξ、η 坐标表示,并注意 $- \mathrm{d}p/\mathrm{d}x = \rho_e u_e \mathrm{d} u_e/\mathrm{d}x$。

1. 动量方程

$$\frac{\partial}{\partial \eta} \left(l \frac{\partial^2 f}{\partial \eta^2} \right) + f \frac{\partial^2 f}{\partial \eta^2} + \beta \left[\frac{\rho_e}{\rho} - \left(\frac{\partial f}{\partial \eta} \right)^2 \right] = 2\xi \left(\frac{\partial f}{\partial \eta} \frac{\partial^2 f}{\partial \xi \partial \eta} - \frac{\partial f}{\partial \xi} \frac{\partial^2 f}{\partial \eta^2} \right) \tag{4.57}$$

2. 扩散方程

$$\frac{\partial}{\partial \eta}\left[\frac{l}{Pr_f}\left(Le_f \frac{\partial Y_i}{\partial \eta} + \frac{Le^T}{T}\frac{\partial T}{\partial \eta}\right)\right] + f\frac{\partial Y_i}{\partial \eta} + \frac{2\xi \dot{\omega}_i}{\rho u_e \mathrm{d}\xi/\mathrm{d}x}$$

$$= 2\xi\left(\frac{\partial f}{\partial \eta}\frac{\partial Y_i}{\partial \xi} - \frac{\partial f}{\partial \xi}\frac{\partial Y_i}{\partial \eta}\right) \tag{4.58}$$

式中，

$$l = \frac{\rho\mu}{(\rho\mu)_{\mathrm{ref}}}, \quad \beta = \frac{2\xi}{u_e}\frac{\mathrm{d}u_e}{\mathrm{d}\xi} = 2\frac{\mathrm{d}\ln u_e}{\mathrm{d}\ln \xi} \tag{4.59}$$

$$\rho u_e^2 (\rho\mu)_{\mathrm{ref}} r^{2j} = \rho u_e \frac{\mathrm{d}\xi}{\mathrm{d}x}$$

3. 能量方程

（1）用温度 T 表示的能量方程：

$$\frac{\partial}{\partial \eta}\left(\frac{l}{Pr_f}c_{pf}\frac{\partial T}{\partial \eta}\right) + c_{pf}f\frac{\partial T}{\partial \eta} - \frac{2\xi\sum_i(\dot{\omega}_i h_i)}{\rho u_e \mathrm{d}\xi/\mathrm{d}x} + lu_e^2\left(\frac{\partial^2 f}{\partial \eta^2}\right)^2$$

$$+ \frac{l}{Pr_f}\sum_i c_{pi}\left(Le_f\frac{\partial Y_i}{\partial \eta} + \frac{Le^T}{T}\frac{\partial T}{\partial \eta}\right)\frac{\partial T}{\partial \eta} + \beta u_e^2\frac{\rho_e}{\rho}\frac{\partial f}{\partial \eta}$$

$$= 2\xi c_{pf}\left(\frac{\partial f}{\partial \eta}\frac{\partial T}{\partial \xi} - \frac{\partial f}{\partial \xi}\frac{\partial T}{\partial \eta}\right) \tag{4.60}$$

（2）用总焓 h_s 表示的能量方程：

$$\frac{\partial}{\partial \eta}\left(\frac{l}{Pr_f}\frac{\partial h_s}{\partial \eta}\right) + f\frac{\partial h_s}{\partial \eta} + u_e^2\frac{\partial}{\partial \eta}\left[l\left(1 - \frac{l}{Pr_f}\right)\frac{\partial f}{\partial \eta}\frac{\partial^2 f}{\partial \eta^2}\right]$$

$$+ \frac{\partial}{\partial \eta}\left\{\frac{l}{Pr_f}\sum_i h_i\left[(Le_f - 1)\frac{\partial Y_i}{\partial \eta} + \frac{Le_s^T}{T}\frac{\partial T}{\partial \eta}\right]\right\}$$

$$= 2\xi\left(\frac{\partial f}{\partial \eta}\frac{\partial h_s}{\partial \xi} - \frac{\partial f}{\partial \xi}\frac{\partial h_s}{\partial \eta}\right) \tag{4.61}$$

式中，总焓 $h_s = h + u^2/2$；静焓 $h = \sum_i Y_i h_i$；$h_i = \int_0^T c_{pi}\mathrm{d}T + h_i^0$。

（3）用焓表示的能量方程：

$$\frac{\partial}{\partial \eta}\left(\frac{l}{Pr_f}\frac{\partial h}{\partial \eta}\right) + f\frac{\partial h}{\partial \eta} + lu_e^2\left(\frac{\partial^2 f}{\partial \eta^2}\right)^2 - \beta u_e^2\frac{\rho_e}{\rho}\frac{\partial f}{\partial \eta}$$

$$+ \frac{\partial}{\partial \eta}\left\{\frac{l}{Pr_f}\sum_i h_i\left[(Le_f - 1)\frac{\partial Y_i}{\partial \eta} + \frac{Le_i^T}{T}\frac{\partial T}{\partial \eta}\right]\right\} \tag{4.62}$$

$$= 2\xi\left(\frac{\partial f}{\partial \eta}\frac{\partial h}{\partial \xi} - \frac{\partial f}{\partial \xi}\frac{\partial h}{\partial \eta}\right)$$

（4）用冻结总焓 h_{sf} 表示的能量方程：

$$\frac{\partial}{\partial \eta}\left(\frac{l}{Pr_f}\frac{\partial h_{sf}}{\partial \eta}\right) + f\frac{\partial h_{sf}}{\partial \eta} - 2\xi\frac{\sum_i \dot{\omega}_i h_i^0}{\rho u_e \mathrm{d}\xi/\mathrm{d}x} + u_e^2\frac{\partial}{\partial \eta}\left[l\left(1 - \frac{l}{Pr_f}\right)\frac{\partial f}{\partial \eta}\frac{\partial^2 f}{\partial \eta^2}\right]$$

$$+ \frac{\partial}{\partial \eta}\left\{\frac{l}{Pr_f}\sum_i h_{if}\left[(Le_f - 1)\frac{\partial Y_i}{\partial \eta} + \frac{Le_i^T}{T}\frac{\partial T}{\partial \eta}\right]\right\} \tag{4.63}$$

$$= 2\xi\left(\frac{\partial f}{\partial \eta}\frac{\partial h_{sf}}{\partial \xi} - \frac{\partial f}{\partial \xi}\frac{\partial h_{sf}}{\partial \eta}\right)$$

式中，冻结总焓 h_{sf} 的定义见式（4.110）。

4. 边界条件

对于壁面无质量引射的情况下，在壁面处（$\eta = 0$）：

$$\left.\frac{\partial f}{\partial \eta}\right|_{(\xi, 0)} = 0, \ f(\xi, 0) = 0 \tag{4.64}$$

$$Y_i(\xi, 0) = Y_{iw}(\xi), \ T(\xi, 0) = T_w(\xi)$$

在边界层外缘处（$\eta \to \infty$）：

$$\left.\frac{\partial f}{\partial \eta}\right|_{(\xi, \infty)} \to 1 \tag{4.65}$$

$$Y_i(\xi, \infty) = Y_{ie}, \ T(\xi, \infty) = T_e(\xi)$$

如果上述方程组存在相似解，必须要求未知量 f、Y_i、T、h_s 及各方程中有关参量 l、Le_f、u_e 和 ρ_e/ρ 等只是 η 的函数，与 ξ 无关。这样的条件在驻点处、沿平板或沿锥面流动会得到满足。

5. 表面热流表达式

用相似坐标 ξ 和 η 表示表面热流,从方程(4.52)和表面热流的表达式,用 T 或 θ 表示的形式为

$$-q_w = \frac{c_{pfw}T_e}{Pr_{fw}}\frac{r^j u_e(\rho\mu)_w}{\sqrt{2\xi}}\left[\frac{\partial\theta}{\partial\eta} + \sum_i \frac{h_i}{c_{pfw}T_e}\left(Le_f Y_{ie}\frac{\partial S_i}{\partial\eta} + \frac{Le_i^T}{\theta}\frac{\partial\theta}{\partial\eta}\right)\right]_{\eta=0} \quad (4.66)$$

而用 g 表示的热传导项为

$$-q_w = \frac{h_{see}}{Pr_{fw}}\frac{r^j u_e(\rho\mu)_w}{\sqrt{2\xi}}\left[\frac{\partial g}{\partial\eta} + \sum_i \frac{h_i}{h_{se}}\left((Le_f-1)Y_{ie}\frac{\partial S_i}{\partial\eta} + \frac{Le_i^T}{\theta}\frac{\partial\theta}{\partial\eta}\right)\right]_{\eta=0}$$
$$(4.67)$$

式中,

$$S_i = Y_i/Y_{ie},\ \theta = T/T_e,\ g = h_s/h_{se} \quad (4.68)$$

在边界层传热问题中,常常用传热因子 $Nu/\sqrt{Re_w}$ 表示,因此,

$$\frac{Nu}{\sqrt{Re_w}} = \frac{r^j\sqrt{(\rho\mu)_w u_e x}}{\sqrt{2\xi}}\frac{c_{pf}T_e}{h_{se}-h_w}\cdot\left[\frac{\partial\theta}{\partial\eta} + \sum_i \frac{h_i}{c_{pf}T_e}\left(Le_f Y_{ie}\frac{\partial S_i}{\partial\eta} + \frac{Le_i^T}{\theta}\frac{\partial\theta}{\partial\eta}\right)\right]$$
$$(4.69)$$

或

$$\frac{Nu}{\sqrt{Re_w}} = \frac{r^j\sqrt{(\rho\mu)_w u_e x}}{\sqrt{2\xi}}\frac{1}{1-g_w}\cdot\left[\frac{\partial g}{\partial\eta} + \sum_i \frac{h_i}{h_{se}}\left((Le_f-1)Y_{ie}\frac{\partial S_i}{\partial\eta} + \frac{Le_i^T}{\theta}\frac{\partial\theta}{\partial\eta}\right)\right]$$
$$(4.70)$$

4.3.2　离解空气的二元模型

在离解空气非平衡边界层中,一般情形下包含 O_2、O、N_2、N、NO、NO^+ 和 e^- 等一些主要组元,并需要考虑相应的化学反应。本节只考虑氧和氮的离解和复合反应。由于氧和氮的特性几何相当,因此,进一步可以假设离解空气是一种由具有氧和氮的平均特性的"空气分子 A_2"和"空气原子 A"所组成的二组元气体。这就是所谓离解空气的二元模型。"空气原子"的离解能 h_A^0 可取外缘流动中的平均值:

$$h_A^0 = \frac{\sum\limits_{i=O,N} Y_{ie} h_i^0}{\sum\limits_{i=O,N} Y_{ie}} \qquad (4.71)$$

这样,利用下列二元关系式:

$$\sum_i Y_i = Y_A + Y_{A_2} = 1, \quad \sum_i \dot\omega_i = \dot\omega_A + \dot\omega_{A_2} = 0 \qquad (4.72)$$

$$Le_A^T = -Le_{A_2}^T, \quad M_{A_2} \simeq 2M_A$$

其中,上标"T"表示由温度导致的扩散效应。

状态方程为

$$p = (1 + Y_A)\rho \hat{R} T / 2M_A \qquad (4.73)$$

二元模型的边界层方程仍然用式(4.57)、式(4.58)和式(4.60),其间动量方程(4.57)中的 ρ_e/ρ 可用温度表示:

$$\frac{1 + Y_A}{1 + Y_{Ae}} \frac{T}{T_e} \qquad (4.74)$$

扩散方程(4.58)中:

$$Y_i \rightarrow Y_A, \quad \dot\omega_i \rightarrow \dot\omega_A \qquad (4.75)$$

用温度 T 表示的能量方程(4.60)改动较大,有

$$\frac{\partial}{\partial \eta}\left(\frac{l}{Pr_f} c_{pf} \frac{\partial T}{\partial \eta}\right) + c_{pf} f \frac{\partial T}{\partial \eta} - \frac{2\xi \dot\omega_A (h_A - h_{A_2})}{\rho u_e \mathrm{d}\xi/\mathrm{d}x} + lu_e^2 \left(\frac{\partial^2 f}{\partial \eta^2}\right)^2$$

$$+ (c_{pA} - c_{pA_2}) \frac{l}{Pr_f}\left(Le_f \frac{\partial Y_A}{\partial \eta} + \frac{Le_A^T}{T} \frac{\partial T}{\partial \eta}\right) \frac{\partial T}{\partial \eta} - \beta u_e^2 \frac{\rho_e}{\rho} \frac{\partial f}{\partial \eta} \frac{1 + Y_A}{1 + Y_{Ae}} \frac{T}{T_e} \quad (4.76)$$

$$= 2\xi c_{pf}\left(\frac{\partial f}{\partial \eta} \frac{\partial T}{\partial \xi} - \frac{\partial f}{\partial \xi} \frac{\partial T}{\partial \eta}\right)$$

为了求解这些方程,事先必须知道二组元混合物的热力学特性、输运特性和化学生成率。下面介绍这些特性的表达式,可参阅文献[7]和[8]。

1. 热力学特性

原子和双原子分子的单位质量比定压热容分别为

$$c_{pA} = \frac{5}{2} \frac{\hat{R}}{M_A} \qquad (4.77)$$

$$c_{pA_2} \approx \frac{\hat{R}}{2M_A}\left[\frac{7}{2} + e^{-(h\nu/k_BT)^2}\right) \tag{4.78}$$

因此,二组元混合气体的冻结比定压热容为

$$c_{pf} = \sum_i c_{pi}Y_i = c_{pA}\left[Y_A + (1 - Y_A)\left(\frac{7}{10} + \frac{1}{5}e^{-(h\nu/k_BT)^2}\right)\right] \tag{4.79}$$

原子和双原子的单位质量焓分别是

$$h_A = c_{pA}T + h_A^0 \tag{4.80}$$

$$h_{A_2} = h_A\left\{\frac{7}{10} + \frac{h\nu/(k_BT)}{5\left[e^{-(h\nu/k_BT)^2} - 1\right]}\right\} \tag{4.81}$$

2. 输运特性

由于氧和氮的输运特性基本相同,而且在 1 000 K 以上, $\mu_{A_2} \doteq 0.82\mu_A$, 因此,离解氮的黏性系数可从混合规则 $\mu = \sum_i \mu_i X_i (X_i$ 为摩尔比数) 近似给出:

$$\mu_{A-A_2} = \frac{1 + 1.44Y_A}{1 + Y_A}\mu_{A_2} \tag{4.82}$$

$$\mu_{A_2} = 2.14 \times 10^{-6}T^{3/4}\left[\text{g/(cm · s)}\right] \tag{4.83}$$

而氮原子与氮分子之间的扩散系数可近似为

$$D_{A-A_2} = \frac{1.35 \times 10^{-5}T^{3/4}}{p(\text{atm})}(\text{cm}^2/\text{s}) \tag{4.84}$$

同样,由于 $k_{A_2} \doteq 0.72k_A$,因此从混合规则 $k_f = \sum_i X_i k_i$,离解氮的冻结热传导系数,可近似表达为

$$(k_f)_{A-A_2} = \frac{1 + 1.78Y_A}{1 + Y_A}k_{fA_2} \tag{4.85}$$

$$k_{fA_2} = 10^{-6}T^{3/4}\left[\text{cal/(cm · K · s)}\right] \tag{4.86}$$

黏性系数 μ 和热传导系数 k 较精确的混合法则见式(2.133)。

根据式(4.73)和式(4.82)可得

$$l = \frac{\rho\mu}{(\rho\mu)_{ref}} = \frac{[1 + (Y_A)_{ref}]^2 (1 + 1.44Y_A)}{(1 + Y_A)^2 [1 + 1.44(Y_A)_{ref}]} \left(\frac{T_{ref}}{T}\right)^{1/4} \tag{4.87}$$

3. 复合反应速率 $\dot{\omega}_A$

关于双原子气体的离解/复合反应,其化学反应式为

$$A_2 + M \underset{k_R}{\overset{k_D}{\rightleftharpoons}} 2A + M, \quad M = A, \ A_2$$

其中,k_D 和 k_R 分别为离解速率常数和复合速率常数。原子净复合率为

$$\frac{d\alpha_A}{dt} = 2k_D \alpha_{A_2} - 2k_R \alpha_A^2 = -2k_R(\alpha_A^2 - K_e \alpha_{A_2}) \tag{4.88}$$

式中,α_i 为 i 组元的摩尔密度,它与质量浓度 Y_i 之间的关系为

$$\alpha_i = \rho_i / M_i = (\rho/M_i) Y_i$$

因此,

$$\alpha_A = \frac{\rho}{M_A} Y_A, \quad \alpha_{A_2} = \frac{\rho}{2M_A}(1 - Y_A)$$

$$K_e = \frac{k_D}{k_R} = \frac{\alpha_A^{*2}}{\alpha_{A_2}^*} = 2\frac{\rho}{M_A}\frac{Y_A^{*2}}{1 - Y_A^*}$$

其中,Y_A^*、$Y_{A_2}^*$ 表示在平衡条件下 $\frac{d\alpha_A}{dt} = 0$ 的质量浓度。这样,式(4.88)可改写成

$$\frac{dY_A}{dt} = \frac{M_A}{\rho}\left[-2k_R\left(\frac{\rho}{M_A}\right)^2\left(Y_A^2 - \frac{Y_A^{*2}}{1 - Y_A^*}(1 - Y_A)\right)\right]$$
$$= -2k_R\left(\frac{p}{RT}\right)\left(\frac{Y_A^2}{1 + Y_A} - \frac{Y_A^{*2}}{1 - Y_A^*}\frac{1 - Y_A}{1 + Y_A}\right) \tag{4.89}$$

现在可以直接给出扩散方程和能量方程中的化学的生成项:

$$\frac{2\xi\dot{\omega}_i}{\rho u_e d\xi/dx} = -\frac{\xi}{\theta}\left(\frac{Y_A^2}{1 + Y_A} - \frac{Y_A^{*2}}{1 - Y_A^*}\frac{1 - Y_A}{1 + Y_A}\right)$$
$$\xi = \frac{4\xi k_R}{u_e^2 r^{2j}(\rho\mu)_{ref}}\left(\frac{p}{RT_e}\right) \tag{4.90}$$

其中,ξ 为流动时间与反应时间之比,称为气相反应的达姆科勒数。$\xi \ll 1$ 表示气相反应近似冻结,$\xi \gg 1$ 时表示气相反应接近平衡。

4. 壁面催化条件

原子浓度在壁面上的边界条件,受到壁面催化的影响,根据方程(3.183),现在可写为

$$\left(\frac{\partial Y_{\mathrm{A}}}{\partial \eta}\right)_w = \xi_w Y_{\mathrm{A}w} \tag{4.91}$$

式中,

$$\xi_w = \rho_w k_w Sc_w \frac{(\rho\mu)_{\mathrm{ref}}}{(\rho\mu)_w} \frac{\sqrt{2\xi}}{r^j u_e (\rho\mu)_{\mathrm{ref}}} = \rho_w k_w Sc_w \frac{\sqrt{2\xi}}{r^j u_e (\rho\mu)_w} \tag{4.92}$$

为壁面反应速度与壁面扩散速率之比,称为壁面催化达姆科勒数,k_w 为壁面催化速率常数。当 $\xi_w \to 0$ 时,为非催化壁,$\xi_w \to \infty$ 时为完全催化壁。

4.3.3 平衡边界层驻点传热

在边界层流动中,当化学反应速度比流体速度快得多时,化学反应能够将流体分子很快地调整到局部热力学平衡状态,这种边界层称为平衡边界层。对于这个问题,两个变量 f 和 h 就能确定整个流场,组元浓度 Y_i 可以通过平衡常数来确定,它是状态参数压强 p 和焓 h 的函数,而对于边界层情况,压强沿法线方向不变,它只是 h 的函数,因此不需要扩散方程。另外,由于温度低于 10 000 K 时,能量方程中的热扩散项是不重要的,可忽略不计。从式(4.57)和式(4.62),可得驻点平衡边界层的控制方程为

$$\frac{d}{d\eta}\left(l \frac{d^2 f}{d\eta^2}\right) + f \frac{d^2 f}{d\eta^2} + \beta \left[\frac{\rho_l}{\rho} - \left(\frac{d^2 f}{d\eta^2}\right)^2\right] = 0 \tag{4.93}$$

$$\frac{d}{d\eta}\left(\frac{l}{Pr_f} \frac{dg}{d\eta}\right) + f \frac{dg}{d\eta} + \frac{d}{d\eta}\left[\frac{l}{Pr_f} \sum_i \frac{Y_{is} h_i}{h_s}(Le_f - 1) \frac{dS_i}{d\eta}\right] = 0 \tag{4.94}$$

或

$$\frac{d}{d\eta}\left[\frac{l}{Pr_f}(1 + d) \frac{dg}{d\eta}\right] + f \frac{dg}{d\eta} = 0$$

式中,

$$d = \sum_i \frac{Y_{is}h_i}{h_s}(Le_f - 1)\left(\frac{\mathrm{d}S_i}{\mathrm{d}\eta}\right)_p = (Le_f - 1)\sum_i h_i\left(\frac{\partial Y_i}{\partial \eta}\right)_p$$

式中,下标 p 表示微分处于定压条件,其边界条件如下:

$$\begin{cases} \eta = 0 : f(0) = 0, f'(0) = 0, g(0) = g_w \\ \eta \to \infty : f(\infty) = 1, g(\infty) = 1 \end{cases} \tag{4.95}$$

在求解上述方程时,必须事先知道空气热力学特性和输运特性。文献[9]对这组方程进行计算时,平衡空气的黏性系数采用萨瑟兰(Sutherland)公式,即

$$\mu = 1.459\ 5 \times 10^{-5}\frac{T^{3/2}}{T + 113.0}[\mathrm{g}/(\mathrm{cm} \cdot \mathrm{s})] \tag{4.96}$$

在 9 000 K 以下,平衡空气的 Pr_f 和 Le_f 数值随温度变化不大。前者几乎等于常数 0.71,后者的变化范围是从 1 到 2,约为 1.4。

在文献[9]中,计算时取 $Pr_f = 0.71$ 和 $Le_f = 1.0, 1.4, 2.0$,并且将 ρ_s/ρ、l 和 d 根据平衡空气特性来确定,对于给定驻点外流条件,这些量表示为 g 的函数:

$$l = \frac{\rho\mu}{(\rho\mu)_w} = \frac{(T_w + 113)\overline{M}}{(T + 113)\overline{M}_w}\left(\frac{T}{T_w}\right)^{1/2} = \frac{\alpha_1}{\sqrt{g}} - \frac{\alpha_2}{\sqrt{g}}$$

$$d = \beta_2 e^{-\beta_1/g} \tag{4.97}$$

$$\frac{\rho_s}{\rho} = \frac{T\overline{M}_s}{T_s\overline{M}} = 1 - \gamma_1(1 - g) - \gamma_2(1 - g)^4$$

式中,常数 α、β 和 γ 为通过对平衡空气的计算拟合这些表达式来确定的。$\overline{M}$ 为理解空气的平均分子量。对于给定飞行条件和壁面条件,ρ_s/ρ 和 l 通过驻点边界层随 g 的变化见图 4.14。可以看出,与低温特性的情况不同,现在 $\rho\mu$ 和 ρ 在边界层中的变化还是比较大的,但高度对这些量的影响是很小的。

文献[9]用上述方法在计算机上对轴对称驻点流进行了计算。结果表明,当 $Le_f = 1$ 时,在各种环境下,传热参数 $Nu/\sqrt{Re_w}$ 只与 $\rho\mu$ 通过边界层的总变化有关,给出下列关系式:

$$\left(\frac{Nu}{\sqrt{Re_w}}\right)_{Le_f=1} = 0.763Pr_f^{0.4}\left(\frac{\rho_s\mu_s}{\rho_u\mu_w}\right)^{0.4} \tag{4.98}$$

可以看出,当 $\rho_s\mu_s/\rho_w\mu_w = 1$,也就是流体特性参数为常值时,方程(4.98)变成与低速流的结果一样。

当 $Le_f \neq 1$ 时,Le_f 对传热参数的影响可由下式给出:

$$\frac{Nu/\sqrt{Re_w}}{(Nu/\sqrt{Re_w})_{Le_f=1}} = 1 + (Le_f^{0.52} - 1)\frac{h_D}{h_s}$$

(4.99)

式中,h_D 称为空气平均离解焓,定义如下:

$$h_D = \sum_{j=1,N} Y_{is} h_i^0 \quad (4.100)$$

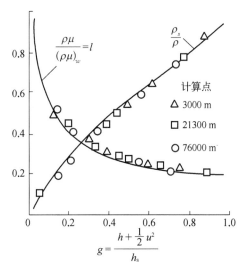

图 4.14　l 和 ρ_s/ρ 通过驻点边界层的变化 ($V_\infty = 6\,000$ m/s, $T_w = 300$ K)[9]

总效应可以从式(4.98)和式(4.99)得

$$Nu/\sqrt{Re_w} = 0.763 Pr_f^{0.4}(\rho_s\mu_s/\rho_w\mu_w)\left[1 + (Le_f^{0.52} - 1)\frac{h_D}{h_s}\right] \quad (4.101)$$

由此,轴对称驻点表面热流为

$$
\begin{aligned}
-q_{ws} &= \frac{Nu}{\sqrt{Re_w}}\frac{h_s - h_w}{Pr_f}\sqrt{\rho_w\mu_w\left(\frac{\mathrm{d}u_e}{\mathrm{d}x}\right)_s} \\
&= 0.763 Pr^{-0.6}(\rho\mu)_w^{0.1} \cdot (\rho_s\mu_s)^{0.4}\left[1 + (Le_f^{0.52} - 1)\frac{h_D}{h_s}\right](h_s - h_w)\sqrt{\left(\frac{\mathrm{d}u_e}{\mathrm{d}x}\right)_s}
\end{aligned}
$$

(4.102)

这就是著名的离解空气平衡边界层的 Fay-Riddell 驻点热流公式。

可以看出,在确定表面热流中,外流特性比壁面特性更重要,因为热流与外流黏性 $(\mu_s)^{0.4}$ 成正比,而与壁面 $(\mu_w)^{0.1}$ 成正比。外流特性的重要性,其物理意义是由于通过边界层传递给壁面的热流大部分取决于外流特性。

由此可见,离解空气驻点热流有相似解,方程(4.102)与激波管实验数据符合得很好[10](图 4.15),另外还有大量实验也证实了这个理论结果的可靠性。

有时,为了对飞行器的表面热流作出快速估计,根据对方程(4.102)的大量

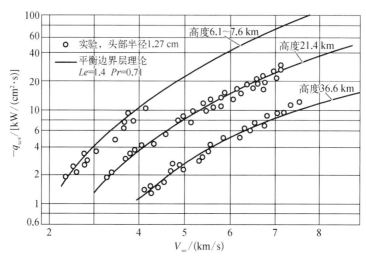

图 4.15 离解空气驻点传热理论与实验的比较[10]

计算结果,轴对称驻点热流可以用驻点压强、驻点焓和头部半径近似给出:

$$- q_{ws} = \frac{0.115}{\sqrt{R_b}} \sqrt{p_s} (h_s - h_w) \left[\mathrm{cal}/(\mathrm{cm}^2 \cdot s) \right] \tag{4.103}$$

式中,焓 h 的单位用 cal/g;压强 p 的单位用 atm;头部半径 R_b 的单位用 cm。

若将 $p_s = \rho_\infty v_\infty^2$ 和 $h_s = v_\infty^2/2$ 代入,表面热流又可用飞行条件的参数来表示,即

$$- q_{ws} = \frac{1.35 \times 10^3}{\sqrt{R_b}} \rho_\infty^{1/2} \left(\frac{v_\infty}{1\,000} \right)^3 \left(1 - \frac{h_w}{h_s} \right) \left[\mathrm{cal}/(\mathrm{cm}^2 \cdot s) \right] \tag{4.104}$$

式中,大气密度 ρ_∞ 的单位为 g/cm³;飞行速度 v_∞ 单位为 m/s。以上关于驻点热流的公式对于工程应用来说是足够准确的。

4.3.4 冻结边界层驻点传热

在边界层中,当化学反应时间较流动特征时间长很多时,气流中几乎没有化学反应($\dot{\omega}_i = 0$)。这种边界层流动称为冻结边界层。在研制宇宙飞船时,设计师们希望采用能重复使用的热防护系统,这就要求再入地球大气层的最大气动加热发生在较高的高度(如 50 km 以上),那里流动的化学状态几乎是冻结的。

在冻结边界层中,边界层外缘的原子全部扩散到达壁面。如果壁面对原子复合是非催化的,则壁面上的原子浓度将降低到在壁面温度下的平衡值(对于冷壁、壁面原子浓度为零);如果壁面是任意催化的,则壁面浓度由壁面异相催化动力学确定。由于表面热流中的化学贡献部分,完全取决于壁面上的原子复合速率,因此,对于冻结边界层情形,壁面催化特性对传热的影响是很重要的。

1. 完全催化壁和非催化壁

对冻结边界层,采用二组元简化方程进行数值求解比较简单,此时,3 个未知函数 f、Y_A 和 T 可在 $\dot{\omega}_i = 0$ 的条件下由与式(4.74)~式(4.76)相关的动量方程、扩散方程和能量方程求解得出。在驻点处,这些方程的右边项都等于零,变成一组常微分方程。文献[9]中的数值计算表明,当 $Le_f = 1$ 时,$\rho\mu$ 对传热因子的影响跟平衡边界层的相同,即方程(4.98)。对于其他 Le_f 数,在完全催化壁情形下,以 Le_f 数对传热因子的影响由下式给出:

$$\frac{Nu/\sqrt{Re_w}}{(Nu/\sqrt{Re_w})_{Le_f=1}} = 1 + (Le_f^{0.63} - 1)\frac{h_D}{h_s} \tag{4.105}$$

对照平衡边界层结果,即方程(4.99),两者 Le_f 数的方次是不同的。这说明,通过冻结边界层的扩散比通过平衡边界层的更重要。当 Le_f 数与 1 相差不大时,对于完全催化壁,冻结边界层的传热量与平衡边界层的差别很小。

与式(4.102)相仿,利用式(4.105)可得到离解空气冻结边界层在完全催化壁情形下的驻点热流公式:

$$-q_{ws} = 0.763Pr^{-0.6}(\rho\mu)_w^{0.1} \cdot (\rho_s\mu_s)0.4 \cdot \left[1 + (Le_f^{0.63} - 1)\frac{h_D}{h_s}\right](h_s - h_w)\sqrt{\left(\frac{\mathrm{d}u_e}{\mathrm{d}x}\right)_s} \tag{4.106}$$

对于非催化壁面,驻点热流可在上式中将包含 Le_f 的项抹掉,即

$$-q_{ws} = 0.763Pr^{-0.6}(\rho\mu)_w^{0.1} \cdot (\rho_s\mu_s)0.4 \cdot \left(\frac{h_D - h_s}{h_s}\right)(h_s - h_w)\sqrt{\left(\frac{\mathrm{d}u_e}{\mathrm{d}x}\right)_s} \tag{4.107}$$

2. 任意催化壁面

这里引进一些合理的近似,在任意催化壁情况下,求冻结边界层的分析解,

然后用完全催化壁的精确数值解来修正其结果。

在高超声速流动中,由于 $\rho_s/\rho_w \ll 1$,动量方程(4.57)中的压强梯度项(β项)可以忽略不计,因此变为

$$\frac{d}{d\eta}\left(l\,\frac{d^2f}{d\eta^2}\right) + f\,\frac{d^2f}{d\eta^2} = 0 \tag{4.108}$$

在扩散方程(4.58)中,令 $\dot{\omega}_i = 0$,$Le_i^T = 0$,即

$$\frac{d}{d\eta}\left(\frac{l}{Sc}\,\frac{dS_i}{d\eta}\right) + f\,\frac{dS_i}{d\eta} = 0 \tag{4.109}$$

在高温反应气体中,各组元之间冻结总焓 h_{sf} 的差别与反应热比较,可以忽略不计。因此可以近似地认为所有 c_{pi} 都相等(含有大量惰性组元混合气体除外),冻结总焓 h_{sf} 的定义为

$$h_{sf} = h_f + \frac{1}{2}u^2 \tag{4.110}$$

式中,冻结焓 $h_f = \sum_i Y_i h_{if}$,而 $h_{if} = \int_0^T c_{pi}dT$,由于 $h_i = \int_0^T c_{pi}dT + h_i^0$,所以冻结总焓与总焓的差异为

$$h_{sf} = h_s - \sum_i Y_i h_i^0 \tag{4.111}$$

注意到:$\sum_i \partial Y_i/\partial y = 0$,$\dot{\omega}_i = 0$,因此,冻结总焓方程(4.63)在驻点处可以简化成

$$\frac{d}{d\eta}\left(\frac{l}{Pr_f}\,\frac{dg_f}{d\eta}\right) + f\,\frac{dg_f}{d\eta} = 0 \tag{4.112}$$

式中,

$$g_f = \frac{h_{sf}}{(h_{sf})_c} = \frac{h_f + \dfrac{1}{2}u^2}{\left(h_f + \dfrac{1}{2}u^2\right)_c}$$

这些方程的边界条件为

$$\begin{cases} \eta = 0: f'(0) = f(0) = 0,\ S_i(0) = S_{iw},\ g_f(0) = g_{fw} \\ \eta \to \infty: f'(\infty) = 1,\ S_i(\infty) = 1,\ g_f(\infty) = 1 \end{cases} \tag{4.113}$$

现在可以看到,式(4.108)、式(4.109)以及式(4.112)除系数 Sc 和 Pr_f 外,形式完全一致,可用下面方程统一表示:

$$\frac{\mathrm{d}}{\mathrm{d}\eta}\left(\frac{l}{Z}\frac{\mathrm{d}\beta}{\mathrm{d}\eta}\right) + f\frac{\mathrm{d}\beta}{\mathrm{d}\eta} = 0 \qquad (4.114)$$

式中,

$$Z = 1: \beta = \beta(\eta;\ 1) = \frac{\mathrm{d}f}{\mathrm{d}\eta} = \frac{u}{u_e}$$

$$Z = Sc: \beta = \beta(\eta;\ Pr_f) = \frac{S_i(\eta) - S_i(0)}{1 - S_i(0)} \qquad (4.115)$$

$$Z = Pr_f: \beta = \beta(\eta;\ Pr_f) = \frac{g_f(\eta) - g_f(0)}{1 - g_f(0)}$$

对应边界条件为

$$f(0) = 0,\ \beta(0) = 0,\ \beta(\infty) = 1 \qquad (4.116)$$

利用这些边界条件对方程(4.114)直接积分给出:

$$\beta(\eta, Z) = \beta'(0, Z)\left(\frac{l}{Z}\right)_w \int_0^\eta \frac{Z}{l}\exp\left(-\int_0^\eta \frac{Z}{l}f\mathrm{d}\eta\right)\mathrm{d}\eta \qquad (4.117)$$

式中,

$$\beta'(0, Z) = \left(\frac{Z}{l}\right)_w \bigg/ \int_0^\infty \frac{Z}{l}\exp\left(-\int_0^\eta \frac{Z}{l}f\mathrm{d}\eta\right)\mathrm{d}\eta \qquad (4.118)$$

于是,在壁面处速度梯度、浓度梯度和冻结总焓梯度分别为

$$\left(\frac{\partial^2 f}{\partial \eta^2}\right)_w = f''(0) = \beta'(0;\ 1)$$

$$\left(\frac{\partial S_i}{\partial \eta}\right)_w = S_i'(0) = \beta'(0;\ Sc)[1 - S_i(0)] \qquad (4.119)$$

$$\left(\frac{\partial g_f}{\partial \eta}\right)_w = g_f'(0) = \beta'(0;\ Pr_f)[1 - g_f(0)]$$

由此可知, Le_f、$Pr_f(Pr_f/Le_f = Sc)$ 和 $\rho\mu$ 对壁面梯度的影响全部包含在

函数 $\beta'(0; Z)$ 中。当 $Z = $ 常数和 $l = 1$ 时,上述一些方程与低速平板绕流的相一致,只要利用适当的坐标变换找到它们与低速流的相应关系,就可直接利用低速流的已有结果。为此,假定 $l = \bar{l} = $ 常数、$Z = \bar{Z} = $ 常数,并作如下变换:

$$\eta = \sqrt{2\bar{l}}\,\bar{\eta}, \; f(\eta) = \sqrt{\bar{l}/2}\,\bar{f}(\bar{\eta}), \; \beta(\eta) = \bar{\beta}(\bar{\eta}) \tag{4.120}$$

由此动量方程(速度边界层)的解 $\bar{f}'(\bar{\eta})$,就是低速平板流中的布拉休斯解,对应浓度边界层和冻结总焓边界层的解 $\bar{\beta}(\bar{\eta}; \bar{Z})$ 就是波尔豪森(Pohlhausen)解。一些 $\bar{\beta}(\bar{\eta}; \bar{Z})$ 和 $\bar{\beta}'(0; \bar{Z})$ 值列在表4.2和表4.3[11]中。现在只要把表中 $\bar{\eta}$ 换成 η 就可应用到现时高超声速流动情况。$\beta'(0; Z)$ 与 $\bar{\beta}'(0; \bar{Z})$ 之间的关系显然可由式(4.118)和式(4.120)给出:

$$\beta'(0; Z) = \frac{1}{l_w}\sqrt{\frac{\bar{l}}{2}}\beta'(0; \bar{Z}) \tag{4.121}$$

式中,

$$\bar{\beta}'(0; \bar{Z}) = \frac{1}{\int_0^\infty \mathrm{e}^{-\bar{Z}\int_0^{\bar{\eta}} \bar{f}\mathrm{d}\bar{\eta}}\mathrm{d}\bar{\eta}} \tag{4.122}$$

根据表4.3的数据,$\bar{\beta}'(0; \bar{Z})$ 可归结成以下结果:

$$\bar{\beta}'(0; \bar{Z}) = 0.664\,\bar{Z}^{1/3} \tag{4.123}$$

将式(4.121)和式(4.123)代入式(4.122)得

$$\left(\frac{\partial^2 f}{\partial \eta^2}\right)_w = \frac{0.47\sqrt{\bar{l}}}{l_w}$$

$$\left(\frac{\partial S_i}{\partial \eta}\right)_w = \frac{0.47(Sc)^{1/3}\sqrt{\bar{l}}}{l_w}(1 - S_{iw}) \tag{4.124}$$

$$\left(\frac{\partial g_f}{\partial \eta}\right)_w = \frac{0.47(Pr_f)^{1/3}\sqrt{\bar{l}}}{l_w}(1 - g_{fw})$$

表 4.2 参数 $\bar{\beta}(\bar{\eta}; \bar{Z})$ [11]

$\bar{\eta} = \eta / \sqrt{2\bar{l}}$	$\bar{Z} = 0.60$	$\bar{Z} = 0.72$	$\bar{Z} = 1.00$	$\bar{Z} = 2.00$
0	0	0	0	0
0.2	0.110 8	0.118 2	0.132 8	0.168 8
0.4	0.221 1	0.235 9	0.264 7	0.335 5
0.6	0.330 0	0.351 7	0.393 8	0.495 0
0.8	0.435 8	0.463 6	0.516 8	0.639 9
1.0	0.536 3	0.568 9	0.629 8	0.762 3
1.2	0.629 3	0.667 4	0.729 0	0.856 7
1.4	0.712 5	0.748 6	0.811 5	0.922 1
1.6	0.784 3	0.818 9	0.876 1	0.962 4
1.8	0.843 8	0.875 0	0.923 3	0.983 9
2.0	0.891 1	0.917 6	0.955 5	0.994 0
2.2	0.926 9	0.948 2	0.975 9	0.998 1
2.4	0.952 9	0.969 0	0.987 8	0.999 4
2.6	0.970 9	0.982 3	0.994 2	0.999 9
2.8	0.982 5	0.990 4	0.997 5	1.000 0
3.0	0.990 2	0.995 1	0.999 0	
3.2	0.994 7	0.997 6	0.999 6	
3.4	0.997 2	0.998 9	0.999 9	
3.6	0.998 6	0.999 5	1.000 0	
3.8	0.999 4	0.999 8		
4.0	0.999 7	1.000 0		
4.2	0.999 9			
4.4	1.000 0			

注：$\begin{cases} \bar{f}'' + \bar{Z}\bar{f}\bar{\beta}' = 0 \\ (\bar{f}')'' + \bar{f}(\bar{f}')' = 0 \end{cases}$ $\begin{cases} \bar{\beta}(0) = 0 \\ \bar{f}(0) = \bar{f}'(0) = 0 \end{cases}$ $\begin{cases} \bar{\beta}(\infty) = 1 \\ \bar{f}'(\infty) = 2 \end{cases}$

表 4.3 参数 $\bar{\beta}'(0; \bar{Z})$ [11]

$\bar{Z}$	0.6	0.7	0.8	0.9	1.0	1.1	2.0
$\bar{\beta}'(0; \bar{Z})$	0.554	0.585	0.614	0.640	0.664	0.687	0.845

参考文献

[1] 卞荫贵,钟家康.高温边界层传热[M].北京：科学出版社,1986.

[2] Huber P W. Hypersonic shock-heated flow parameters for velocities to 46, 000 feet per second and altitudes to 323, 000 feet[R]. NASA − TR − R − 163, 1963.

[3] Moeckel W E. Oblique-shock relations at hypersonic speeds for air in chemical equilibrium [R]. NACA − TN − 3895, 1957.

[4] Hansen C F. Approximation for the thermodynamic and transport properties of high temperature air[R]. NASA − TR − R − 50, 1959.

[5] Tannehill J C, Mugge P H. Improved curve fits for the thermodynamic properties of equilibrium air suitable for numerical computation using time-dependent or shock-capturing methods[R]. NASA − CR − 2470, 1974.

[6] Heims S P. Prandtl-Meyer expansion of chemically reacting gases in local chemical and thermodynamic equilibrium[R]. NACA − TN − 4230, 1958.

[7] Howe J T, Viegas J R. Solutions of the ionized radiating shock layer including reabsorption and foreign species effects and stagnation region heat transfer[R]. NASA TR R − 159, 1963.

[8] Hartnett J P, Eckert E R G. Mass transfer cooling in a laminar boundary layer with constant fluid properties[R]. Transactions of the American Society of Mechanical Engineers, 1957.

[9] Fay J A, Riddell F R. Theory of stagnation point heat transfer in dissociated air[J]. Journal of the Aerospace Sciences, 1958, 25(2): 73 − 85.

[10] Rose P H, Stark W I. Stagnation point heat-transfer measurements in dissociated air[J]. Journal of the Aerospace Sciences, 1958, 25(2): 86 − 97.

[11] Mickley H S, Ross R C, Squyers A L, et al. Heat, mass, and momentum transfer for flow over a flat plate with blowing or suction[R]. NACA − TM − 3208, 1954.

第 5 章

高超声速稀薄气体流动

对于高超声速飞行器而言,气动热防护问题关注的是飞行器前缘驻点、再附点这些"关键点"的防护。这些区域表面热流较高,因而表面温度也相对较高,是最先可能被烧坏的地方,需要采用超高温陶瓷之类特殊材料加以保护,而飞行器表面其他大部分区域热流和温度都相对低得多。因此,研究者目前对气动热预测的研究也首先集中在驻点附近这一典型高热流区域,但其中的研究方法和某些结论是具有普适意义的。除此之外,在飞行器表面大部分的平面结构上,摩阻的占比却不容忽视,在研究的时候通常用平板模型来探讨作用于表面的摩阻和热流,以得到较为普适的结果。

新型的高超声速飞行器由于头部尖,前缘的气动加热存在局部稀薄气体效应,若飞行海拔高,除了头部外,机体外大面积遭遇稀薄气体效应。稀薄气体效应是因为分子碰撞不充分导致的,对表面热流和摩阻都有较大影响。

本章首先抓住问题中的主要影响因素,在近连续流领域(near-continuum flow regime)驻点附近区域建立简化的物理模型和相应的数学模型;然后通过近似的解析求解,得到一些有价值的定量化、理论化结果;最后根据与 DSMC 数值模拟结果和实验数据的对比,向更稀薄的流动领域推广,形成了定性正确、定量合理的工程理论。

5.1 驻点稀薄流动

5.1.1 问题的描述

一般情况下,高超声速飞行器体前缘和翼前缘可分别近似为一个轴对称球锥体和二维柱楔体模型,如图 5.1 所示,其中 θ 为半锥角或半楔角, R_N 为前缘曲率半径，Ma_∞ 为高超声速来流马赫数。如果来流条件给定，则 R_N 越小，前缘越尖，根据 Knudsen 数来判断，流动也越稀薄。当 R_N 一直减小以致趋于 0 时，流动就趋于自由分子流极限。

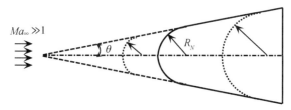

图 5.1　高超声速飞行器前缘近似模型

具体的气动加热预测理论是和相应的流场结构特征相关联的，在建立尖化前缘气动热预测理论之前，有必要对前缘附近流场形成一个清晰的认识。高超声速流动驻点附近流场的典型图像如图 5.2 所示（根据对称性，只给出了一半图像），其中，下标"∞"表示来流条件，u 和 v 分别为 x 和 y 方向的速度分量，δ 为边界层厚度，Δ 为激波脱体距离，d 为激波的厚度。在高超声速来流条件下，前缘头部形成一道很强的弓形激波，气流经过激波压缩后，密度、温度和压强都升高，速度

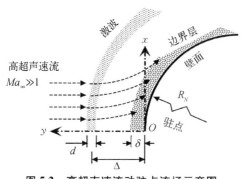

图 5.2　高超声速流动驻点流场示意图

降低成为亚声速气流，同时流线开始偏折；气流继续向前缘壁面流动，密度、温度和压强进一步升高，在驻点边界层外缘近似达到滞止条件；边界层外缘和壁面之间的流动则为边界层流动。

一般来说，对于连续流动领域的超声速流动，$\Delta \gg \delta$ 和 $\Delta \gg d$，激波和边界层都很薄，互相分离，互不干扰，流场具有明显的三层结构。流动的黏性效应被限制在激波和边界层这两个薄层之内，二者之间区域内的流动则可以近似认为是无黏的。

Fay-Riddell 公式[1]正是基于这种流场结构特征构建的，一种针对轴对称前缘化学平衡边界层情况的典型公式形式为

$$q_s = 0.763Pr^{-0.6}(\rho\mu)_w^{0.1}(\rho\mu)_s^{0.4}\beta_s^{0.5}\left[1 + (Le^{0.52} - 1)\frac{h_D}{h_s}\right](h_s - h_w) \quad (5.1)$$

其中,下标"s"和"w"分别表示驻点和壁面条件;Pr 和 Le 分别为普朗特数和刘易斯数;μ 为气体黏性系数;β 代表边界层外缘切向速度梯度;h 为焓,而 h_D 为边界层外缘气体离解焓。对于二维前缘情况,只需把式(5.1)右端项常系数改为 0.57 即可。针对完全催化壁冻结边界层的公式,在形式上只是把上式中 Le 幂指数改为 0.63。但由于 Le 的值近似为 1 的量级,气体化学反应的影响不是很大,因而两种情况下预测的热流值也相差无几。但是非催化壁化学非平衡边界层情况则与之不同,详见后续章节讨论。

　　由式(5.1)可知,壁面热流主要取决于边界层外缘的流动状态,边界层外缘流动状态则需要根据激波后无黏流动加以求解,因此,无黏外流区域的存在是 Fay - Riddell 公式的前提条件之一。对于高超声速流动,驻点线附近边界层外缘切向速度梯度可由修正 Newton 公式计算,即

$$\beta_s = \left(\frac{\mathrm{d}u_e}{\mathrm{d}x}\right)_s \approx \sqrt{\frac{2(p_s - p_\infty)}{\rho_s}} \approx \frac{1}{R_N}\sqrt{\frac{2p_s}{\rho_s}} = \sqrt{\frac{2}{\gamma}}\frac{a_s}{R_N} \tag{5.2}$$

其中,$p = \rho RT$ 表示气体压强,高超声速情况下 $p_s \gg p_\infty$;$a = \sqrt{\gamma RT}$ 表示声速;R 和 γ 分别为气体常数和气体比热比。

　　联合式(5.1)和式(5.2)可知,驻点热流大小与前缘曲率半径的平方根成反比,也即 $q_s \propto 1/\sqrt{R_N}$ 这是连续流动领域气动加热特征一个最主要的表现。但是当前缘曲率半径一直减小到趋于 0 时,热流是否会趋于无穷大呢? 我们首先还从流场结构特征来加以分析。

　　随着 R_N 不断减小,流动逐渐稀薄,流场结构特征也发生显著变化:激波脱体距离很小,边界层和激波层的厚度却相对变大,以至于 $\delta + d/2 \approx \Delta$,即边界层和激波十分接近,甚至部分重叠和混合而产生相互干扰,无黏区域消失,非平衡和非线性因素影响显著;最终趋近自由分子流动时,流场中已不存在明显的激波和边界层,并且壁面速度滑移和温度跳跃的影响也逐渐增强,按照传统的连续流动观点已经很难加以描述。由此可见,在稀薄流动中,边界层假设和连续介质假设都相继失效,基于这些假设的 Fay - Riddell 公式当然也会随之失效。

　　Fay - Riddell 公式失效的一个具体表现,就是驻点热流大小不再与前缘曲率半径的平方根成反比,而是随着前缘曲率半径不断减小趋近于自由分子流极限值。目前的问题是,该趋近过程遵循什么样的规律? 其中涉及什么样的流动物理? 如何来加以定量描述?

5.1.2 问题分析和研究思路

5.1.1 节中介绍,流动从连续态到稀薄态过渡过程中,流场结构特征发生了显著变化,相应的气动加热特征也随之改变。但这是一个逐渐的、连续的变化过程,所谓连续流动和稀薄流动并没有一个截然的界限,流场中激波和边界层的靠近、接触、重叠和混合也是渐次发生的。基于连续介质假设的 NSF 方程体系及 Fay‒Riddell 公式逐渐失效过程,必然伴随一种导致其失效的影响因素逐渐增强的过程,该因素正是 NSF 方程体系所忽略而此时需要特别考虑的。但要弄清楚究竟是什么因素的影响在逐渐增强,什么原因导致了 NSF 方程体系失效,就需要一种比 NSF 方程体系更高级,在连续流和稀薄流领域都有效的描述方法。

因此,在模型理论分析方面,我们采用比 NSF 方程体系更高阶的 Burnett 方程,并在近连续流动领域建立模型,展开相关研究,由此发现微观分子碰撞不充分引起的稀薄气体效应,在宏观上对应着流动和传热中非线性因素的增强,因而着重分析线性 Fourier 定律失效和非线性 non‒Fourier 热流项影响增强的过程。在数值研究方面,我们也采用在稀薄流和连续流领域都有效 DSMC 方法,开展配套计算,来系统地验证和推广模型分析结果,最终形成工程理论。

5.1.3 稀薄流动中的非线性传热

从本质上说,流体中质量、动量和能量的输运归根结底是通过分子的随机运动和碰撞来完成的,这个过程可以用 Boltzmann 方程[2]来描述。2.3.3 节已经给出了单组分气体的 Boltzmann 方程,其形式为

$$\frac{\partial f}{\partial t} + \boldsymbol{c} \cdot \frac{\partial f}{\partial \boldsymbol{r}} + \boldsymbol{F} \cdot \frac{\partial f}{\partial \boldsymbol{c}} = \int_{-\infty}^{\infty} \int_{0}^{4\pi} (f^* f_1^* - f f_1) c_r \sigma \mathrm{d}\Omega \mathrm{d}\boldsymbol{c}_1 \tag{5.3}$$

其中,$f(t, \boldsymbol{c}, \boldsymbol{r})$ 是速度分布函数;t 是时间变量;$\boldsymbol{r} = (x, y, z)$ 和 $\boldsymbol{c} = (u, v, w)$ 分别是位置空间和速度空间矢量;$\boldsymbol{F}$ 是单位质量上的外力;c_r、σ 和 Ω 分别是分子碰撞相对速度、碰撞截面和方位角;上标“＊”表示逆碰撞过程。式(5.3)右端项是碰撞积分项,表示在六维相空间 $\mathrm{d}\boldsymbol{c}\mathrm{d}\boldsymbol{r}$ 内,由于分子之间碰撞引起的 $\boldsymbol{c}$ 类分子的时间变化率。对于多组分气体,还需要有区别地考虑不同组分子之间的碰撞。

Boltzmann 方程是一个复杂的多重积分微分方程,直接求解非常困难,可以在流动平衡状态附近,对其作 Chapman‒Enskog 展开,得到一系列不同非平衡程度下的近似方程。分子速度分布函数 f 的展开形式为

$$f = f^{(0)} + f^{(1)} + f^{(2)} + \cdots \qquad (5.4)$$

那么，相应的热流展开式为

$$\boldsymbol{q} = \boldsymbol{q}^{(0)} + \boldsymbol{q}^{(1)} + \boldsymbol{q}^{(2)} + \cdots \qquad (5.5)$$

其中，$\boldsymbol{q}^{(n)} = \int \boldsymbol{c} E f^{(n)} \mathrm{d}\boldsymbol{c}$，E 为分子能量。式(5.4)和式(5.5)零阶近似即为 Euler 方程，相应热流项 $\boldsymbol{q}^{(0)} = 0$；一阶近似为 Navier – Stokes 方程，相应 $\boldsymbol{q}^{(1)} = -K\nabla T$，也即 Fourier 传热定律，热流大小和温度梯度成正比关系，其中比例系数 K 为热传导系数；二阶近似为 Burnett 方程，相应热流表达式为 $\boldsymbol{q}^{(1)} + \boldsymbol{q}^{(2)}$，其中 $\boldsymbol{q}^{(2)}$ 用张量形式表示为

$$q_i^{(2)} = \theta_1 \frac{\mu^2}{\rho T} \frac{\partial u_j}{\partial x_j} \frac{\partial T}{\partial x_i} + \theta_2 \frac{\mu^2}{\rho T} \left[-\frac{2}{3} \frac{\partial}{\partial x_i} \left(T \frac{\partial u_j}{\partial x_j} \right) - 2 \frac{\partial u_j}{\partial x_i} \frac{\partial T}{\partial x_j} \right]$$

$$+ \left(\theta_3 \frac{\mu^2}{\rho p} \frac{\partial p}{\partial x_j} + \theta_4 \frac{\mu^2}{\rho} \frac{\partial}{\partial x_j} + \theta_5 \frac{3\mu^2}{\rho T} \frac{\partial T}{\partial x_j} \right) \left[\frac{1}{2} \left(\frac{\partial u_j}{\partial x_i} + \frac{\partial u_i}{\partial x_j} \right) - \frac{1}{3} \frac{\partial u_k}{\partial x_k} \delta_{ij} \right]$$

$$(5.6)$$

其中，δ_{ij} 为 Kronecker – Delta 函数，当 $i = j$ 时，其值为 1，$i \neq j$ 时，其值为 0；$\theta_1 \sim \theta_5$ 是与分子模型有关的常数，对于硬球分子模型 $\theta_1 = 11.644$，$\theta_2 = 5.822$，$\theta_3 = -3.090$，$\theta_4 = 2.418$，$\theta_5 = 25.157$。

$\boldsymbol{q}^{(2)}$ 及其之后的项，代表了流动和传热中的高阶非线性因素。在连续流动领域，这些非线性项和 $\boldsymbol{q}^{(1)}$ 相比可以忽略不计，但是在稀薄流动领域，这些非线性项的影响将非常显著，甚至超过线性部分。从表面上看，Burnett 方程似乎比 NSF 方程体系更适合求解稀薄流动问题，但实际上由于 Burnett 方程形式过于复杂，几乎不可能用于理论分析工作，即使在数值模拟中求解起来也异常麻烦，所得结果也并不比 NSF 方程结果好多少，而且其解的稳定性还有待深入研究，能直接利用的领域十分有限。

但 Burnett 方程并非毫无用处，分析其输运方程中的非线性项影响，有助于我们判断 NSF 方程的失效程度。由于 Burnett 方程非线性项主要特征是包含流场梯度乘积项，其相对影响只有在流场中存在较大梯度的地方才比较显著，例如激波附近和紧贴壁面区域。这些流场梯度较大的区域，正是当地 Knudsen 数 Kn_{local} 较大，因而稀薄气体效应首先出现或比较显著的区域，如图 5.3 所示。因此，Burnett 方程中非线性 non – Fourier 热流项和线性 Fourier 热流项之比值，应与 Kn_{local} 类似，具有预测流场局部稀薄程度的功能。

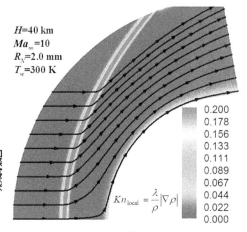

$H=40\,\text{km}$
$Ma_\infty=10$
$R_N=2.0\,\text{mm}$
$T_w=300\,\text{K}$

0.200
0.178
0.156
0.133
0.111
0.089
0.067
0.044
0.022
0.000

$Kn_{\text{local}}=\dfrac{\lambda}{\rho}|\nabla\rho|$

图 5.3　一个典型算例的流场当地 Knudsen 数云图

其实,早在 1946 年,钱学森[3]就曾对 Burnett 方程二阶项和一阶项的比值做过定性的量级估计,认为 Burnett 方程应该比 NSF 方程更适合求解略微稀薄的高超声速滑移流动领域的问题。Lockerby、Reese 和 Struchtrup[4]在 DSMC/CFD 耦合方法数值计算中,提出把 Burnett 方程二阶非线性项与线性项之比值作为一个控制粒子方法和连续方法之间相互切换的判断参数。值得注意的是,虽然该参数在形式上采用了 Burnett 方程的剪切力和热流项,但是其中物理量却并非由 Burnett 方程本身计算,而是提取自 NSF 方程 CFD 方法或 DSMC 方法计算的数值流场结果。但结果显示,这样做是行得通的,而且在物理上也是合理的,因为在近连续流动领域,NSF 方程、Burnett 方程和 DSMC 方法所计算宏观流场如温度、密度等仍然是非常接近的,最先出现差别的主要是流场高阶梯度量。该切换参数具有实际的物理意义,因而比其他同类功能参数具有更好的适用性和鲁棒性。但该参数仍局限在数值方法中应用,在实际应用中,流场信息不可能预先知道。如果能从理论上对 Burnett 方程中 non-Fourier 热流项和线性 Fourier 热流项之比值进行分析,得到判断 NSF 方程体系失效的判据,那将是十分有意义的。特别是该判据和传热计算直接相关,能够用于分析稀薄流动领域的气动加热特征。

事实上,与 Lockerby 等的工作同步并基于类似思想,王智慧等[35,36]在理论方面做了相关研究,得到了一种具有物理意义并在气动加热领域普适的稀薄流动判据。

5.1.4　稀薄流动判据

在驻点附近区域构造如下一种热流表达式,来考虑流动稀薄之后非线性因素的影响:

$$q_s = q_F + q_{NF} \tag{5.7}$$

其中,q_F 仍然具有 Fourier 定律的形式;q_{NF} 表示非线性 non-Fourier 热流项的修正。

但是我们并不直接采用 Burnett 热流项本身形式,而是在驻点附近这一特殊区域,分析其各项的影响大小,把最主要的影响因素找出来,并尽量使其结果简单而实用。

首先,针对驻点线附近区域,根据图 5.2 所示的对称性,可知 p、ρ、T 和 v 关于驻点线(y 轴)是对称的,而 u 关于驻点线是反对称的,因此在驻点线附近有

$$
\begin{cases}
p = p_o(y) + p_{xx}(y)x^2/2 + \cdots \\
\rho = \rho_o(y) + \rho_{xx}(y)x^2/2 + \cdots \\
T = T_o(y) + T_{xx}(y)x^2/2 + \cdots \\
v = v_o(y) + v_{xx}(y)x^2/2 + \cdots \\
u = u_x(y)x + \cdots
\end{cases}
\tag{5.8}
$$

把式(5.8)代入式(5.6),进行初次化简,取其一阶近似得

$$
\begin{aligned}
q_y^{(2)} &= \left(\theta_1 - \frac{8}{3}\theta_2 + 2\theta_5\right)\frac{\mu^2}{\rho T}\frac{\partial v}{\partial y}\frac{\partial T}{\partial y} + 2^J\left(\theta_1 - \frac{2}{3}\theta_2 - \theta_5\right)\frac{\mu^2}{\rho T}\frac{\partial u}{\partial x}\frac{\partial T}{\partial y} \\
&\quad + \frac{2}{3}(\theta_4 - \theta_2)\frac{\mu^2}{\rho}\frac{\partial^2 v}{\partial y^2} + \frac{2^J}{6}(\theta_4 - 4\theta_2)\frac{\mu^2}{\rho}\frac{\partial^2 u}{\partial x \partial y} \\
&= \frac{\mu^2}{\rho T}\left(\alpha_1 \frac{\partial v}{\partial y}\frac{\partial T}{\partial y} + 2^J\alpha_2\frac{\partial u}{\partial x}\frac{\partial T}{\partial y} + \alpha_3 T\frac{\partial^2 v}{\partial y^2} + 2^J\alpha_4 T\frac{\partial^2 u}{\partial x \partial y}\right)
\end{aligned}
\tag{5.9}
$$

其中,常数 $\alpha_1 = \theta_1 - 8\theta_2/3 + 2\theta_5 \approx 46.433$;$\alpha_2 = \theta_1 - 2\theta_2/3 - \theta_5 \approx -17.394$;$\alpha_3 = 2(\theta_4 - \theta_2)/3 \approx -2.269$;$\alpha_4 = (\theta_4 - 4\theta_2)/6 \approx -3.478$;$J = 0$ 或 1,分别对应二维和轴对称前缘模型。

接下来需要比较以上四项的量级,进一步对结果进行简化。根据高超声速层流驻点边界层内流场结构一般性结果[5],在驻点附近,有如下关系:

$$
\begin{cases}
\dfrac{\partial v}{\partial y} = -2^J\beta_s \\[2mm]
\dfrac{\partial u}{\partial x} = -\dfrac{1}{2^J\rho}\dfrac{\partial(\rho v)}{\partial y} = \dfrac{\rho_s}{\rho}\beta_s
\end{cases}
\tag{5.10}
$$

在边界层内部,压强沿壁面法向变化不大,可近似认为是常数,因而 $\rho_s/\rho \approx T/T_s$,$\partial u/\partial x \approx T\beta_s/T_s$,$\partial^2 v/\partial y^2 \approx 0$,$\partial^2 u/\partial x \partial y \approx (\beta_s/T_s)\partial T/\partial y$。于是式(5.9)中,右端第三项消失,其他三项合并为

$$
q_y^{(2)} \approx -2^J\left[\alpha_1 - (\alpha_2 + \alpha_4)\frac{T}{T_s}\right]\sqrt{\frac{2}{\gamma}}\frac{a_s}{R_N}\frac{\mu^2}{\rho T}\frac{\partial T}{\partial y}
\tag{5.11}
$$

式(5.11)就是式(5.7)中 q_{NF} 的具体表达式，可以用来对实际热流计算进行一阶修正，但更重要的是从理论上估计该热流修正的相对影响大小。因此，进一步把 non-Fourier 热流项与 Fourier 热流项的比值定义为一个流动参数 W_r，并在边界层内求其特征值 W_r，也即

$$W_r = \frac{q_{NF}}{q_F} \approx 2^J \alpha_1 \left(1 + 0.45 \frac{T_r}{T_s}\right) \sqrt{\frac{2}{\gamma}} \frac{a_s}{R_N} \left(\frac{\mu^2}{\rho TK}\right)_r \qquad (5.12)$$

其中，下标"r"表示相应参考焓下的条件，参考焓取驻点边界层外缘焓与壁面焓的平均值。考虑高温真实气体效应不太明显的情况，可以近似把参考焓条件下各参数的计算转换为相应参考温度条件下的计算，也就是说取参考温度 $T_r = (T_s + T_w)/2$。对于双原子分子气体[2]，$K = (9\gamma - 5)\mu R/4(\gamma - 1)$，$\mu \propto T^\omega$，$\omega$ 为气体黏性的温度幂指数。因此式(5.12)可化简为

$$W_r \approx 2^J \alpha_1 \frac{4\sqrt{2\gamma}(\gamma - 1)}{(9\gamma - 5)} \left(1.225 + 0.225 \frac{T_w}{T_s}\right) \left(\frac{T_s + T_w}{2T_s}\right)^\infty \frac{\mu_s}{\rho_s a_s R_N} \quad (5.13)$$

进一步，在高超声速流动中，$\rho_s/\rho_\infty \approx (\gamma + 1)/(\gamma - 1)$，$T_s/T_\infty \approx (\gamma - 1)M_\infty^2/2$，因而

$$W_r \approx 2^J \frac{Ma_\infty^{2\omega}}{Re_\infty} \frac{4.9\alpha_1 \sqrt{2\gamma}(\gamma - 1)^{\omega+3/2}}{2^{2\omega}(\gamma + 1)(9\gamma - 5)} \left(1 + 0.184 \frac{T_r}{T_s}\right) \left(1 + \frac{T_w}{T_s}\right)^\omega \quad (5.14)$$

其中，$Re_\infty = \rho_\infty V_\infty R_N/\mu_\infty$ 表示来流雷诺数。对于一般的高超声速空气流动，$\omega \approx 0.75$，T_w 相对于 T_s 来说是较小的，因而对式(5.14)中与 T_w/T_s 相关的项作一阶 Taylor 近似，并考虑到被舍去的高阶项的影响，可以近似得到

$$W_r \approx 2^J \frac{Ma_\infty^{3/2}}{Re_\infty} \Gamma(\gamma) \left(1 + \frac{T_w}{T_s}\right) \qquad (5.15)$$

其中，$\Gamma(\gamma) \approx 114\gamma^{1/2}(\gamma - 1)^{9/4}/(\gamma + 1)(9\gamma - 5)$，当 $1.4 > \gamma > 1.3$ 时，$0.94 > \Gamma > 0.56$。式(5.15)中保留了驻点滞止温度 T_s，而没有把它转化为来流温度和马赫数的函数形式，因为在目前问题中，T_s 近似等于总温，在大多数工程实验中，总温是比自由来流温度更容易知道的物理量。

对于极冷壁（$T_w/T_s \ll 1$）并且真实气体效应不是很明显的情况，式(5.15)可以近似写成一种简洁的形式：

$$W_r \approx 2^J \frac{Ma_\infty^{3/2}}{Re_\infty} \qquad (5.16)$$

这样就得到了一个完全用来流参数表示的流动特征参数,它表示了驻点边界层传热中非线性因素的相对影响大小,也就是连续流动 NSF 方程体系的失效程度,因而可以作为稀薄气体效应影响大小的判据。

从中可以发现,流动参数 W_r 在形式不同于来流 Knudsen 数 $Kn_\infty = \lambda_\infty / R_N$,事实上 $W_r \approx 2^J (2/\pi\gamma_\infty)^{1/2} Ma_\infty^{1/2} Kn_\infty$。正如 Macrossan[6] 所言,$Kn_\infty$ 是两个特征尺度之比,是一个状态参数,而不是流动参数。在高超声速流动,特别是涉及气动加热的问题中,不能仅仅靠一个状态参数来描述,必须考虑气体流动的影响。事实上,W_r 与工程上一个常用的拟合关联参数,即修正的 Cheng(郑显基)参数 K_Λ^2 具有近似反比关系。该参数最早由 Cheng[7,8] 基于薄黏性激波层理论(TVSL)提出,后来 Engel[9] 根据实验数据拟合情况对其进行了修正,最终成为如下形式:

$$K_\Lambda^2 = \frac{\gamma_\infty - 1}{2\gamma_\infty} Z_e Re_\infty \frac{\mu_\infty T_r}{\mu_r T_s} \approx \frac{Z_e Re_\infty}{\gamma_\infty Ma_\infty^2} \frac{\mu_\infty T_r}{\mu_r T_\infty} \tag{5.17}$$

其中,Z_e 是压缩因子,当真实气体效应不是很明显时,其值近似为 1。经简化对比,可知 $W_r \propto 1/K_\Lambda^2$。在工程中,$K_\Lambda^2$ 已被广泛用来归一化对比各类试验数据和计算结果[10-14],基于 K_Λ^2 构建的拟合公式应用范围甚至可以延伸到接近自由分子流领域。图 5.4 给出各种来流条件下不同尺寸的小球锥驻点热流系数随 K_Λ^2

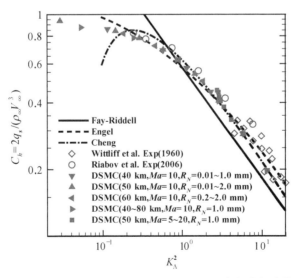

图 5.4　小球锥驻点热流系数随修正 Cheng 参数变化趋势

的变化趋势,其中包含实验数据、本书 DSMC 计算结果和工程拟合公式,各种条件下的数据都基本落在同一条曲线之上。

虽然上文推导 W_r 时是在近连续流动领域进行的,但是既然 W_r 和 K_Λ^2 存在确定的关系,而 K_Λ^2 能够用于整个稀薄流动领域,那么 W_r 的物理意义也能够定性地推广到更稀薄的领域。可以说,W_r 在整个流动领域都能够作为稀薄流动的判据。特别地,在近连续流动领域,它还定量地代表了 non - Fourier 热流项在驻点热流计算中的相对影响大小。

进一步可知,W_r 具有更丰富、更普适的物理意义。它包含了前缘外形因子和壁温因子的影响,能够同时归一化研究二维和轴对称、极冷壁和非冷壁等各种模型的气动加热特征;它还能够用来预测流场结构特征随稀薄程度的演变趋势,因而能够对从连续到稀薄的流动领域进行划分,并在各个领域内构建热流预测桥函数,预测气动加热特征的变化;驻点下游其他区域热流分布的变化规律也能用 W_r 近似预测;我们甚至发现,一些形如 W_r 的参数已经被用于气动力相关问题的分析。

目前已经知道,W_r 可以作为气动加热领域的稀薄流动判据。寻找该判据的目的就是要用 W_r 的值来表示稀薄气体效应的强弱程度,以及预测与之相关的气动加热变化特征,这就需要首先对高超声速稀薄流动领域进行划分。但是现在还只知道一个判据 W_r,接下来还需要从流动物理上确定各个领域的划分边界,以及把该判据和气动加热变化特征建立起联系,这就引出下一节对宏观流场结构特征的理论分析。

5.1.5 流场结构特征理论分析

上文提到,具体的气动热预测方法需要建立在对流场特征的充分认识之上。在稀薄流动领域,如图 5.2 所示的流场结构特征将随稀薄程度提高而发生一系列演化。其主要表现就是边界层和激波增厚而互相靠近,以致相互接触、重叠甚至完全混合在一起。激波和边界层的这一干扰过程,恰恰是伴随着流动和传热中非线性因素的逐渐增强而发生的。在早期不少研究中,甚至就直接认为是激波和边界层的黏性干扰效应导致了气动加热特征的改变。这种基于连续 NSF 方程体系的观点固然有一定道理,在目前看来仍不失为一种相对有效的研究方法。但从更广义的概念上来说,流场结构特征的演变和气动加热特征的变化应该都源自微观分子碰撞不充分现象,都属于是稀薄气体效应的具体表现。因此,对流场结构特征演变过程进行分析,寻找它与稀薄流动判据之间的联系,有助于从更广泛的层面认识稀薄流动领域气动加热特征,并解释其中的物理机制。

因此,本节引入一个流场结构特征参数 Θ 来表示激波后黏性区域的相对大小。其定义为半个激波厚度和边界层厚度之和与激波脱体距离之比值,也就是

$$\Theta = \frac{d/2 + \delta}{\Delta} \tag{5.18}$$

由于流场结构特征完全取决于流动稀薄程度,接下来就寻找参数 Θ 与稀薄判据 W_r 的关系。为此,需要逐一分析流场中各个尺度的具体表达式及其变化规律。

首先,前缘头激波在驻点线附近可以近似认为是一个正激波,其厚度取决于通过其自身的流动的最大密度梯度,即

$$d = (\rho_2 - \rho_1) / |\partial \rho / \partial y|_{\text{Max}} \tag{5.19}$$

其中,下标“1”和“2”分别表示波前和波后状态。笼统地说,d 只有几个分子平均自由程的量级。进一步定量研究表明[15,16],对于双原子分子气体的高超声速流动,无量纲激波厚度 d/L^* 是与马赫数无关的,并且趋近于常数 6.0。其中 $L^* = \mu(T^*)/\rho v$ 是一个在临界参数条件下定义的动力学特征尺寸,临界温度 $T^* \approx (\gamma - 1)Ma_\infty^2 T_\infty/(\gamma + 1)$。仍然假设 $\mu \propto T^\omega$,并且流动经过激波需满足 $\rho v = \rho_\infty V_\infty$,经过简单推导可知 $L^*/R_N \approx (\gamma - 1)^\omega Ma_\infty^{2\omega}/(\gamma + 1)^\omega Re_\infty$。因此,

$$\frac{d}{R_N} \approx 6 \left(\frac{\gamma - 1}{\gamma + 1} \right)^\infty \frac{Ma_\infty^{2\omega}}{Re_\infty} \approx \frac{6}{2^J} \left(\frac{\gamma - 1}{\gamma + 1} \right)^\infty \left(1 + \frac{T_w}{T_s} \right)^{-1} W_r \tag{5.20}$$

这样看来,激波厚度 d 近似与稀薄判据 W_r 成正比关系。

其次,高超声速驻点边界层厚度在形式上与低速不可压流动情况相类似,可近似写为

$$\delta \approx 2^{(3-J)/2} \frac{x}{\sqrt{Re_x}} = 2^{(3-J)/2} \frac{x}{\sqrt{\bar{\rho}\beta_s x^2/\bar{\mu}}} \approx 2^{(3-J)/2} \sqrt{\frac{\bar{\mu}}{\bar{\rho}\beta_s}} \tag{5.21}$$

但是其中黏性系数和密度应考虑可压缩影响修正,Anderson[17]建议这些物理量采用边界层内平均值或特征值。这里仍采用相应参考温度下的特征值,即近似认为 $\delta \approx 2^{(3-J)/2}\sqrt{\mu_r/\rho_r\beta_s}$。与对式(5.12)的处理类似,可以得到

$$\frac{\delta}{R_N} \approx 2^{1-J-\omega} \frac{\gamma^{1/4}(\gamma - 1)^{\omega/2+1/4}}{(\gamma + 1)^{1/2}} \left(1 + \frac{T_w}{T_s} \right)^{\infty/2} W_r^{1/2} \tag{5.22}$$

式(5.22)显示驻点边界层厚度与 W_r 的平方根成正比,因而它随稀薄程度提高(W_r 变大)而增长的速度比激波厚度的增长速度要慢。

最后,激波脱体距离可表示为

$$\Delta \approx \Delta_{\mathrm{inv}} + \delta^* \tag{5.23}$$

其中,$\Delta_{\mathrm{inv}} \approx 2^{1-J}\rho_\infty a_s/(\rho_s\beta_s)$ 为无黏流动模型[18]理论预测激波脱体距离;δ^* 为考虑黏性作用的边界层位移厚度。值得注意的是,δ^* 对激波脱体距离的影响有可能是正的,也有可能是负的。这是由于冷壁的冷却作用是双重的:一方面冷却壁面附近流体使其密度变大,因而减小 Δ;另一方面可能使流动真实气体效应趋近于冻结,因而增大 Δ。这两种作用是相互抵消、相互竞争的,最终结果与具体的流动参数相关,这本身也是一个有待深入研究的话题,后续章节还将对此详细讨论。但是对于连续流动模型,δ^* 本身相对很小,可以忽略。在高超声速稀薄流动领域,按照边界层和激波脱体距离传统定义的推广,δ^* 一般是正的。因此,作为一个次要的修正,本节仍考虑其传统的定义,综合考量二维和轴对称情况之后,近似认为 $\delta^* \approx 0.285\delta$。经过整理,式(5.23)可写为

$$\frac{\Delta}{R_N} \approx 2^{1-J}\left(\frac{\gamma}{2}\right)^{1/2}\frac{\gamma-1}{\gamma+1} + 0.285\frac{\delta}{R_N} \tag{5.24}$$

这一关系显示,激波脱体距离受 W_r 变化影响不大。把式(5.20)、式(5.22)和式(5.24)代入式(5.18),并仍然考虑 $\omega \approx 0.75$,$1.4 > \gamma > 1.3$,并且壁温不是太高(例如,$T_w/T_s < 0.2$)的情况,整理化简之后得

$$\Theta \approx \frac{W_r + 0.9W_r^{1/2}}{0.4 + 0.26W_r^{1/2}} \tag{5.25}$$

式(5.25)显示了 Θ 和 W_r 之间存在一一对应关系,也就是说给定一个流动稀薄程度,则能立即得出其所对应的流场结构特征。只需要唯一一个参数 W_r,就能同时预测流动稀薄程度和流场结构特征的变化,这也就进一步丰富和充实了稀薄流动判据 W_r 的物理意义。图5.5给出了 Θ 随 W_r 变化的趋势,从中可以发现,当 $W_r \ll 1$ 时,$\Theta \ll 1$,表示在连续流动领域,边界层和激波都相对很薄,黏性区域很小,激波脱体距离内大部分还是无黏流动;W_r 增大时,Θ 也随之急剧增大,在 W_r 等于0.05和0.2附近,Θ 分别近似等于0.5和1,表示黏性和无黏区域各占一半,以及黏性区域完全充满激波后区域的两种情况;当 $\Theta > 1$ 或 $\Theta \gg 1$ 时,根据推广的意义,其分别表示激波和边界层已经部分重叠或完全混为一体。

根据这几种具有典型意义的流场结构特征,可以对流动领域进行划分,并分析相应领域的气动加热特征。

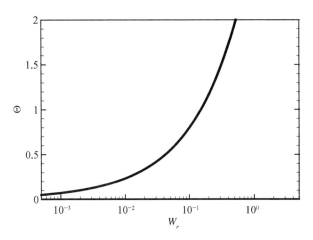

图 5.5　流场结构特征参数随流动稀薄程度变化趋势

5.1.6　流动领域划分与流场结构特征

根据 5.1.5 小节分析结果可知,流动从连续态过渡到稀薄态的过程中,宏观流场会出现几种典型流场结构。这几种典型流场结构代表了稀薄气体效应从弱到强变化的几个阶段,从物理上提供了一种划分流动领域的分界依据。具体来说,基于稀薄流动判据 W_r,可以将高超声速稀薄流动划分为以下几个领域。

（Ⅰ）$W_r < 0.05$,相应地,根据式(5.25)可近似得到 $\Theta < 0.5$。这表明流场中激波和边界层还分离得较远,二者之间的无黏区域占据了激波脱体距离的一半以上。

（Ⅱ）$0.05 < W_r < 0.2$,相应地,$0.5 < \Theta < 1.0$。此时,流场中激波和边界层已经开始变厚而互相靠近,一直到相互接触($\Theta < 1.0$),相应无黏区域不断缩小,甚至消失。

（Ⅲ）$0.2 < W_r < 10.0$,相应地,$\Theta > 1.0$。流场中激波和边界层从部分重叠到完全重叠甚至混为一体。按照推广的传统定义,当 $W_r = 10.0$ 时,激波脱体距离 Δ 近似等于激波后分子平均自由程 $\lambda_s \approx \sqrt{\pi\gamma/2}\,u_s/\rho_s a_s$,穿过激波的分子不经分子之间碰撞就能直接到达壁面,可以认为是激波消失,接近自由分子流动的条件。

（Ⅳ）$W_r > 10.0$，相应地，$\Theta \gg 1.0$。流场特征趋于自由分子流动情况。

本书同时采用 DSMC 方法进行了一系列配套模拟计算，图 5.6 显示了几种典型流场结构的数值阴影图。尽管图中显示的是 $Ma_\infty = 10$ 来流条件下的二维前缘模拟算例，但只要保持参数 W_r 相同，其他马赫数或轴对称前缘条件下的算例将给出几乎完全相同的流场图像，其演变规律也都和上述理论分析结论一致，说明 W_r 是目前问题中唯一重要的主控特征参数。图 5.7 给出了相应条件下的分子散布示意图，采用 Bird[19] 的 DSMCX 应用程序制作，与本书的分析和计算结果也是相符的。下一节还将进一步分析其中涉及的微观物理机制。

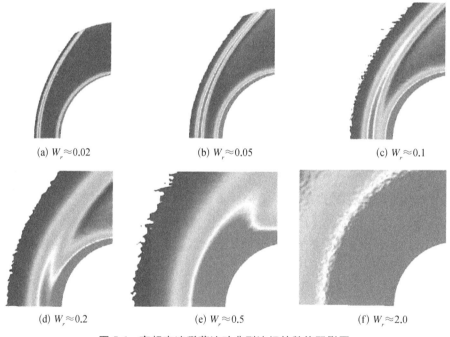

(a) $W_r \approx 0.02$　　(b) $W_r \approx 0.05$　　(c) $W_r \approx 0.1$

(d) $W_r \approx 0.2$　　(e) $W_r \approx 0.5$　　(f) $W_r \approx 2.0$

图 5.6　高超声速稀薄流动典型流场的数值阴影图

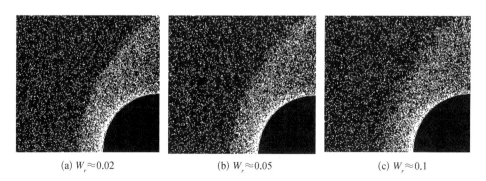

(a) $W_r \approx 0.02$　　(b) $W_r \approx 0.05$　　(c) $W_r \approx 0.1$

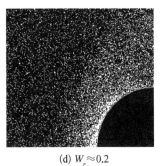

(d) $W_r \approx 0.2$　　　　　　(e) $W_r \approx 0.5$　　　　　　(f) $W_r \approx 2.0$

图 5.7　高超声速稀薄流动典型流场的分子散布图

（蓝点表示没有受到壁面影响的自由来流分子；红点表示直接受到壁面影响，即和前缘壁面发生过碰撞的分子；黄点表示间接受壁面影响，即没有和壁面碰撞，但是和红点表示的分子或本类其他分子碰撞过的分子。蓝-黄分子交界面和红-黄分子交界面分别近似代表激波和边界层外缘）

5.1.7　各领域气动加热特征和桥函数估算公式

流场结构特征的演变是和流动传热中非线性因素增强同时发生的，5.1.6 小节所述几种典型的流场结构特征，对应着典型的气动加热特征。

在流动领域（Ⅰ）内，激波和边界层远离，黏性干扰效应或者说稀薄气体效应可以忽略，连续 NSF 方程体系在此领域是成立的。从气动加热特征来说，W_r 此时定量代表了非线性 non-Fourier 热流项的相对影响，若忽略其影响，则由此引起的误差应小于 5%，即

$$\text{Error\%} = \frac{q_{NF}}{q_F + q_{NF}} = \frac{W_r}{1 + W_r} < W_r \leqslant 5\% \tag{5.26}$$

此时，经典的 Fay-Riddell 公式仍然有效，可直接用来预测驻点热流。

在流动领域（Ⅱ）内，黏性干扰作用已经不能够忽略，由于激波和边界层虽然靠近但还没有发生重叠，干扰作用并不强烈。从加热特征来说，就是热流计算中 non-Fourier 项还是弱非线性的，因而可以直接与线性的 Fourier 项相加，得到修正后的真实热流，即公式（5.7），或写成无量纲热流系数的形式为

$$C_h = (1 + W_r) C_{h, F} \tag{5.27}$$

其中，热流系数 $C_h = q_s / [\rho_\infty V_\infty (h_s - h_w)]$；$C_{h, F}$ 是根据 Fourier 定律计算的相应热流系数。在实际计算中，可近似采用 $C_h = 2q_s / [\rho_\infty V_\infty^3 (1 - T_w/T_s)]$，而 $C_{h, F}$ 则由 Fay-Riddell 公式计算。在热流系数中包含壁面温度的影响是非常有必要的，这样能够更好地归一化非冷壁模型情况，否则按通常做法，忽略壁温影响后，

在自由分子流领域热流系数将会趋近于 $1 - T_w/T_s$，而不是 1。这样，式(5.27)就把稀薄流动领域内的气动加热特征与连续流动领域经典预测理论建立了联系，因而是一个具有物理意义的热流预测桥函数。

由于 $W_r > 0$，式(5.27)显示此领域真实热流要高于 Fay - Riddell 公式预测热流，这一结论也与以往黏性激波层方法和高阶边界层方法研究及相关实验研究结论一致[9,20,21]。但值得注意的是，如果采用 CFD 方法数值求解 NSF 方程，一般反而是高估热流的。在本书的模型理论分析中，参考标准是经典理论 Fay - Riddell 公式，它是基于一阶边界层假设的，没有考虑黏性干扰效应的影响，因而是低估热流的。

事实上，从微观物理来看，该领域气动加热中 non - Fourier 现象的产生，是由于分子碰撞率降低，更大比例的气体分子，通过激波后经历少数几次或不经历分子之间的碰撞，就能穿透激波层直接撞击壁面，给壁面加热。而在流动领域（Ⅰ）中，绝大多数分子需要通过大量的分子之间碰撞，一层层地间接把部分能量传递给壁面。以图 5.7 来说明，就是与壁面发生直接作用的"红色"分子浓度变大，范围向外扩展，而与壁面发生间接作用的"黄色"分子浓度变小，范围也向外扩展。这两种不同的微观物理机制，在宏观上表现出不同的气动加热效率。

在流动领域（Ⅲ）内，由于激波和边界层已经发生重叠，黏性干扰是强烈的。相应流动和传热也表现出强非线性，物理机制更加复杂，其气动加热特征已经不能再用式(5.27)这样简单的形式来描述。初看起来，接下来似乎应该在式(5.5)中寻找更多的非线性修正项来计算热流。但事实上，这样做是不现实的，结果也是徒劳无益的。这是因为：第一，更高阶的非线性修正项涉及更高阶的导数和更复杂的形式，解析工作根本无从下手；第二，也是最重要的，所有这些基于连续介质假设的模型方程，包括 NSF、Burnett 及其后的一系列模型方程，都是 Boltzmann 方程在流动平衡态附近的摄动展开，当分子碰撞率持续降低时，流动远离平衡态而趋于自由分子流动极限，各阶摄动展开最终都是要失效的。目前，这一领域内的气动加热特征主要依靠拟合公式来预测。

重新审视稀薄流动判据 W_r 后发现，虽然其定量的意义不存在了，但其定性的意义仍然是明确的，即它仍然代表着稀薄气体效应的强弱程度。既然 W_r 拥有上述诸多优良品质，那么如果根据 W_r 构建一个简单实用的算式，也将是十分有价值的。事实上，通过与本书 DSMC 计算数据及相关实验数据对比，可得如下形式的一个算式能够相当准确地预测到流动领域（Ⅲ）内的气动加热特征：

$$C_h = \frac{W_r^{0.8}}{0.6 + W_r^{0.8}} \tag{5.28}$$

当 W_r 一直增大时,热流系数趋近于自由分子流极限值 1。

领域(Ⅳ)内的流动接近自由分子流极限,合适的研究方法是分子动理论和自由分子流理论。其中气动加热特征可以直接推广式(5.28)进行预测。

综合起来,各领域驻点热流预测方法及其推广适用范围可归总为

$$C_h = \begin{cases} C_{h,F} & W_r < 0.05 \\ (1 + W_r)C_{h,F} & 0.05 \leqslant W_r \leqslant 0.2 \\ C_h = W_r^{0.8}/(0.6 + W_r^{0.8}) & W_r \geqslant 0.2 \end{cases}$$

为了验证以上分析结果,本节采用 DSMC 方法计算了 $Ma_\infty = 5 \sim 20$, $W_r \approx 0.02 \sim 40.0$ 的一系列算例。所得驻点热流系数随 W_r 变化趋势显示在图 5.8 中,图中也标出了 $J = 0$, $Ma_\infty = 10$, $\gamma = 1.4$,并且 $T_w/T_s \ll 1$ 条件下和 W_r 相对应的来流 Knudsen 数[因为 $W_r \approx 2^J (2/\pi\gamma_\infty)^{1/2} Ma_\infty^{1/2} Kn_\infty$]。

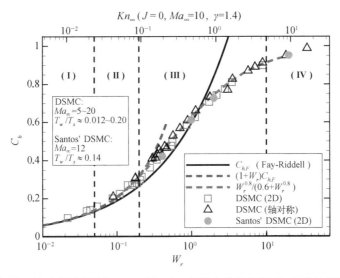

图 5.8 流动领域划分和 non‑Fourier 气动加热特征随 W_r 变化的趋势

图 5.8 显示,不管是二维或是轴对称模型情况、极冷壁或是非极冷壁情况、本书计算结果或是文献中计算结果[22],所有数据点都很好地归一化到一条曲线上。在 $W_r \ll 1$ 时,该曲线和 Fay‑Riddell 公式预测曲线重合;当 W_r 渐增大时,该曲线逐渐偏离并稍微高于 Fay‑Riddell 公式预测曲线,显示出弱黏性干扰、弱非

线性气动加热的影响,式(5.27)较好地预测到该变化趋势;当 W_r 继续不断增大时,稀薄气体效应中更复杂的因素呈现,热流系数增加的趋势又开始减缓,在 $W_r \approx 1.0$,真实热流曲线又和 Fay - Riddell 公式预测曲线相交,并最终趋近于自由分子流极限值。自由分子流极限情况下,分子把其所携带的能量几乎全部传递给壁面,对于完全漫反射固壁,热流系数近似等于1,而不会再无限增大。

对比结果也显示,在特定来流参数下,轴对称($J = 1$)前缘模型所遭遇的稀薄气体效应强度比相同尺寸二维前缘模型($J = 0$)要高一倍。在连续流动领域,相同尺寸轴对称前缘模型驻点热流要比二维情况高近 40%。但是流动稀薄之后,两种情况下热流差别减小,最终都要趋近于自由分子流。这说明在流动稀薄程度不断提高时,二维前缘模型驻点气动加热特征变化相对更快一些。

另外,从式(5.15)形式及图5.8对比结果来看,较高的壁温也意味着相对较高的稀薄程度。壁温较高时,热流绝对值虽然降低了,但是包含壁温影响因子的无量纲热流系数却相对变高了。从微观上解释,这是因为从相对高温固壁上反射的分子,具有较高的分子能量,其活性大因而分子自由程大,穿透力强,致使壁面的直接影响范围相对更广,这正是流动越稀薄的表现,可参考图5.7加以证实。

5.1.8 稀薄流动判据的推广和讨论

目前的稀薄流动判据 W_r,本来是在近连续流动领域驻点附近建立模型,并在气动加热问题研究中提出来。随后证明,其物理意义可以推广到流动稀薄程度更高的领域。其实,从广义上说,W_r 代表了流动中两种特征时间(激波后流场当地分子平均碰撞时间与当地流动特征时间)之比,即 $W_r \sim \tau_c/\tau_f$,或者说是两种特征尺度(激波后流场当地分子平均自由程与当地流场尺度)之比,即 $W_r \sim d/R_N \sim \lambda_s/R_N \sim (\delta/R_N)^2$,且在流场结构特征讨论部分就已经显示了这一关系。因此,W_r 可以称作是高超声速稀薄流动领域一个基本的流动特征参数,应该具有更宽更高的适用范围,例如驻点下游其他区域的气动加热问题,甚至气动力相关问题等。

实际情况也确实如此,因为 W_r 是基于 Burnett 方程非线性热流项分析得来的,从理论上说,一个类似的参数也可以由 Burnett 方程非线性剪切力项分析得到,并用来研究稀薄流动领域 non - Newton 剪切现象。而且,前文已经提到,W_r 是和修正的 Cheng 参数 K_Λ^2 直接相关的,而 K_Λ^2 已经被用于分析气动力相关问题。甚至,相关研究[23]采用形如 W_r 的参数来归一化讨论稀薄流动下平板绕流的阻力问题。

接下来,作为一个附属的讨论和举例,我们把 W_r 的物理意义定性地推广到驻点下游区域,用以说明 W_r 应用范围可以更宽更广。

在新型飞行器热防护体系气动加热总量计算中,驻点下游的热流分布情况也是值得关注的。但是,在稀薄流动领域有关驻点下游热流分布的研究工作极其少见,甚至连一个可用的经验公式也难找到。因此,我们期望也用 W_r 构建一个形如式(5.28)这样简单实用的算式,能够足够准确地预测驻点下游热流分布随流动稀薄程度变化的趋势。

这种推广的做法是有一定物理基础的。一方面,当流动从连续态过渡到稀薄态时,与驻点附近区域气动加热特征变化类似,热流分布规律也同时从一个连续极限逐渐过渡到自由分子流动极限。在连续流动领域,Murzinov[24] 通过拟合方法给出球头模型热流分布规律为

$$q(\theta)/q(0) = 0.55 + 0.45\cos 2\theta \tag{5.29}$$

其中,θ 为自由来流方向与球头径矢夹角,如图 5.9 所示。在自由分子流动领域,相应分布为

$$q(\theta)/q(0) = \cos \theta \tag{5.30}$$

另一方面,连续流动领域中,在驻点及其附近构建的某些理论,如驻点边界层理论,可以推广到驻点下游相当远的区域。流动稀薄之后,这些结论应该也是定性类似的。因此,为了简单实用起见,基于 W_r 构造如下一种加权平均形式的桥函数:

$$\frac{q(\theta)}{q(0)} = \frac{0.55 + 0.45\cos 2\theta + (W_r/3)\cos \theta}{1 + W_r/3} \tag{5.31}$$

图 5.9 显示,各种流动稀薄程度下,式(5.31)都能较为准确地预测到驻点下游热流分布的规律,这就说明 W_r 作为一个流动特征参数,其推广的物理意义可以用来描述驻点之外其他区域内的稀薄气体效应。

实际工程应用中关注的可能是特定条件下某一有量纲参数的变化情况。举例来说,研究者希望知道在某一特定海拔,稀薄气体效应在多大尺寸前缘时变得比较重要? 或者对于某一固定尺寸前缘,在多高海拔处应考虑稀薄气体效应的影响? 对于这些问题,本节进行简要讨论。

首先以海拔 40 km 为例,在这一高度,$T_\infty \approx 250\,\mathrm{K}$, $\rho_\infty \approx 40 \times 10^{-3}\,\mathrm{kg/m^3}$,

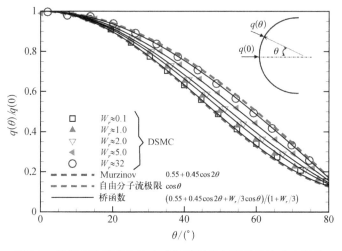

图 5.9 高超声速稀薄流动中球头模型驻点下游热流分布规律

$\mu_\infty \approx 1.6 \times 10^{-5} \, \text{kg/(m} \cdot \text{s}^2)$, $a_\infty \approx 317 \, \text{m/s}$, 基于硬球模型的分子平均自由程 $\lambda_\infty \approx 17 \, \mu\text{m}$。考虑以马赫数 10 飞行的二维前缘飞行器,假设其壁温不是很高 $(T_w < 1\,000\, \text{K})$,则一种工程化的稀薄判据可写为 $W_r \approx 4 \times 10^{-5} \, \text{m/}R_N$。前缘尺寸大于 0.8 mm 时,$W_r < 0.05$,属于流动领域(Ⅰ),连续 NSF 方程仍然成立,驻点热流可以采用 Fay-Riddell 公式预测。只有当 $R_N < 0.8$ mm 时,气动加热中稀薄气体效应的影响才变得重要。但是对于轴对称前缘外形,$R_N = 0.8$ mm 时,$W_r = 0.1$,Fay-Riddell 公式已经低估了大约 10% 的热流。

当海拔变高时,密度变小,稀薄气体效应在较大前缘尺寸就能显现。海拔每增高 16 km,大气密度近似降低一个量级。因而仍考虑以马赫数 10 飞行的二维前缘飞行器时,海拔 50 km 处,$W_r \approx 1.6 \times 10^{-4} \, \text{m/}R_N$,海拔 60 km 处,$W_r \approx 5.3 \times 10^{-4} \, \text{m/}R_N$,稀薄气体效应近似分别在 3 mm 和 10 mm 处就已经显现,对于轴对称前缘外形则相应尺寸为 6 mm 和 20 mm。

但是由图 5.8 可知,当 $W_r < 1.0$ 时,真实热流相比 Fay-Riddell 公式预测结果稍微偏大,最大约 20%。只有当 $W_r > 1.0$ 时,真实热流才比 Fay-Riddell 公式预测结果低,这个领域才是工程实际中最感兴趣的。在 50 km 高度,满足该条件的二维和轴对称前缘尺寸近似分别要小于 0.15 mm 和 0.3 mm。60 km 高度相应数据则为 0.5 mm 和 1.0 mm。可见,对于工程中可能实际采用的 1.0 mm 量级的前缘尺寸,要到近似海拔 60 km 以上高度,其驻点热流才小于 Fay-Riddell 公式预测结果。

图 5.10 和图 5.11 分别给出了三个海拔下,二维前缘和轴对称前缘模型驻点

热流系数随前缘曲率半径变化的示意图。其中桥函数曲线和 Fay – Riddell 公式
预测曲线对比显示了稀薄气体效应对气动加热特征的影响。

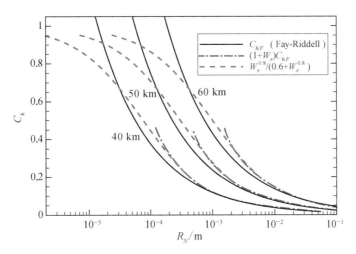

图 5.10　二维前缘模型驻点热流随前缘曲率半径变化趋势

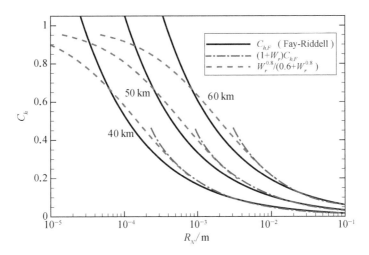

图 5.11　轴对称前缘模型驻点热流随前缘曲率半径变化趋势

5.2　平板流动的非线性剪切和非线性传热

平板绕流作为经典的流体力学问题一直受到关注。通过对这一问题的研

究[25-27]，前人对流体在壁面附近的黏性边界层流动、激波/边界层干扰及其传热特征取得了丰富的认识。以 Blasius 解为代表的经典层流边界层理论描述了壁面附近的连续流动，并直接给出了摩阻和热流沿壁面的分布。另一方面，在平板前缘附近，由于流动的空间尺度减小乃至趋于零，流动会从下游的高雷诺数边界层流动逐渐过渡到上游的稀薄气体流动直至达到自由分子流极限。对于平板前缘区域的流动和传热特征，目前还缺乏可靠的理论描述方法。

本节首先对平板前缘近连续区的流动进行了理论模化分析，通过找到其中的关键因素来建立物理模型，并进行近似数学求解，最终得到显式的结果。同时借助 DSMC 数值模拟方法验证本书的理论结果并将其推广到稀薄程度更高的领域。

5.2.1 经典连续流理论——层流边界层

如图 5.12 所示，在离前缘足够远的位置上，流动的雷诺数足够高，壁面附近存在层流边界层，同时边界层外部的无黏区可以被视作均匀流动。此时的平板边界层存在 Blasius 解，摩阻和热流沿壁面的分布满足如下公式[17]：

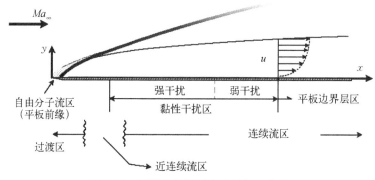

图 5.12　平板前缘区域流动特征示意图

$$C_f = \frac{0.664}{\sqrt{Re_r}},$$

$$St = \frac{0.332}{\sqrt{Re_r}}Pr_r^{-2/3}$$

（5.32）

其中，摩阻系数定义为 $C_f = 2\tau_w/(\rho_\infty U_\infty^2)$；斯坦顿数 $St = q_w/[\rho_\infty U_\infty(h_{aw} - h_w)]$，$\tau_w$ 和 q_w 分别为壁面摩阻和热流，ρ_∞ 和 U_∞ 分别为来流密度和速度，h_w 为壁面流

体的比焓,h_{aw} 为相同来流条件下绝热壁面上流体的比焓,Re_r 和 Pr_r 为参考温度 T_r 下的雷诺数和普朗特数:

$$Re_r = \frac{x\rho_r U_\infty}{\mu_r}$$

$$Pr_r = \frac{\mu_r c_p}{k_r}$$

其中,下标 r 表示参考温度下的量。

由于边界层外缘流体受到压缩作用,在高超声速来流的条件下,平板前缘(leading edge)附近会形成一道斜激波,如图 5.12 所示。激波的存在反过来又改变了边界层外缘的条件使得边界层厚度降低,形成激波与边界层的相互干扰。虽然此时壁面附近的流动依然可以由边界层方程来描述,但边界层的外缘条件的改变使得 Blasius 解不再成立。Hayes 和 Probstein[28]、Li 和 Nagamatsu[26] 各自独立地研究了这个问题,并提出了在这个区域的流动控制参数:

$$\bar{\chi} = Ma_\infty^3 \sqrt{\frac{C}{Re_x}}$$

其中,$C = \mu_w T_\infty / (\mu_\infty T_w)$;$Re_x = x\rho_\infty U_\infty / \mu_\infty$。$\bar{\chi}$ 称为黏性干扰参数,其值越大表明激波-黏性干扰效应越强。在 $\bar{\chi} \gg 1$ 的强干扰区,壁面压强、摩阻和热流的分布公式为

$$p_{si} = g_0 \bar{\chi} p_\infty$$

$$C_{f,\,si} = c_0 \bar{\chi}^{1/2} \sqrt{\frac{C}{Re_x}} \tag{5.33}$$

$$St_{si} = \frac{1}{2} c_0 \bar{\chi}^{1/2} \sqrt{\frac{C}{Re_x}}$$

其中,g_0 与 c_0 是与气体比热比 γ 和壁温相关的常数,在壁温足够低的条件下,即 $T_w / T_0 \ll 1$ 时,近似有[28]

$$\begin{aligned} g_0 &\approx 0.1(T_w/T_0 + 0.176) \\ c_0 &\approx 0.35(T_w/T_0 + 4.51) \end{aligned} \tag{5.34}$$

从强干扰区继续向前缘靠近的话,流动将进入稀薄气体流动领域。连续介

质假设要求 $Kn_x = \lambda_\infty/x \to 0$,但是在前缘附近 x 将减小到与 λ_∞ 相当甚至更小,连续介质假设失效,传统 NSF 方程框架下的理论将不再成立。图 5.13 显示强干扰理论预测的摩阻分布在趋向前缘,即 $\bar{\chi} \to +\infty$ 时是发散的,与实验测量结果不符。

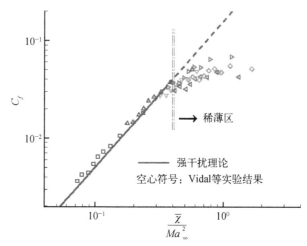

图 5.13 平板前缘摩阻系数的实验测量与强干扰理论预测结果[29,30]

事实上,从图 5.13 中可以看到,在平板前缘的位置上有 $x = 0$,$Kn_x \to +\infty$,流动趋向自由分子流极限。也就是说,无论来流条件如何变化,在前缘下游的某一段距离内,连续介质假设总是失效的,气体处在稀薄流动领域。

5.2.2 速度滑移理论

要求解一般意义上的稀薄气体流动,需要采用从分子动力学出发的 Boltzmann 方程。然而由于 Boltzmann 方程是一个高维的微分积分方程,数学求解极其困难,几乎无法用于具体流动问题的理论分析。在稀薄程度不高的近连续区,一般通过对经典连续流理论(如 5.2.1 小节中的强干扰理论)加入某种修正来描述稀薄气体效应。其中,在 NSF 方程体系中应用速度滑移和温度跳跃边界条件就是一种被广泛采用的方法。在平板问题中,Kogan[31] 考虑了均匀外流的边界层方程在采用速度滑移和温度跳跃边界条件后的解,并讨论了壁面摩阻和热流受到的影响。进一步,Aroesty[32,33] 求得了强干扰区的边界层方程在类似非连续边界条件下的摄动解,并给出了壁面摩阻和热流分布的表达式:

$$C_{f, slip} = C_{f, si} \left(1 - 0.85 \sqrt{\frac{\gamma - 1}{\gamma}} \frac{\bar{\chi}^{1/2}}{Ma_\infty} \right) \qquad (5.35)$$

$$St_{slip} \approx St_{si}$$

其中,下标 si 表示 5.2.1 小节中强干扰理论的结果。

式(5.35)表明,强干扰区的壁面摩阻在考虑速度滑移边界条件后会产生显著变化,与之相比热流受温度跳跃边界条件的影响则可以忽略,Kogan 的结论与之类似。由于在连续流动中,摩阻与热流存在 Reynolds 比拟关系: $C_{f, si}/C_{h, si} \approx 2$,上述速度滑移理论的结果意味着在稀薄气体流动区,摩阻与热流的比值将不再是常数,如图 5.14 中实线所示。然而,从 Wallace 和 Burke[34] 及 Vidal 和 Bartz[29, 30] 的实验测量结果中却可以发现,在壁面温度足够低的条件下,摩阻和热流的比值沿壁面的分布接近常数,也就是说 Reynolds 比拟关系仍然存在于平板前缘区域,并不随流动的稀薄程度改变。这一结果也与 DSMC 数值结果相吻合。采用滑移边界条件的理论结果与实验及数值结果的矛盾表明,在平板前缘的近连续区控制稀薄气体效应的关键性因素并不在此,有必要从另外的角度来讨论这个问题。

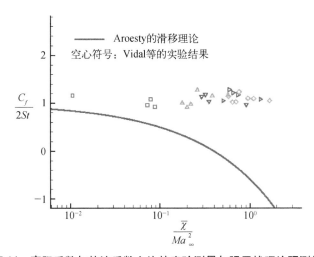

图 5.14　摩阻系数与热流系数之比的实验测量与强干扰理论预测结果

5.2.3　解决问题的思路

前人已经证明[2],NSF 方程实际上是 Boltzmann 方程在连续极限下的近似。在小 Knudsen 数假设下,对 Boltzmann 方程作 Chapman－Enskog 展开,方程中的速度分布函数 f 的展开形式为

$$f = f^{(0)} + f^{(1)} + f^{(2)} + \cdots$$

对应的摩阻与热流的展开式为

$$\tau = \tau^{(0)} + \tau^{(1)} + \tau^{(2)} + \cdots$$

$$\dot{\boldsymbol{q}} = \dot{\boldsymbol{q}}^{(0)} + \dot{\boldsymbol{q}}^{(1)} + \dot{\boldsymbol{q}}^{(2)} + \cdots$$

其中,零阶近似即为无黏的 Euler 方程,对应的摩阻与热流为零: $\tau^{(0)} = 0$, $\dot{\boldsymbol{q}}^{(0)} = 0$,一阶近似等价为 NSF 方程,采用了线性的 Newton 剪切和 Fourier 传热定律:

$$\tau^{(1)} = \mu \nabla u \tag{5.36}$$

$$\dot{\boldsymbol{q}}^{(1)} = k \nabla T$$

随着 Knudsen 数的提高,分子碰撞非平衡加剧,表征分子碰撞输运特性的剪切和传热开始出现非线性效应。从摄动展开的角度,这也意味着 Boltzmann 方程的一阶近似失效,需要考虑更高的二阶近似,也就是 Burnett 方程。

Burnett 方程的本构关系中包含二阶非线性项,能够在近连续流动范围内描述分子间碰撞非平衡加剧产生的非 Newton 剪切和非 Fourier 传热现象。如果能够准确衡量其中非 Newton 剪切和非 Fourier 传热的大小,就能够判断流动偏离 NSF 方程描述的程度,即流动的稀薄程度。王智慧等[35,36]在关于驻点热流的研究中,通过定量估计非线性传热的大小,得到了驻点传热问题中的稀薄气体效应判据 W_r,以及驻点热流受稀薄气体效应的一阶修正。进一步研究发现,参数 W_r 实际上相当于流动在驻点附近的当地 Knudsen 数,即稀薄气体流动的控制参数,可以据此构造桥函数来描述驻点热流从连续流动极限到自由分子流极限之间的变化过程。

上述研究成功地揭示了驻点流动受稀薄气体效应影响的规律,那么非线性本构关系是否为平板前缘流动中稀薄气体效应的关键因素呢?平板流动中的非线性剪切和传热又具有怎样的规律呢?

5.2.4 Burnett 方程二阶摩阻与热流

如上所述,对 Boltzmann 方程作 Chapman – Enskog 展开,其一阶近似对应于 NSF 方程,具有线性的剪切和传热本构关系。沿壁面方向的摩阻以及壁面法向的热流形式为

$$\tau_{xy}^{(1)} = \mu \frac{\partial u}{\partial y} \tag{5.37}$$

$$\dot{q}_y^{(1)} = -k \frac{\partial T}{\partial y}$$

而 Burnett 方程中对应的摩阻和热流则为 $\tau_{xy,B} = \tau_{xy}^{(1)} + \tau_{xy}^{(2)}$ 与 $\dot{q}_{y,B} = \dot{q}_y^{(1)} + \dot{q}_y^{(2)}$，其中二阶项的表达式为

$$\tau_{xy}^{(2)} = \frac{\mu^2}{p}\left(\frac{1}{2}\omega_1\frac{\partial u}{\partial y} + \frac{5}{6}\omega_6\frac{\partial v}{\partial x}\right)\nabla\cdot\boldsymbol{u}$$

$$+ \frac{\mu^2}{\rho T}\left(\omega_3\frac{\partial^2 T}{\partial x\partial y} + \frac{1}{2}\omega_4\frac{1}{p}\frac{\partial p}{\partial x}\frac{\partial T}{\partial y} + \frac{1}{2}\omega_4\frac{1}{p}\frac{\partial p}{\partial y}\frac{\partial T}{\partial x} + \omega_5\frac{1}{T}\frac{\partial T}{\partial x}\frac{\partial T}{\partial y}\right)$$

$$+ \omega_2\frac{\mu^2}{p}\left[\begin{array}{l}\dfrac{1}{2}u\left(\dfrac{\partial^2 u}{\partial x\partial y} + \dfrac{\partial^2 v}{\partial x^2}\right) + \dfrac{1}{2}v\left(\dfrac{\partial^2 v}{\partial x\partial y} + \dfrac{\partial^2 u}{\partial y^2}\right) \\[2mm] -\dfrac{7}{6}\dfrac{\partial u}{\partial x}\dfrac{\partial v}{\partial x} - \dfrac{7}{6}\dfrac{\partial u}{\partial y}\dfrac{\partial v}{\partial y} - \dfrac{1}{6}\dfrac{\partial u}{\partial x}\dfrac{\partial u}{\partial y} - \dfrac{1}{6}\dfrac{\partial v}{\partial x}\dfrac{\partial v}{\partial y}\end{array}\right]$$

$$\dot{q}_y^{(2)} = \theta_1\frac{\mu^2}{\rho T}\frac{\partial T}{\partial y}\nabla\cdot\boldsymbol{u} + \theta_2\frac{\mu^2}{\rho T}\left[-\frac{2}{3}\frac{\partial}{\partial y}(T\nabla\cdot\boldsymbol{u}) - 2\frac{\partial u}{\partial y}\frac{\partial T}{\partial x} - 2\frac{\partial v}{\partial y}\frac{\partial T}{\partial y}\right]$$

$$+ \left(\theta_3\frac{\mu^2}{\rho p}\frac{\partial p}{\partial x} + \theta_4\frac{\mu^2}{\rho}\frac{\partial}{\partial x} + \theta_5\frac{3\mu^2}{\rho T}\frac{\partial T}{\partial x}\right)\left[\frac{1}{2}\left(\frac{\partial u}{\partial y} + \frac{\partial v}{\partial x}\right)\right]$$

$$+ \left(\theta_3\frac{\mu^2}{\rho p}\frac{\partial p}{\partial y} + \theta_4\frac{\mu^2}{\rho}\frac{\partial}{\partial y} + \theta_5\frac{3\mu^2}{\rho T}\frac{\partial T}{\partial y}\right)\left(\frac{2}{3}\frac{\partial v}{\partial y} - \frac{1}{3}\frac{\partial u}{\partial x}\right) \tag{5.38}$$

$\omega_1 \sim \omega_6$ 与 $\theta_1 \sim \theta_6$ 为由分子碰撞模型决定的常数[2]。式 (5.38) 与式 (5.37) 比较可以看到，$\tau_{xy}^{(2)}$ 和 $\dot{q}_y^{(2)}$ 含有温度和速度的交叉导数项以及相互之间的乘积项。这些非线性的剪切和热流项在连续流动中可以忽略，而在近连续区则必须加以考虑。遗憾的是，Burnett 方程依然太过复杂，几乎不可能直接获得解析的结果。另一方面，从摄动的角度来说，高阶项可以基于低阶的结果来近似计算。具体到这里的 $\tau_{xy}^{(2)}$ 和 $\dot{q}_y^{(2)}$，作为一种估计方法，可以先由一阶的 NSF 方程求解出流场再代入式 (5.38) 来估算二阶项的大小。在平板前缘与稀薄气体流动区域相连的是强干扰区，因此本书采用 Hayes 和 Probstein[28] 给出的强干扰理论式 (5.33) 作为一阶近似来估计二阶摩阻和热流的大小。

在强干扰区，压强分布受前缘激波干扰，具有明显的流向梯度，但在边界层内的法向梯度依然可以忽略：$\partial p/\partial y \approx 0$，同时在壁面附近采用无滑移的边界条件：$u|_w = v|_w = 0$，$\partial v/\partial y|_w = -\partial u/\partial x|_w = 0$，$T|_w = T_w$，经过简化之后式 (5.38) 化为

$$\tau_w^{(2)} = \omega_3 \frac{\mu^2}{\rho T} \frac{\partial^2 T}{\partial x \partial y}\bigg|_w + \frac{1}{2}\omega_4 \frac{\mu^2}{\rho p T} \frac{\partial p}{\partial x} \frac{\partial T}{\partial y}\bigg|_w$$

(5.39)

$$\dot{q}_w^{(2)} = \frac{1}{2}\theta_3 \frac{\mu^2}{\rho p} \frac{\partial p}{\partial x} \frac{\partial u}{\partial y}\bigg|_w - \frac{1}{2}\theta_4 \frac{\mu^2}{\rho} \frac{\partial^2 u}{\partial x \partial y}\bigg|_w$$

利用强干扰理论给出的壁面附近压强、速度和温度的分布式(5.33)可以计算出式(5.39)中相关的流场梯度量。

在稀薄气体相关的问题中,应用强干扰理论时有必要预先对现有结果进行一些处理。

(1) 由于在稀薄气体流动不存在明显的边界层,热流系数 $C_h = 2\dot{q}_w/(\rho_w U_\infty^3)$ 比 Stanton 数(St)更为常用。在高超声速流动中有 $C_h \approx (1 - T_w/T_0)St$,因此式(5.39)可以表示为:

$$C_{h,si} = \frac{2}{\rho_\infty U_\infty^3}\left(k \frac{\partial T}{\partial y}\right)_w = s_0 \bar{\chi}^{1/2}\sqrt{\frac{C}{Re_x}}$$

(5.40)

其中,$s_0 = \frac{1}{2}(1 - T_w/T_0)c_0$。

(2) 原始的强干扰理论是在线性黏性-温度律假设下推导的,在稀薄气体流动中常用的幂律模型假设下:$\mu \propto T^\omega$,强干扰理论结果中的 C 不再是常数,需要替换为

$$C = \frac{\mu_w T_\infty}{\mu_\infty T_w} = \left(\frac{T_\infty}{T_w}\right)^{1-\omega} \approx \left(\frac{2}{\gamma - 1}\frac{T_0}{T_w}\right)^{1-\omega} Ma_\infty^{2\omega-2}$$

(5.41)

这样式(5.33)和式(5.40)就化为

$$\frac{p_{w,si}}{p_\infty} = g_1 \frac{Ma_\infty^{2+\omega}}{\sqrt{Re_x}}$$

$$C_{f,si} = c_1 \frac{Ma_\infty^{3\omega/2}}{Re_x^{3/4}}$$

(5.42)

$$C_{h,si} = s_1 \frac{Ma_\infty^{3\omega/2}}{Re_x^{3/4}}$$

其中,

$$g_1 \approx g_0 \left(\frac{2}{\gamma - 1} \frac{T_0}{T_w} \right)^{(1-\omega)/2}$$

$$c_1 \approx c_0 \left(\frac{2}{\gamma - 1} \frac{T_0}{T_w} \right)^{3(1-\omega)/4}$$

$$s_1 \approx s_0 \left(\frac{2}{\gamma - 1} \frac{T_0}{T_w} \right)^{3(1-\omega)/4}$$

从式(5.42)中可以反推出压强 p、温度 T 和速度 u 在壁面上的梯度量:

$$
\frac{\partial p}{\partial x} = -\frac{p}{2x}, \qquad \frac{\partial^2 T}{\partial x \partial y} = -\frac{3}{4x} \frac{\partial T}{\partial x}
$$

$$
\frac{\partial T}{\partial y} = \frac{s_0 \mu U_\infty}{c_0 k} \frac{\partial u}{\partial y}, \qquad \frac{\partial^2 u}{\partial x \partial y} = -\frac{3}{4x} \frac{\partial u}{\partial x}
\tag{5.43}
$$

将式(5.43)代入式(5.39)中得

$$
\tau_w^{(2)} = \left(-\frac{3}{4}\omega_3 - \frac{1}{4}\omega_4 \right) \left(\frac{s_0 \mu^3 U_\infty}{c_0 k \rho x T} \frac{\partial u}{\partial y} \right)_w
\tag{5.44}
$$

$$
q_w^{(2)} = \left(\frac{3}{8}\theta_4 - \frac{1}{4}\theta_3 \right) \left(\frac{c_0 \mu k}{s_0 \rho x U_\infty} \frac{\partial T}{\partial y} \right)_w
$$

在硬球分子碰撞模型下,有 $\omega_3 = 2.418$, $\omega_4 = 0.681$, $\theta_3 = -0.309$, $\theta_4 = 2.418$。此时上两式等号右边的系数大小为: $-3\omega_3/4 - \omega_4/4 \approx -2.0$, $3\theta_4/8 - \theta_3 4 \approx 1.7$。

式(5.44)表明,摩阻和热流的二阶修正项与一阶线性项直接相关,在这里我们感兴趣的是二阶项相对于一阶项的大小。根据上文的分析,二阶项的相对大小反映的正是近连续区非线性效应的强弱,也就是稀薄气体效应的大小。为了更准确地表征边界层内的特征量,进一步考察二阶项与一阶项之比:

$$
\left. \frac{\tau_w^{(2)}}{\tau_w^{(1)}} \right|_r = -2.0 \frac{s_0 \mu_r^2 U_\infty}{c_0 k_r \rho_r x T_r}
\tag{5.45}
$$

$$
\left. \frac{q_w^{(2)}}{q_w^{(1)}} \right|_r = -1.7 \frac{c_0 \mu_r}{s_0 \rho_r x U_\infty}
$$

如上文所述,下标 r 表示相应物理量在参考温度 T_r 下的值。在高超声速平板前缘流动中,参考温度可以选为壁面温度 T_w 和来流总温 T_0 的平均值,即 $T_r =$

$\frac{1}{2}(T_w + T_0)$。参考温度下的黏性系数和热传导系数可以表示为：$\mu_r / \mu_\infty = (T_r/T_\infty)^\omega$ 和 $k_r = c_p \mu_r / Pr$。将以上关系代入式（5.45），经过化简得

$$\left.\frac{\tau_w^{(2)}}{\tau_w^{(1)}}\right|_r = \kappa_\tau \frac{Ma_\infty^\omega}{\sqrt{Re_x}} = \kappa_\tau$$

$$Vr_x \left.\frac{q_w^{(2)}}{q_w^{(1)}}\right|_r = \kappa_q \frac{Ma_\infty^\omega}{\sqrt{Re_x}} = \kappa_q Vr_x \tag{5.46}$$

其中，

$$Vr_x = \frac{Ma_\infty^\omega}{\sqrt{Re_x}} \tag{5.47}$$

以及

$$\kappa_\tau = -\frac{f_1}{8g_0}(\gamma - 1)^{\frac{3+\omega}{2}}(2T_w/T_0)^{\frac{1-\omega}{2}}$$

$$\kappa_q = -\frac{f_2}{8g_0}(\gamma - 1)^{\frac{3+\omega}{2}}(2T_w/T_0)^{\frac{1-\omega}{2}} \tag{5.48}$$

$$f_1 = 2.0Pr(1 - T_w^2/T_0^2), \quad f_2 = 1.7\frac{(1 + T_w/T_0)^2}{1 - T_w/T_0}$$

在实际的高超声速流动中，壁面温度相比于来流总温要低很多，大多数情况下有 $0 < T_w/T_0 < 0.1$。假设在式（5.48）中 Pr 取为 1，则在上述壁温比范围内有 $1.98 < f_1 < 2.0$，$1.7 < f_2 < 2.3$，实际问题中近似可取 $f_1 \approx f_2 \approx 2.0$，再根据强干扰理论给出的 g_0 值，得到近似相等的 κ_τ 和 κ_q，其大小由壁温比 T_w/T_0 和 γ 决定：

$$\kappa_\tau \approx \kappa_q \approx \kappa = -\frac{(\gamma - 1)^{\frac{3+\omega}{2}}(2T_w/T_0)^{\frac{1-\omega}{2}}}{2.22(T_w/T_0 + 0.176)}s \tag{5.49}$$

根据 Vr_x 的定义，式（5.42）中：

$$C_{f, st} = c_1 Vr_x^{3/2}$$

$$C_{h, st} = s_1 Vr_x^{3/2} \tag{5.50}$$

在上面的式子中,壁温的影响体现在 c_1 和 s_1 中。这样在近连续区,通过式 (5.46)考虑稀薄气体效应的修正后,壁面摩阻和热流的大小为

$$C_f = c_1 Vr_x^{3/2}(1 + \kappa Vr_x)$$
$$C_h = s_1 Vr_x^{3/2}(1 + \kappa Vr_x)$$
(5.51)

至此可以看到,在强干扰区和近连续区均可采用参数 Vr_x 来描述壁面摩阻和热流的特征。对特定条件下的流动,可以通过边界条件和来流物性参数确定系数 c_1、s_1 和 κ,而参数 Vr_x 则表征在站位 x 上的流动偏离经典连续流动假设的程度。从这个角度来说,Vr_x 是一个平板前缘流动稀薄程度的判据。

与驻点流动中的稀薄流动判据 W_r 比较,可以更清楚地看出 Vr_x 的物理意义。王智慧等[35,36]研究了尖化前缘驻点传热大小受稀薄气体效应的影响,理论模化研究的结果证明在驻点当地,近连续区非 Fourier 传热相对于一阶线性传热的大小为 $W_r = 2^j Ma_\infty^{2\omega}/Re_n$(平面流动时取 $j = 0$,轴对称流动时取 $j = 1$),其中 Re_n 采用的特征空间尺度为驻点曲率半径,如果将其替换为平板中的 x,在二维条件下,容易看到

$$Vr_x = \sqrt{W_r}$$

这一结果表明,虽然高超声速流动中平板前缘附近和驻点区域的流动图像截然不同,却同样可以通过非线性剪切和热流的相对大小来衡量局部流动的稀薄程度,其给出的判别准则也有相似之处。

另外,摩阻和热流的二阶修正不仅仅受到同样的参数 Vr_x 控制,二者的系数 κ_τ 和 κ_q 也近似相等。这表明在近连续区流动受稀薄气体效应影响之后,壁面的摩阻和热流之比依然保持为常数,且与连续流动中的结果相等,也就是 $C_f/C_h = c_1/s_1 \approx 2$。

需要指出的是,上述推导都限定在近连续区,下文将通过 DSMC 的计算结果对其验证,并结合理论和数值模拟结果,讨论稀薄程度更高的流动领域内摩阻和热流的分布特性。

在此,本节使用 DSMC 方法模拟一系列的高超声速气流绕平板前缘的流动,气体模型为氮气。流动的参数范围为 $Ma_\infty = 5 \sim 24$,$Re_x/x = \rho_\infty U_\infty/\mu_\infty = 350 \sim 10\,000 \text{ m}^{-1}$,$T_w/T_0 = 0.01 \sim 0.1$,$T_\infty = 300 \text{ K}$。计算采用的是基于 Bird 公开源代码的 DSMC 程序,为了和理论分析结果保持一致,暂未考虑分子的振动能激发和化学反应等因素。分子与固体壁面之间碰撞基于完全漫反射模型。在一个典型算例中,一块 $3 \text{ m} \times 1 \text{ m}$ 的矩形区域划分为 300×100 的局部加密网格,并包含大约

2×10^6 个模拟分子。图 5.15 显示的是 DSMC 计算得到的密度和温度云图。

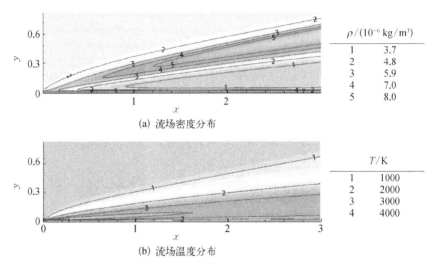

(a) 流场密度分布

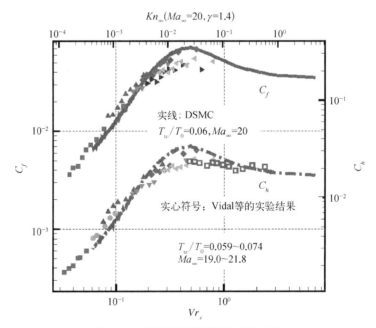

(b) 流场温度分布

图 5.15　DSMC 数值模拟计算的流场云图

$(Ma_\infty = 10, T_\infty = 300\,\mathrm{K}, T_w/T_0 = 0.02, \rho_\infty = 4.65 \times 10^{-6}\,\mathrm{kg/m}^3)$

为了验证本书采用的数值方法,首先计算了典型条件下的壁面摩阻和热流的分布,并与前人的实验测量结果进行了比较。图 5.16 中的实线和虚线分别是

图 5.16　平板表面的摩阻与热流分布

DSMC 计算得到的壁面摩阻和热流的分布,与 Vidal 等[29] 的实验结果吻合。实验中的流动参数为:$Ma_\infty = 19.0 \sim 21.8$,$T_w/T_0 = 0.059 \sim 0.074$,$Re_x/x = 1.73 \times 10^4 \sim 3.79 \times 10^5\ \mathrm{m}^{-1}$。

　　采用 DSMC 计算的壁面摩阻和热流的分布显示在图 5.17 中。来流马赫数为 5~24,所有的算例中保持 $T_w/T_0 = 0.06$。作为比较,强干扰理论和二阶修正的预测结果也显示在图中。可以看到,在 $Ma_\infty \geq 8$ 的算例中,参数 Vr_x 可以很好地归一化强干扰区、近连续区的摩阻和热流分布曲线。

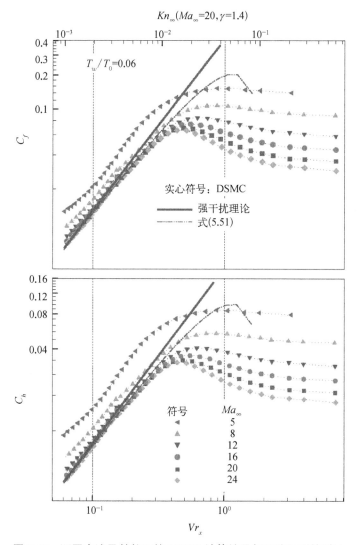

图 5.17　不同来流马赫数下的 DSMC 计算结果与理论预测的对比

5.2.5   摩阻和热流分布的近似理论

如式(5.50)所示,在强干扰理论中,摩阻系数和热流系数正比于 $Vr_x^{3/2}$(也就是 $x^{-3/4}$),在 $Vr_x \to \infty$ 的时候,$C_{f,si}$ 与 $C_{h,si}$ 趋于无穷大。但在实际流动中,Ma_∞ 的大小为有限值,$Vr_x \to \infty$ 即意味着流动趋向自由分子流极限,摩阻和热流系数的大小也均为有限值。从图 5.17 中的 DSMC 数值计算结果中可以看到在 $Vr_x \geqslant 0.2$ 之后,强干扰理论的预测值开始明显偏大,计算摩阻和热流的时候必须考虑稀薄气体效应的修正。如 5.2.2 节所述,Aroesty[32,33] 曾通过采用速度滑移和温度跳跃边界条件在强干扰理论中引入了稀薄气体效应的修正。在黏性-温度幂律模型下采用式(5.40)与式(5.41)之后,其给出的摩阻和热流系数的修正式可以改写为下面的形式:

$$C_{f,\,\text{slip}} = C_{f,\,si}\left\{1 - 0.85\sqrt{\frac{\gamma-1}{\gamma}}\left[\frac{2}{(\gamma-1)\,T_w/T_0}\right]^{\frac{1-\omega}{4}}Vr_x^{1/2}\right\} \qquad (5.52)$$

$$C_{h,\,\text{slip}} \approx C_{h,\,si}$$

可以看到,通过考虑滑移边界条件,式(5.52)对强干扰理论下的摩阻给出了一个二阶修正,修正项正比于 $Vr_x^{1/2}$。从图 5.18 中可以看出,通过滑移理论计算得到的摩阻大小明显小于 DSMC 的结果,相比之下,二阶修正式(5.51)在 $Vr_x < 0.3$ 的范围内与数值以及实验数据吻合得更好。

更严重的是,式(5.52)显示在滑移理论预测下,稀薄气体效应对热流没有影响。但是极冷壁条件下的实验测量和数值模拟结果均表明,在稀薄气体流动中,热流与摩阻的变化特征是一致的,这也符合式(5.51)所描述的情形。这一显著的区别表明,在考虑平板前缘近连续区稀薄气体效应对壁面摩阻和热流影响的时候,由分子碰撞非平衡引起的非线性剪切和传热才是问题中的主导因素。

在 Vr_x 更大的区域,随着流动稀薄程度进一步增加至过渡区乃至自由分子流极限,基于 Burnett 方程的修正理论也将失效。由于对稀薄气体流动的认识还很不完善,目前对这一区域的热流和摩阻的预测只能依靠经验公式。Probstein 等[37] 以参数 $T_w T_0^{-1}\bar{x}^2 Ma_\infty^{-4}$ 为自变量构造了热流和摩阻的经验公式,如图 5.18 所示。在固定壁温比的条件下,这一参数随 x 的变化等价于 Vr_x^2。但是如图 5.17 所示,在流动稀薄程度足够高的位置,C_f(或 C_h)与 Vr_x 并非一一对应。在 $Vr_x \to +\infty$ 的自由分子流极限下,摩阻和热流系数实际上与 Ma_∞ 成反比关系。因此,以 Vr_x 或者类似形式的参数作为唯一自变量构造的经验公式在接近自由分子流极限的流动中是失效的。

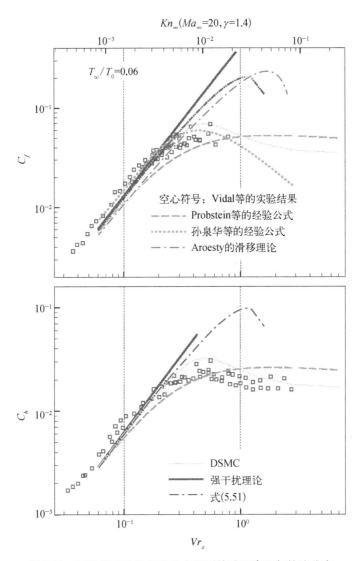

图 5.18　不同的理论和经验公式预测的壁面摩阻与热流分布

孙泉华等[38]的加权经验公式同时考虑了自由分子流极限和连续流动极限下的情形。但其原始公式更适合用来预测总体阻力系数而非当地摩阻的大小。实际上,对高超声速流动中摩阻和热流系数在平板前缘的分布,迄今也还没有在较宽马赫数范围内从连续流到自由分子流极限一致适用的经验公式。

受本章前面工作的启发,这里首先利用 Vr_x 和 Ma_∞ 构造归一化函数 $\hat{N}(Ma_\infty,Vr_x) = Ma_\infty^{0.5}Vr_x^{1.4}(1 - e^{-Ma_\infty^{0.5}Vr_x^{1.4}})$,将 DSMC 计算出的摩阻乘以 $\hat{N}$ 得到 $C_{f,\text{nom}} = \hat{N}C_f$,从图 5.19 中可以看到不同马赫数下的数值结果被归一化到了同一条曲线中,可以拟合为

$$C_{f,\text{fit}} = 0.674\left(0.8e^{-Vr_x^{-1.4}} + \frac{0.2}{1 + 0.12Vr_x^{-2.68}}\right) \tag{5.53}$$

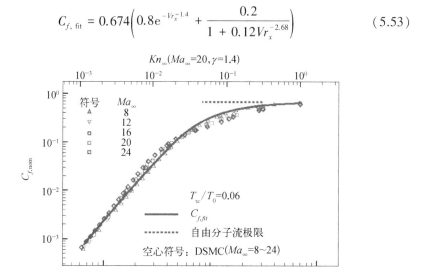

图 5.19 摩阻的归一化拟合公式

这样得到了从强干扰区到自由分子流一致有效的摩阻预测桥函数:$C_{f,\text{fit}}/\hat{N}$,结合下文的摩阻与热流比拟关系,这个拟合形式同样可以用来预测热流的分布。

5.2.6 壁面温度对稀薄气体效应的影响

在黏性干扰流动中,壁面温度越高,边界层越厚,壁面压强受前缘激波的影响也会增加,最终,从式(5.49)可以看到,随着壁温比 T_w/T_0 的增加,系数 κ 的绝对值减小,也就意味着在相同大小的 Vr_x 下,非线性剪切和传热对摩阻和热流的影响逐渐减弱。从图 5.20(b)~(d)中在不同的壁温下对理论及数值计算结果的比较可以更明显地看到这一变化趋势。导致这一结果的原因可能是壁温的增加会加剧壁面附近分子的无规则运动和碰撞,从而降低其碰撞非平衡的程度。从图中可知,在 $0.01 \leqslant T_w/T_0 \leqslant 0.1$ 的范围内,本书的修正理论式(5.51)可以应用的上限大约是 $Vr_x \approx 0.3$。

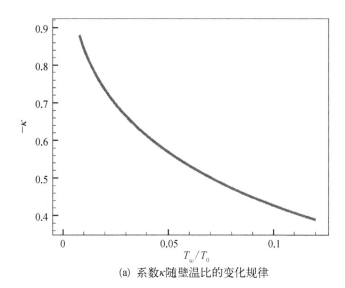

(a) 系数κ随壁温比的变化规律

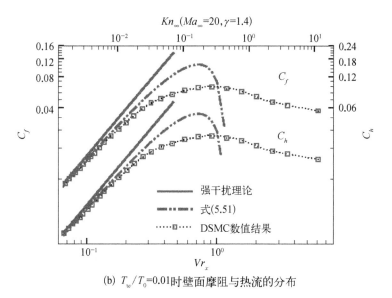

(b) T_w/T_0=0.01时壁面摩阻与热流的分布

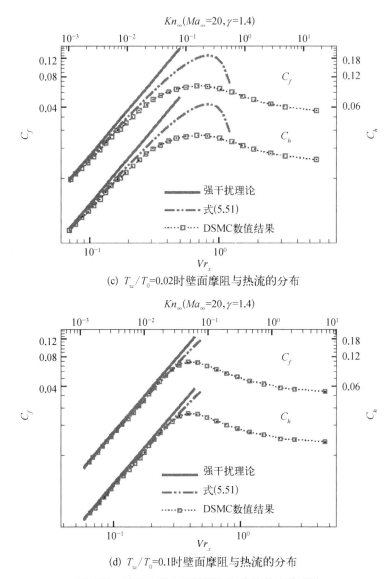

(c) T_w/T_0=0.02时壁面摩阻与热流的分布

(d) T_w/T_0=0.1时壁面摩阻与热流的分布

图5.20 壁温比对非线性剪切和传热效应的影响

5.2.7 摩阻与热流的比拟关系

如前所述,前人在实验测量中发现,高超声速流动中,平板前缘区域摩阻和热流存在比拟关系[29, 34]。也正是由于基于壁面速度滑移的理论结果[33]无法解释这一现象,才促使我们从另外的角度来研究平板前缘的稀薄气体效应。

相比而言,通过计算非 Newton 剪切和非 Fourier 传热效应在近连续流区的大小,修正式(5.51)同时包含了稀薄气体效应对摩阻和热流的影响。定量的分析表明,C_f 和 C_h 受此影响而偏离连续介质理论预测的程度基本一致。从理论上证明了经典的 Reynolds 比拟关系依然存在于稀薄程度不高的近连续区。而在稀薄程度更高的过渡区,目前虽然还没有理论结果,但从大量 DSMC 计算的结果中依然可以观察到,在满足 $T_w/T_0 \ll 1$ 的条件下,这一比拟关系事实上在从连续的边界层流动到自由分子流极限的整个平板前缘区域的流动中一致成立。这样就可以直接利用自由分子(free molecular, FM)流极限下的理论结果算出 C_h 与 C_f 之比为

$$\zeta \equiv \frac{C_{h,\,\mathrm{FM}}}{C_{f,\,\mathrm{FM}}} = \frac{1}{2} + \frac{\gamma+1}{2\gamma(\gamma-1)Ma_\infty^2} - \frac{\gamma+1}{4\gamma}\frac{T_w}{T_0} \tag{5.54}$$

式(5.54)在 $Ma_\infty \gg 1$ 和 $T_w/T_0 \ll 1$ 时有 $\zeta \approx 1/2$。在相当大的马赫数和雷诺数范围内,式(5.54)与 DSMC 数值模拟的结果误差都小于 5%,如图 5.21 所示。另外根据这里的比拟结果和式(5.53)的摩阻系数经验公式,可以立刻给出适用范围更广的壁面热流分布预测桥函数。

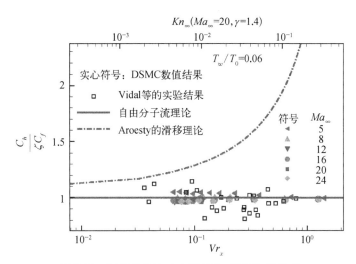

图 5.21　平板前缘流动中的热流-摩阻比拟关系

关于摩阻、热流分布以及二者之间比拟关系的研究表明,在高超声速平板前缘流动中,相比于在连续流动控制方程中添加速度滑移和温度跳跃边界条件的传统方法,考虑流动中分子碰撞非平衡产生的非线性剪切和传热本构的做法在稀薄气体效应理论研究中更加有效。

5.3 钝头体壁面剪切和传热的比拟关系

5.3.1 问题描述与研究现状

考虑到平板表面的摩阻和热流分布存在简单而一致的比拟关系,我们很自然地想知道在弯曲的物体表面是否存在类似的关系。图 5.22 显示了一个典型的钝头体的例子。在圆柱表面,驻点附近的热流存在极大值,而在下游,热流的大小单调递减。与之相对,驻点处的摩阻大小为零,在下游则呈现先增大后减小的趋势。可见摩阻和热流在钝头体表面的分布形式差别很大,并不存在如平板中的 Reynolds 比拟那样简单的比例关系,即摩阻系数和热流系数的比值 C_f/C_h 在弯曲物体表面的分布不是常数,需要对这一比值具体分布形式做定量分析。

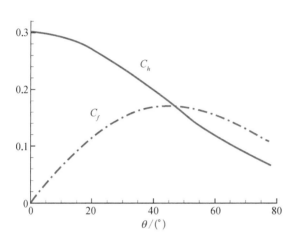

图 5.22 纯氮气圆柱绕流 DSMC 数值模拟结果($Ma_\infty =$ 10, $Re_\infty = 160$, $\rho_\infty = 1 \times 10^{-3}$ kg/m³, $T_w = T_\infty =$ 300 K, θ 为表面法向与来流速度方向的夹角)

由于高超声速飞行器在防热上面临的重大挑战,因此准确预测壁面热流在驻点处的值及驻点下游的分布一直是研究者关心的问题。Lees[39]基于钝头体壁面附近的层流边界层方程,给出了连续流动中热流在驻点处的大小以及下游的分布。之后 Fay 和 Riddell[1]对驻点热流的大小进行了更加详细的讨论,并在考虑边界层内平衡态化学反应的条件下给出了更准确的预测公式。至今,在工程预测当中这一结果仍然被广泛采用。在上述两个研究的基础上,Kemp 等[40]改进了预测驻点下游热流分布的方法。这一方法虽然需要部分依赖数值求解,但相比于 Lees 公式却可以适用于更一般的情形。除此之外,针对圆柱以及圆球等常见的外形,研究者也找到了一些形式简单的经验公式用于工程上的快速估算[24,41]。

除了上述连续流中基于边界层理论的研究,稀薄气体流动中的热流大小也一直受到人们的关注。郑显基[42]采用黏性激波层方程来求解较小雷诺数的流动,并从理论上给出了驻点热流从连续流到自由分子流极限下的变化规律。王智慧等[35,36]则首次通过对 Burnett 方程中非傅里叶传热的理论模化分析考察了稀薄效应对驻点热流的影响。研究中发现了稀薄气体效应在驻点当地的控制参数 W_r，并在此基础上给出了稀薄气体流动领域热流在驻点和下游的拟合公式。

相比于壁面压强，钝头体流动中的摩阻在不考虑湍流时一般要小得多，在总体的气动力计算中往往可以被忽略。但是对小角度的尖锥与尖楔，或者是处在稀薄气体流动中的钝头体来说，摩擦阻力会占到总体阻力中很大一部分，这一比例甚至可能达到 50%[43]。迄今，还没有太好的方法可以对弯曲物体表面的摩阻进行理论预测，这也使得我们无法通过摩阻和热流各自的分布直接计算二者比值的大小。相应地，如果我们能够准确预测二者的比值，结合前人对壁面热流分布的研究结果，就可以方便地计算出物体表面摩阻的大小。

与上节中的平板问题不同，即使是在连续流动中，人们也不清楚摩阻和热流的比值在钝头体表面的分布，因此，本节首先在连续介质流领域内研究这一问题。事实上，Lees 等[39]在壁面热流的研究中耦合求解了边界层的动量方程与能量方程，这为从边界层流动入手来考察摩阻和热流比值的分布提供了可能。在给出一般性的规律之后，针对具体的外形如圆柱、圆球，还可以给出定量的预测公式。除了在连续流中的研究，通过对 Burnett 方程中非线性剪切和传热关系的理论模化分析，我们还将进一步考虑稀薄气体流动中相应比值的变化。

5.3.2 连续流中的摩阻和热流之比（钝头体表面的摩阻−热流比拟关系）

钝头体绕流的示意图如图 5.23 所示，壁面随体坐标的原点设在驻点处，来流雷诺数定义为 $Re_\infty = \rho_\infty U_\infty R_n/\mu_\infty$。在二维或者轴对称情形下，物体表面的边界层方程可以写为

$$\frac{\partial}{\partial x}(\rho u r_0^j) + \frac{\partial}{\partial y}(\rho v r_0^j) = 0$$

$$\rho\left(u\frac{\partial u}{\partial x} + v\frac{\partial u}{\partial x}\right) = -\frac{\mathrm{d}p_e}{\mathrm{d}x} + \frac{\partial}{\partial y}\left(\mu\frac{\partial u}{\partial y}\right) \tag{5.55}$$

$$\rho\left(u\frac{\partial H}{\partial x} + v\frac{\partial H}{\partial y}\right) = \frac{\partial}{\partial y}\left(\frac{\mu}{Pr}\frac{\partial H}{\partial y}\right) + \frac{\partial}{\partial y}\left[\mu\left(1-\frac{1}{Pr}\right)\frac{\partial}{\partial y}\frac{u^2}{2}\right]$$

通过如下 Lees – Dorodnitsyn 坐标变换：

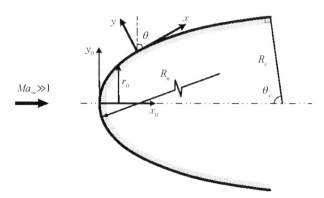

图 5.23 高超声速气体绕钝头体流动示意图

$$\xi = \int_0^x \rho_e u_e \mu_e r_0^{2j} \mathrm{d}x$$

$$\eta = \frac{u_e}{\sqrt{2\xi}} \int_0^y r_0^j \rho \mathrm{d}y \tag{5.56}$$

式(5.55)中的动量方程和能量方程可以写为如下无量纲的形式:

$$(Cf'')' + ff'' + \frac{2\xi}{u_e}\frac{\mathrm{d}u_e}{\mathrm{d}\xi}\left[\frac{\rho_e}{\rho} - (f')^2\right] = 0$$

$$\left(\frac{C}{Pr}g'\right)' + fg' + \frac{u_e^2}{2H_e}\left[2C\left(1 - \frac{1}{Pr}f'f''\right)\right] = 0 \tag{5.57}$$

其中,f' 与 g 分别为无量纲的速度与总焓:

$$f'(\eta) = u/u_e$$

$$g(\eta) = H/H_e \tag{5.58}$$

式(5.56)中,$j = 0$ 和 $j = 1$ 时分别表示平面流动和轴对称流动的情形,下标"e"表示边界层外缘的物理量。满足一定条件的时候,式(5.57)存在自相似解,具体的推导过程及更详细的讨论可参见文献[17]和[39]。

根据式(5.56)与式(5.58)的坐标变换式,壁面摩阻和热流的大小可以写为

$$\tau_w = \mu_w\left(\frac{\partial u}{\partial y}\right)_w = \mu_w f''_w\left(\frac{\partial \eta}{\partial y}\right)_w u_e$$

$$\dot{q}_w = k_w\left(\frac{\partial T}{\partial y}\right)_w = \frac{k_w g'_w}{c_{p,w}}\left(\frac{\partial \eta}{\partial y}\right)_w H_e \tag{5.59}$$

在本节中,摩阻和热流系数的定义与 5.2 节相同: $C_f = 2\tau_w/(\rho_\infty U_\infty^2)$, $C_h = 2\dot{q}_w/(\rho_\infty U_\infty^3)$。 在高超声速条件下,单位质量的气体总焓 $H_e \approx \frac{1}{2}U_\infty^2$,此时,容易得到摩阻系数和热流系数之比:

$$\frac{C_f}{C_h} = 2Pr\,\frac{u_e f_w''}{U_\infty g_w'} \tag{5.60}$$

根据可压缩流动的 Bernoulli 方程,边界层外缘的流向速度 u_e 与壁面压强 p 之间存在如下关系[44]:

$$\frac{u_e}{U_\infty} = \sqrt{\left(1 + \frac{2}{\gamma - 1}\frac{1}{Ma_\infty^2}\right)\left[1 - \left(\frac{p}{p_0}\right)^{(\gamma-1)/\gamma}\right]} \tag{5.61}$$

在驻点附近可以得到 u_e 关于 θ 的线性近似。根据压强 p 的分布在驻点附近的光滑性和对称性,在 $\theta \ll 1$, $Ma_\infty \gg 1$ 的条件下,式(5.61)作关于 θ 的 Taylor 展开,可以得到

$$\frac{u_e}{U_\infty} \approx \sqrt{\hat{p}_0\,\frac{\gamma - 1}{2\gamma}} \cdot \theta \tag{5.62}$$

其中,

$$\hat{p}_0 = \left[-\frac{\mathrm{d}^2(p/p_0)}{\mathrm{d}\theta^2}\right]_{\theta=0}$$

p_0 为驻点压强。事实上从前人实验测量的结果[45]中可以发现,从驻点直到下游 θ 接近 80° 的范围内, u_e 与 θ 之间的线性关系都一直成立。因此,虽然式(5.62)是基于小 θ 的假设推导的,但适用于整个钝头体的迎风面。

要计算式(5.60)中的 f_w'' 与 g_w',需要求解边界层方程(5.57)。Cohen 与 Reshotko[46] 给出了不同条件下数值求解的结果,并计算了 $2f_w''/g_w'$ 的大小。结果表明其值取决于壁温比 T_w/T_0 和参数 $\beta = 2\mathrm{d}(\ln u_e)/\mathrm{d}(\ln \xi)$。 而根据 Kemp 等[40] 的计算,在曲率变化不是太过剧烈的物体表面, β 沿壁面的变化对 g_w' 的影响基本可以忽略,此时 g_w' 沿等温壁面的分布可近似为常数。另外,根据 Cohen 和 Reshotko 的计算结果[46], f_w'' 与 g_w' 随 β 改变的程度大致相当,因而,在本节关心的钝头体问题中, $2f_w''/g_w'$ 可视作沿壁面分布的常数。

综合上面的分析,式(5.60)中的摩阻系数与热流系数的比值可以写为

$$\frac{C_f}{C_h} = C_r \cdot \theta \tag{5.63}$$

等式右边的系数:

$$C_r = 2Pr\frac{f''_w}{g'_w}\sqrt{\hat{p}_0\frac{\gamma-1}{2\gamma}}$$

与所处的位置无关。上式表明,在高超声速来流条件下,当壁温为常数时,在钝头体的迎风面,C_f/C_h 与当地壁面倾斜角成正比。相比于经典 Reynolds 比拟关系,这一线性分布关系适用于更一般的弯曲物体表面,而非仅限于平板。下面,以圆柱和圆球为例,验证摩阻-热流比拟关系。

1. 圆柱表面的摩阻-热流比拟关系

在式(5.63)中,存在两个待定系数:f''_w/g'_w 和 $\hat{p}_0$。它们都与物体的形状相关。本节将针对典型的二维圆柱和轴对称圆球情形,通过确定上述参数的大小来给出 C_f/C_h 的具体表达式。

首先,对圆柱表面的压强可以通过 Newton - Busemann 公式[17]计算。在驻点,有

$$\hat{p}_0 = 3 \tag{5.64}$$

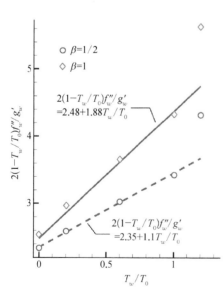

图 5.24 f''_w/g'_w 在二维($\beta=1$)和轴对称($\beta=1/2$)驻点处与 T_w/T_0 的拟合关系

其次,对于 $2f''_w/g'_w$,由于其值沿壁面分布为常数,因此同样只需要计算驻点处的大小。Cohen 和 Reshotko[46]数值求解边界层方程的结果显示在图 5.24 中。可以看到,在 $T_w/T_0 \leqslant 1$ 的范围内,$2(1-T_w/T_0)f''_w/g'_w$ 与 T_w/T_0 存在线性关系。对 $\beta = 1$ 的二维情形,存在如下拟合公式:

$$2(1 - T_w/T_0)f''_w/g'_w = 2.48 + 1.88T_w/T_0 \tag{5.65}$$

将式(5.64)与式(5.65)代入式(5.63)中,就可以得到圆柱表面摩阻系数与热流系数比值的表达式:

$$C_f/C_h = Pr\sqrt{\frac{3(\gamma-1)}{2\gamma}}\frac{2.48 + 1.88T_w/T_0}{1 - T_w/T_0}\theta \tag{5.66}$$

　　为了验证理论结果的合理性,采用 DSMC 方法模拟了纯氮气的高超声速圆柱绕流,算例的参数范围包括 $Ma_\infty = 5 \sim 25$, $Re_\infty = 300 \sim 1\,500$, $T_w/T_0 = 0.01 \sim 0.4$。 为了与本章的理论推导相容,数值模拟中暂未考虑化学反应的影响。

　　数值计算 C_f/C_h 的结果显示在图 5.25 与图 5.26 中。图 5.25 中比较了不同来流马赫数下的计算结果,除了 $Ma_\infty = 5$ 下的数值计算结果比理论预测值稍微

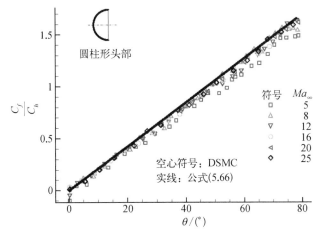

图 5.25　不同马赫数下圆柱表面 C_f/C_h 的分布($T_w/T_0 = 0.03$, $\gamma = 1.4$)

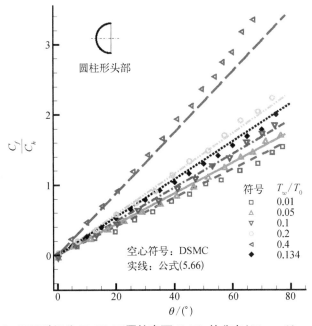

图 5.26　不同壁温比 T_w/T_0 下圆柱表面 C_f/C_h 的分布($Ma_\infty = 10$, $\gamma = 1.4$)

偏低外,其余基本重合,表明在高超声速条件下,C_f/C_h 的分布与马赫数无关。同时,图 5.26 中显示了 $T_w/T_0 = 0.01 \sim 0.4$ 的计算结果,其中 $T_w/T_0 = 0.134$ 的算例来自 Santos 的 DSMC 数值模拟[43]。理论与数值结果的比较表明式(5.66)可以描述 C_f/C_h 在不同壁温比条件下沿圆柱表面的分布。数值模拟中的其他参数包括:$R_c = 2 \times 10^{-3}$ m,$T_\infty = 300$ K,$\rho_\infty = 1.5 \times 10^{-3}$ kg/m^3。式(5.66)中相应的物性参数为 $Pr = 0.71$,$\gamma = 1.4$。

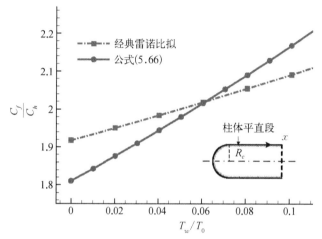

图 5.27 经典雷诺比拟关系与线性比拟关系(式(5.67)与式(5.68)中取 $Ma_\infty = 10$,$\gamma = 1.4$,$Pr = 0.71$)

我们在 5.2.7 小节中已经看到,在 $Ma_\infty \gg 1$ 和 $T_w/T_0 \ll 1$ 的条件下,平板表面的 Reynolds 比拟关系可以通过自由分子流理论给出:

$$\frac{C_f}{C_h} = \left[\frac{1}{2} + \frac{\gamma + 1}{2\gamma(\gamma - 1)Ma_\infty^2} - \frac{\gamma + 1}{4\gamma}\frac{T_w}{T_0} \right]^{-1} \tag{5.67}$$

而实际的平板总存在一定的厚度,其前缘半径为有限值。如图 5.27 所示,假设平板前缘的钝头为圆柱,在平直段(也就是 $\theta = \pi/2$ 时)通过公式(5.66)计算出的 C_f/C_h 大小为

$$\frac{C_f}{C_h} = \frac{\pi Pr}{2}\sqrt{\frac{3(\gamma - 1)}{2\gamma}}\frac{2.48 + 1.88T_w/T_0}{1 - T_w/T_0} \tag{5.68}$$

图 5.27 中分别显示了式(5.67)与式(5.68)预测的 C_f/C_h 大小,可以看到在 $0 \leqslant T_w/T_0 \leqslant 0.1$ 时候二者差别在 5% 以内。这一结果表明本节在弯曲物体表面

给出线性比拟关系与 5.2 节平板中经典的 Reynolds 比拟关系是相容的。

2. 圆球表面的摩阻-热流比拟关系

与圆柱类似,我们同样可以给出圆球表面 C_f/C_h 的分布公式。驻点压强梯度取 $\hat{p}_0 = 4$。在轴对称物体的驻点处有 $\beta = 1/2$,根据图 5.24 中给出的拟合公式:

$$2(1 - T_w/T_0)f''_w/g'_w = 2.35 + 1.1T_w/T_0$$

综合可得圆球迎风面摩阻系数与热流系数的线性分布公式:

$$C_f/C_h = Pr\sqrt{\frac{2(\gamma - 1)}{\gamma}}\frac{2.35 + 1.1T_w/T_0}{1 - T_w/T_0}\theta \quad (5.69)$$

图 5.28 为 DSMC 数值计算的高超声速氮气圆球绕流结果与式(5.69)的比较。可以看到公式(5.69)与数值结果相符。

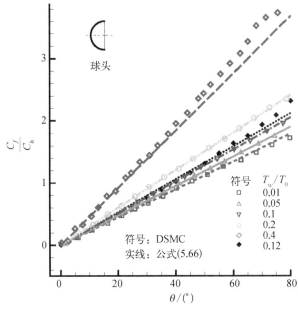

图 5.28　不同壁温比 T_w/T_0 下圆球表面 C_f/C_h 的分布($Ma_\infty = 10$, $\gamma = 1.4$, $Pr = 0.71$。空心点为本书计算的结果, $\rho_\infty = 6.0 \times 10^{-4}$ kg/m³, $R_c = 2.0 \times 10^{-3}$ m, $T_\infty = T_w = 300$ K; 实心点为 Boyd 等计算的结果,$\rho_\infty = 9.88 \times 10^{-5}$ kg/m³, $R_c = 0.152$ m, $T_\infty = 200$ K, $T_w = 500$ K)

3. 其他形状的钝头体

前人的研究结果表明,只要钝头体外形的曲率变化不是太快,其表面的边界层都近似满足自相似的假设[17,40]。虽然缺乏严格的推导,我们仍然可以尝试利用数值模拟的结果将边界层中的线性比拟关系推广到更一般的外形中。采用DSMC 方法模拟二维条件下不同外形物体的绕流流动,模拟气体为氮气,计算出来的壁面摩阻系数与热流系数之比见图 5.29。其中幂次体的形状函数为 $y_0 = cx_0^n$,尾缘倾角 $\theta_c = 80°$,c 由 R_c 和 n 的取值确定。流动参数设为 $Ma_\infty = 10$,$T_w/T_0 = 0.05$,$T_\infty = 300\,\mathrm{K}$,$\rho_\infty = 4 \times 10^{-3}\,\mathrm{kg/m^3}$,$R_c = 2 \times 10^{-4}\,\mathrm{m}$。从图中可以看到在 $n = 0.5$ 和 $n = 0.7$ 的幂次体表面,C_f/C_h 都与 θ 成线性分布且与圆柱表面的式(5.66)基本吻合。不同外形之间的差别可能是由于受到壁面压强影响。

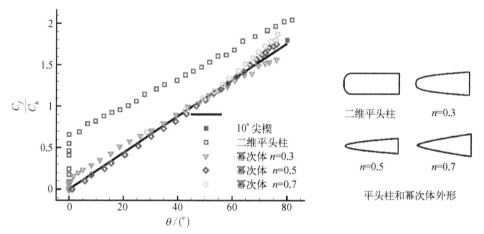

图 5.29   不同形状的钝头体 C_f/C_h 沿壁面的分布

对于存在圆弧过渡的二维平头柱(flat nose),由于其表面的边界层不满足自相似的要求[40],本章现有的理论结果并不适用。从图 5.29 中可以看到,在平头柱迎风面的垂直段,θ 保持为零,而 C_f/C_h 一直增加,二者之间并不存在线性关系。类似的结果同样出现在 $n = 0.3$ 幂次体的驻点附近。由于在驻点附近的物面形状接近垂直,C_f/C_h 的分布出现了"突跃"。但是,从另一方面来看,在平头柱的圆弧过渡段和 $n = 0.3$ 幂次体下游很大范围内,C_f/C_h 与 θ 的线性关系仍然成立。

综合上述理论和数值结果的比较可以看到,在高超声速流动中,C_f/C_h 与 θ 之间的线性关系是一种普遍存在的规律,可称作"线性比拟关系",而平板问题中经典的 Reynolds 比拟关系可以看作其中的一个特例。这种更一般意义上的比拟关系表明,高超声速流动中壁面剪切和传热之间的相关程度完全取决于壁面的当地倾斜角。

5.3.3　稀薄气体流动中的非线性剪切和传热

当来流密度或者物体尺寸减小,流动会出现稀薄气体效应,而 5.3.2 小节基于边界层理论的讨论仅适用于连续流动。如 5.2 节中的平板前缘流动问题所示,在稀薄气体流动领域,壁面摩阻和热流的实际大小将会偏离 NSF 方程的预测。其原因在于,稀薄气体流动中的分子碰撞不充分,导致了非线性的剪切和传热。在流动稀薄程度不高的近连续区,通过估计 Burnett 方程当中的二阶剪切项和传热项的大小,可以预测其中非线性效应的大小,进而得出壁面摩阻和热流受稀薄气体效应的影响。上述理论模化分析方法还证明了平板中的 Reynolds 比拟关系不受稀薄气体效应的影响。

对钝头体问题,王智慧等[35]通过对当地非 Fourier 传热效应的分析给出了驻点热流受稀薄气体效应的影响。但是对下游的摩阻和热流在壁面的分布随流动稀薄程度的变化规律,目前还没有见到理论研究。为了将本章中讨论的摩阻与热流的比拟关系推广到更一般的稀薄气体流动中,参照平板问题中的做法,基于摄动方法的思想,通过考虑连续流动理论的结果在近连续流动中的一阶修正,引入稀薄气体效应对 C_f/C_h 的影响。

首先,在壁面附近计算 Burnett 方程中二阶剪切和热流项的大小。对二维钝头体,在壁面附近有如下关系:

$$\partial p/\partial y \approx 0$$

$$v\,|_w = 0$$

$$\frac{\partial u}{R_n \partial \theta}\bigg|_w = -\frac{\partial v}{\partial y}\bigg|_w \sim \sqrt{\frac{\gamma - 1}{\gamma}\frac{TU_\infty}{T_0 R_n}}\bigg|_w$$

$$\frac{\partial u}{\partial y}\bigg|_w \gg u_w/R_n$$

$$\frac{\partial T}{T \partial y}\bigg|_w \gg 1/R_n$$

在等温壁 $T\,|_w = T_w$ 的假设下,二维曲面上的 Burnett 剪切和热流的二阶项化简为

$$\tau_w^{(2)} \approx \omega_3 \frac{\mu^2}{\rho R_n T}\frac{\partial^2 T}{\partial \theta \partial y}\bigg|_w + \frac{1}{2}\omega_4 \frac{\mu^2}{\rho R_n p T}\frac{\partial p}{\partial \theta}\frac{\partial T}{\partial y}\bigg|_w - \omega_2 \frac{\mu^2}{p}\frac{\partial u}{R_n \partial \theta}\frac{\partial u}{\partial y}\bigg|_w$$

$$\dot{q}_w^{(2)} \approx \frac{1}{2}\theta_3 \frac{\mu^2}{\rho R_n p}\frac{\partial p}{\partial \theta}\frac{\partial u}{\partial y}\bigg|_w - \frac{1}{2}\theta_4 \frac{\mu^2}{\rho R_n}\frac{\partial^2 u}{\partial \theta \partial y}\bigg|_w + (2\theta_2 - 3\theta_5)\frac{\mu^2}{\rho T R_n}\frac{\partial T}{\partial y}\frac{\partial u}{\partial \theta}\bigg|_w$$

$$(5.70)$$

上述简化未采用壁面滑移速度和温度跳跃模型,平板问题中的研究结果表明,这样的简化方式并不影响摩阻和热流比拟关系。

与 5.2 节中的做法类似,为了对式(5.70)作进一步简化,需要利用连续流动理论中已知的流场分布求温度、速度与压强在壁面上的梯度。假设归一化的壁面压强和热流分布函数为

$$\tilde{p}(\theta) = p/p_0, \quad \varsigma(\theta) = \dot{q}_w^{(1)}/\dot{q}_{w,0}^{(1)}, \tag{5.71}$$

其中,p_0 和 $\dot{q}_{w,0}$ 为驻点压强与驻点热流。在连续流动中,压强分布函数 $\tilde{p}$ 可以通过 Newtonian-Busseman 公式计算[17];Lees 的理论公式[39]可以用于计算热流分布函数 ς,对于一些常见的外形如圆柱或圆球表面的热流分布,研究者[24,41]也给出了经验公式。

在高超声速流动中,驻点压强 $p_0 \approx \gamma Ma_\infty^2 p_\infty$。式(5.71)可以化为

$$p \approx \gamma Ma_\infty^2 p_\infty \tilde{p} \quad \left.\frac{\partial T}{\partial y}\right|_w = \frac{\dot{q}_{w,0}^{(1)}}{k_w}\varsigma \tag{5.72}$$

5.3.2 小节连续流动中的线性比拟关系式(5.63)给出了速度 u 与温度 T 的法向梯度在壁面上的关系:

$$\left.\frac{\partial u}{\partial y}\right|_w = \left(\frac{k}{\mu}\frac{\partial T}{\partial y}\right)_w \frac{C_r}{U_\infty}\theta \tag{5.73}$$

将式(5.72)和式(5.73)代入式(5.70),可以将二阶 Burnett 剪切和传热项化为

$$\tau_w^{(2)} \approx \frac{\omega_3\varsigma_\theta/\varsigma + 0.5\omega_4\tilde{p}_\theta/\tilde{p}}{\theta C_r}\left(\frac{\mu^2 U_\infty}{k\rho R_n T}\mu\frac{\partial u}{\partial y}\right)_w$$
$$- 2\omega_2\sqrt{\gamma/(\gamma-1)}\left(\frac{\mu^2}{\rho U_\infty R_n}\frac{\partial u}{\partial y}\right)_w \tag{5.74}$$
$$\dot{q}_w^{(2)} \approx \frac{1}{2}\left[\theta_3 C_r(\theta\tilde{p}_\theta/\tilde{p}) - \theta_4 C_r(1 + \theta\varsigma_\theta/\varsigma)\right.$$
$$\left. + 4Pr(2\theta_2 - 3\theta_5)\sqrt{(\gamma-1)/\gamma}\right]\left(\frac{\mu}{\rho R_n U_\infty}k\frac{\partial T}{\partial y}\right)_w$$

其中,$\varsigma_\theta = d\varsigma/d\theta$,$\tilde{p}_\theta = d\tilde{p}/d\theta$。式(5.74)中二阶剪切和传热项分别与 $\mu\partial u/\partial y$ 和 $k\partial T/\partial y$ 成正比。这样,容易得到 $\tau_w^{(2)}$ 与 $\dot{q}_w^{(2)}$ 相对于一阶项的大小:

$$\left.\frac{\tau_w^{(2)}}{\tau_w^{(1)}}\right|_r \approx \frac{\omega_3 \varsigma_\theta / \varsigma + 0.5 \omega_4 \tilde{p}_\theta / \tilde{p}}{\theta C_r} \frac{\mu_r^2 U_\infty}{k_r \rho_r R_n T_r} - 2\omega_2 \sqrt{\gamma/(\gamma - 1)} \frac{\mu_r}{\rho_r U_\infty R_n}$$

$$\left.\frac{\dot{q}_w^{(2)}}{\dot{q}_w^{(1)}}\right|_r \approx \frac{1}{2}\big[\theta_4 C_r (1 + \theta \varsigma_\theta / \varsigma) - \theta_3 C_r (\theta \tilde{p}_\theta / \tilde{p})$$

$$- 4Pr(2\theta_2 - 3\theta_5) \sqrt{(\gamma - 1)/\gamma} \big] \frac{\mu_r}{\rho_r R_n U_\infty} \tag{5.75}$$

采用高超声速流动中常用的参考温度方法 $T_r = (T_w + T_0)/2$, 以及黏性–温度指数律 $\mu_r/\mu_\infty = (T_r/T_\infty)^\omega$, 式(5.75)写为如下形式:

$$\left.\frac{\tau_w^{(2)}}{\tau_w^{(1)}}\right|_r = \Gamma_1(\theta) W_r$$

$$\left.\frac{\dot{q}_w^{(2)}}{\dot{q}_w^{(1)}}\right|_r = \Gamma_2(\theta) W_r \tag{5.76}$$

其中, $W_r = Ma_\infty^{2\omega}/Re_l$, $Re_l = \rho_\infty R_n U_\infty / \mu_\infty$; Γ_1 与 Γ_2 为

$$\Gamma_1 = \frac{Pr(\gamma - 1)^{1+\omega}}{\gamma \tilde{p}} \frac{\omega_3 \varsigma_\theta / \varsigma + 0.5 \omega_4 \tilde{p}_\theta / \tilde{p}}{\theta C_r} \left(\frac{T_w + T_0}{4T_0}\right)^\omega$$

$$- 2\omega_2 \frac{(\gamma - 1)^{\omega + 1/2}}{\gamma^{1/2}} \left(\frac{T_w + T_0}{4T_0}\right)^{\omega + 1} \tag{5.77}$$

$$\Gamma_2 = \frac{(\gamma - 1)^{1+\omega}}{2\gamma \tilde{p}} \Big[\theta_4 C_r \left(1 + \frac{\theta \varsigma_\theta}{\varsigma}\right) - \theta_3 C_r \frac{\theta \tilde{p}_\theta}{\tilde{p}}$$

$$- 4Pr(2\theta_2 - 3\theta_5) \sqrt{(\gamma - 1)/\gamma} \Big] \left(\frac{T_w + T_0}{4T_0}\right)^{\omega + 1}$$

考虑二阶项对摩阻和热流各自的修正之后, 给出对线性比拟关系式(5.63)的修正:

$$\frac{C_f}{C_h} = U_\infty \frac{\tau_w^{(1)} + \tau_w^{(2)}}{\dot{q}_w^{(1)} + \dot{q}_w^{(2)}} = \frac{1 + \Gamma_1 W_r}{1 + \Gamma_2 W_r} C_r \theta \tag{5.78}$$

Γ_1 与 Γ_2 的大小表征了壁面形状对二阶修正的影响, 由于二者大小均为 $O(1)$ 的量级, 在近连续流动区 $W_r \ll 1$ 的条件下, 式(5.78)可以线化为

$$\frac{C_f}{C_h} \approx \left[1 + (\Gamma_1 - \Gamma_2) W_r \right] C_r \theta \tag{5.79}$$

对于典型的圆柱绕流的情形,在壁温 $T_w/T_0 \ll 1$ 的条件下,在离驻点不远的范围内 $(0 \leqslant \theta \leqslant 30°)$,通过 Taylor 展开,可以计算出式(5.77)中的 $\Gamma_1 - \Gamma_2$ 为 $O(1)$ 的量级。

式(5.79)中的修正项 $(\Gamma_1 - \Gamma_2) W_r$ 与王智慧等[35,36]在驻点热流问题上得到的修正形式类似。结果表明参数 W_r 在驻点及其下游区域都可以表征流动的稀薄气体效应。遗憾的是,式(5.79)虽然具有简洁明了的形式,但只能用于定性的描述。在稀薄程度更高或者离开驻点更远的区域,在定量上目前还无法直接计算出准确的修正项大小,只能通过数值拟合的方法给出工程上实用的结果。参考王智慧等[35]在驻点热流问题上的做法,利用参数 W_r 给出 C_f/C_h 在连续流极限式(5.63)和自由分子流极限: $(C_f/C_h)_{FM} \approx 2\sin\theta$ 之间的桥函数:

$$\frac{C_f}{C_h} = \frac{C_r\theta + 1.4\sin\theta W_r}{1 + 0.7W_r} \tag{5.80}$$

不同 W_r 大小下式(5.80)预测的结果显示在图 5.30 中。在不同稀薄程度的流动中,式(5.80)均与 DSMC 数值模拟的结果相吻合。可以看到,在稀薄气体流动中 C_f/C_h 沿物体表面的分布与 θ 不再呈线性关系。

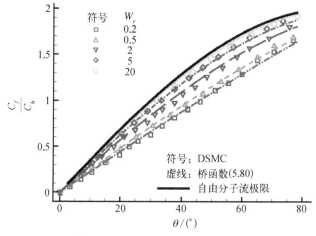

图 5.30　稀薄气体流动中摩阻与热流的非线性比拟关系

(纯氮气圆柱绕流的结果,$Ma_\infty = 10 \sim 25$, $T_w/T_0 = 0.01$)

5.4　小结

本章采用模型理论分析的方法研究了由于微观分子碰撞不充分引起的稀薄气体效应及其对尖化前缘和平板表面气动加热预测的影响。

首先,在近连续流动领域驻点附近区域建立了物理模型,分析稀薄气体效应的宏观表现,即流动和传热中非线性因素影响的逐渐增强。把气动加热中非线性的 non-Fourier 热流项与线性的 Fourier 热流项的比值定义为一个流动特征参数 W_r,来表征非线性因素的相对影响大小,也就是 NSF 方程体系的失效程度。进一步研究发现,W_r 在整个流动领域内都衡量了稀薄气体效应的强弱,是一个具有物理意义并在气动加热领域普适的稀薄流动判据。

其次,发现稀薄流动判据 W_r 也能够预测流场结构特征随流动稀薄程度演变的规律。通过对几种典型流场结构的分析,对高超声速稀薄流动领域进行了划分。在每个领域内,分析了其气动加热特征,阐述了相应的微观物理机制。根据稀薄流动判据 W_r 所代表的物理意义及其推广,构建了驻点热流及驻点下游热流分布的桥函数,作为工程估算尖化前缘气动加热的公式。

再次,研究了平板前缘稀薄气体流动中的非 Newton 剪切和非 Fourier 传热问题。基于 Burnett 方程中二阶剪切和传热项的大小,分析了近连续区壁面摩阻和热流受稀薄气体效应的影响,得到了表征流动稀薄气体效应的特征参数 Vr_x;其次,基于 Vr_x 的推导,对经典强干扰理论提出了二阶修正,得到了近连续区壁面摩阻和热流系数的分布公式;进一步地,对摩阻与热流系数比值的分析发现,经典连续流理论中的 Reynolds 比拟关系不受稀薄气体效应的影响,结合数值结果的分析,推广得到了在整个平板表面,从前缘自由分子流极限到下游边界层流动一致成立的摩阻与热流之间的比拟关系。

最后,采用理论模化和数值模拟的方法研究了高超声速流动中,钝头体表面摩阻和热流之间的广义 Reynolds 比拟关系。① 在连续流动领域,分析了钝头体表面自相似边界层方程的性质。理论研究发现,壁面摩阻与热流的比值沿钝头体表面的分布与壁面当地倾斜角成正比。作为具体的例子,推导了在二维圆柱和轴对称圆球表面,摩阻系数和热流系数比值的表达式,并与 DSMC 数值方法计算的结果进行了比较。进一步地,借助数值计算,发现线性比拟关系事实上适用于多种不同的外形中。② 分析了稀薄气体流动中的比拟关系。对钝头体表面非线性剪切和传热的理论模化分析表明,摩阻与热流的比值偏离连续流动中线性比拟关系的程度受到稀薄气体特征参数 W_r 的控制。基于理论分析的结果,给出了摩阻和热流的比拟关系从连续流到自由分子流极限过渡的桥函数。

本章基于钝头体模型给出的摩阻和热流之间的线性比拟关系及其稀薄气体修正,将经典 Reynolds 比拟关系拓展到弯曲外形的摩阻与热流的广义比拟关系。

参考文献

[1] Fay J A, Riddell F R. Theory of stagnation point heat transfer in dissociated air[J]. Journal of the Aerospace Sciences, 1958, 25(2): 73 - 85.

[2] Chapman S, Cowling T G. The Mathematical theory of non-uniform gases [M]. 3rd ed. Cambridge: Cambridge University Press, 1970.

[3] Tsien H-S. Superaerodynamics, mechanics of rarefied gases[J]. Journal of the Aeronautical Sciences, 1946, 13(12): 653 - 664.

[4] Lockerby D A, Reese J M, Struchtrup H. Switching criteria for hybrid rarefied gas flow solvers[J]. Proceedings of the Royal Society A: Mathematical, Physical and Engineering Sciences, 2009, 465(2105): 1581 - 1598.

[5] Matting F W. General solution of the laminar compressible boundary layer in the stagnation region of blunt bodies in axisymmetric flow [R]. National Aeronautics and Space Administration, NASA TND - 2234, 1964.

[6] Macrossan M N. Scaling parameters for hypersonic flow: Correlation of sphere drag data[C]. St Petersburg: 25th International Symposium on Rarefied Gas Dynamics, 2006.

[7] Cheng H K. Perspectives on hypersonic viscous flow research[J]. Annual Review of Fluid Mechanics, 1993, 25(1): 455 - 484.

[8] Cheng H K. The blunt-body problem in hypersonic flow at low Reynolds number[R]. Cornell Aeronautical Laboratory, 1963.

[9] Engel C D, Praharaj S C. Minnver upgrade for the AVID system (Volume 1: Lanmin User's Manual)[R]. NASA Contractor Report, 172212, 1983.

[10] Waldron H F. Viscous hypersonic flow over pointed cones at low Reynolds numbers[J]. AIAA Journal, 1967, 5(2): 208 - 218.

[11] Nomura S. Correlation of hypersonic stagnation point heat transfer at low Reynolds numbers [J]. AIAA Journal, 1983, 21(11): 1598 - 1600.

[12] Gupta R N. Stagnation-point heat-transfer rate predictions at aeroassist flight conditions[R]. National Aeronautics and Space Administration, NASA - TP - 3208, 1992.

[13] Artamoov A K, Arkhipov V N, Farafonov V G. Dimensionless numbers in the aerodynamics of low-density gases[J]. Fluid Dynamics, 1981, 16(1): 110 - 114.

[14] Gupta R N. Hypersonic low-density solutions of the Navier - Stokes equations with chemical nonequilibrium and multicomponent surface slip[R]. AIAA Paper 1986 - 1349.

[15] Robben F, Talbot L. Measurement of shock wave thickness by the electron beam fluorescence

method[J]. Physics of Fluids, 1966, 9(4): 633-643.

[16] Macrossan M N, Lilley C R. Viscosity of argon at temperatures >2000 K from measured shock thickness[J]. Physics of Fluids, 2003, 15(11): 3452-3457.

[17] Anderson J D. Hypersonic and high temperature gas dynamics[M]. 2nd ed. New York: McGraw-Hill Book Company, 2006.

[18] Wen C, Hornung H G. Non-equilibrium dissociating flow over spheres[J]. Journal of Fluid Mechanics, 1995, 299(1): 389-405.

[19] Bird G A. Molecular gas dynamics and the direct simulation of gas flows[M]. New York: Oxford University Press, 1994.

[20] Kontinos P. Aerothermal performance constraints for hypervelocity small radius unswept leading edges and nosetips[R]. NASA Technical Memorandum 112204, 1997.

[21] Kao H C. Hypersonic viscous flow near the stagnation streamline of a blunt body. ii — third-order boundary-layer theory and comparison with other methods[J]. AIAA Journal, 1964, 2(11): 1898-1906.

[22] Santos W F N. Aerodynamic heating on blunt nose shapes in rarefied hypersonic flow[C]. São Paulo: 17th International Congress of Mechanical Engineering, 2003.

[23] 樊菁,吴晨曦,孙泉华,等.中等 Reynolds 数平板绕流的动理论分析[J].力学进展,2009, 39(4): 421-425.

[24] Murzinov I N. Laminar boundary layer on a sphere in hypersonic flow of equilibrium dissociating air[J]. Fluid Dynamics, 1966, 1(2): 131-133.

[25] Cohen C B. Similar solutions of compressible laminar boundary-layer equations[J]. Journal of the Aeronautical Sciences, 1954, 21(4): 281-282.

[26] Li T Y, Nagamatsu H T. Shock-wave effects on the laminar skin friction of an insulated flat plate at hypersonic speeds[J]. Journal of the Aeronautical Sciences, 1953, 20(5): 345-355.

[27] Blasius H. Grenzschichten in Flüessigkeiten mit kleiner Reibung[J]. Zeitschrift fuer Mathematik und Physik, 1908, 56(1): 1-37.

[28] Hayes W D, Probstein R F. Hypersonic flow theory[M]. New York: Academic Press, 1966.

[29] Vidal R J, Bartz J A. Surface measurements on sharp flat plates and wedges in low-density hypersonic flow[J]. AIAA Journal, 1969, 2(6): 1099-1109.

[30] Vidal R J, Golian T C, Bartz J A. An experimental study of hypersonic low-density viscous effects on a sharp flat plate[R]. Alexandria: Defense Technical Information Center, 1964.

[31] Kogan M N. Hypersonic flow theory[M]. New York: Plenum Press, 1969.

[32] Aroesty J. Slip flow and hypersonic boundary layers[J]. AIAA Journal, 1964, 2(1): 189-190.

[33] Aroesty J. Strong interaction with slip boundary conditions[R]. Berkeley: University of California, 1961.

[34] Wallace J E, Burke A F. An experimental study of surface and flow field effects in hypersonic low density flow over a flat plate[C] // Leeuw J H. Rarefied gas dynamics: Proceedings of the 4th International Symposium on Rarefied Gas Dynamics. New York: Academic Press,

1965: 487 - 507.

[35] Wang Z H, Bao L, Tong B G. Rarefaction criterion and non-Fourier heat transfer in hypersonic rarefied flows[J]. Physics of Fluids, 2010, 22(12): 126103.

[36] Wang Z H, Bao L, Tong B G. Variation character of stagnation point heat flux for hypersonic pointed bodies from continuum to rarefied flow states and its bridge function study[J]. Science in China Series G: Physics, Mechanics and Astronomy, 2009, 52 (12): 2007 - 2015.

[37] Shorenstein M L, Probstein R F. The hypersonic leading-edge problem[J]. AIAA Journal, 1968, 2(6): 1898 - 1906.

[38] Hu Y, Chen S, Sun Q H. Hypersonic aerodynamics of a flat plate: Bridging formula and wall temperature effects[C] // Mareschal M, Santos A. Rarefied gas dynamics: Proceedings of the 28th International Symposium on Rarefied Gas Dynamics. New York: AIP Conference Proceedings, 2012: 1493 - 1499.

[39] Lees L. Laminar heat transfer over blunt-nosed bodies at hypersonic flight speeds[J]. Journal of Jet Propulsion, 1956, 26(4): 259 - 269.

[40] Kemp N H, Rose P H, Detra R W. Laminar heat transfer around blunt bodies in dissociated air[J]. Journal of Spacecraft and Rockets, 1955, 40(5): 700 - 735.

[41] Beckwith I E, Gallagher J J. Local heat transfer and recovery temperatures on a yawed cylinder at a Mach number of 4. 15 and high Reynolds numbers[R]. Virginia: Langley Research Center, NASA TR - R104, 1962.

[42] Cheng H K. Hypersonic shock-layer theory of the stagnation region at low Reynolds number [C] // Binder R C, Epstein M, Mannes R L, et al. Proceedings of the 1961 Heat Transfer and Fluid Mechanics Institute. Chicago: Stanford University Press, 1961: 161 - 175.

[43] Santos W F, Lewis M J. Power-law shaped leading edges in rarefied hypersonic flow[J]. Journal of Spacecraft and Rockets, 2002, 39(6): 917 - 925.

[44] Lees L. Hypersonic flow[J]. Journal of Spacecraft and Rockets, 1955, 40(5): 700 - 735.

[45] Korobkin I. Laminar heat transfer characteristics of a hemisphere for the Mach number range 1. 9 to 4. 9[R]. Virginia: U. S. Naval Ordnance Laboratory, NAVORD Report No. 3841, 1954.

[46] Cohen C B, Reshotko E. Similar solutions for the compressible laminar boundary layer with heat transfer and pressure gradient[R]. Cleveland: Lewis Flight Propulsion Laboratory, NACA Report 1293, 1956.

第6章

高超声速非平衡流动

　　航空航天领域比较关注高超声速巡航飞行器的研制。这类飞行器为了追求高升阻比、高机动性和高飞行控制精度,普遍采用尖头薄翼的尖化前缘外形,其气动热防护体系设计对传统理论和技术方法提出很大挑战。其中首先遇到并亟须解决的核心问题,就是如何准确预测新型飞行器尖化前缘的气动加热量。

　　从流动和传热特征来说,目前问题的特点是高速、高温、高黏性、局部稀薄和热化学非平衡,因而局部稀薄气体效应、非平衡真实气体效应及两者耦合作用比较显著。这些效应都属于当前流体力学和物理学研究领域所关注的典型的非平衡和非线性现象。对于这些复杂的物理现象,理论上尚缺乏成熟可靠的研究方法,工程中则过度依赖拟合经验公式或者数值模拟手段。虽然依靠经验或数值方法能够解决一些实际问题,但是无法建立相应的理论体系,也难于深入理解物理问题的本质。因此,有必要深入分析目前问题中的流动机理,抓住主要矛盾进行模型理论分析,建立起尖化前缘气动加热受稀薄气体效应和非平衡真实气体效应耦合作用的工程理论。

　　从流动物理上分析,该问题中存在三个时间特征尺度,分别是流动特征时间 τ_f、微观分子碰撞特征时间 τ_c 和化学反应特征时间 τ_r,因而可定义两个无量纲特征参数 τ_c/τ_f 和 τ_r/τ_f,来分别表征稀薄气体效应和化学非平衡效应的强弱。除了振动能激发、离解-复合化学反应外,壁面催化、能量适应等气-固相互作用也对传热产生显著影响。我们不仅需要寻找这两个特征参数与真实流动条件的具体关系,还得考虑非平衡流动和催化加热,并研究其对气动加热影响的物理机制,最后建立统一的能量传递和转化框架。

6.1 正激波后化学非平衡流动

一般情况下,高超声速飞行器体前缘和翼前缘可分别近似为一个轴对称球锥体和二维柱楔体模型,如图 5.1 所示,其中 θ 为半锥角或半楔角,R_N 为前缘曲率半径,Ma_∞ 为高超声速来流马赫数。如果来流条件给定,则 R_N 越小,前缘越尖,根据 Knudsen 数来判断,流动也越稀薄。当 R_N 一直减小以致趋近于 0 时,流动就趋近于自由分子流极限。

对强激波后气体非平衡流动问题的讨论是一个古老而经典的话题。在理论研究方面,Lighthill[1,2] 和 Freeman[3] 等在 20 世纪 50~60 年代针对双原子分子气体提出了具有里程碑式意义的"理想离解气体"(ideal dissociating gas, IDG)模型。通过引入气体离解度的概念,构建了非平衡离解气体的控制方程与本构方程,使激波后非平衡流场的分析和计算大大简化。Freeman 还采用半解析半数值的方法分析了强激波后的平衡离解度和非平衡特征距离。其后,又有不少学者[4-7] 在该模型基础上,对相关问题进行了更深入的分析。

迄今,非平衡正激波问题的理论体系仍然是不完备的,还不能从激波前参数直接显式预测激波后物理量的非平衡变化特征。对于如此经典而基本的流动问题,工程上仍要依靠 DSMC 或 CFD 数值计算方法来解决。Anderson 对该问题总结后认为,化学非平衡流动的本性决定了它只能用一个微分方程组来描述,不管对于多么简单的流动问题,都不可能得到一个解析的关系式。

但从物理上说,激波后非平衡流动的所有细节都取决于激波前的来流参数,应该存在一种关系式,可以根据激波前来流参数来直接预测激波后的流动特征。即使非平衡流动的本性使我们得不到严格的理论解析结果,但至少在一定的实用参数范围内,能够寻找一个近似的显式解析表达式,而这在工程上是十分有意义的。

因此,本节以氮气的离解-复合反应为例,采用模型理论解析的方法,建立在一定参数范围内适用的非平衡正激波前后参数的显式解析关系式。本节发展的模型近似解析理论,为下一节关于尖化前缘驻点线上非平衡流动的研究提供了理论基础。

6.1.1 问题的描述

当高超声速气流经过一道很强的正激波压缩后,速度下降,大部分来流动能转化为气体的热能。对于完全气体模型,可以根据正激波的兰金-于戈尼奥(Rankine-Hugoniot)关系,完全解析地确定激波后温度、压强、密度等物理量。但是,许多实际流动中的气体并不满足完全气体模型假设,需要考虑真实气体效应的影响。例如,氮气、氧气或等效的空气模型[8],都是双原子分子气体,激波后高温条件可能会引起分子振动能激发、离解、置换、电离等一系列物理化学反应。在我们感兴趣的应用范围内,最典型的是双原子分子的离解-复合反应。由于化学反应过程需要一定的时间,在激波后气流将出现一个非平衡变化过程,即激波后物理量从一个初始非平衡态,经过一段距离后逐渐过渡趋近到一个平衡态,如图 6.1 所示,其中 α 为气体离解度,下标"e"表示最终平衡条件下的值,x_e表示非平衡过程的特征尺度,其相

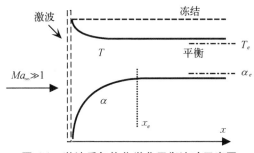

图 6.1　激波后气体化学非平衡流动示意图

关定义详见下文。从物理上说,最终的平衡状态和之前的过渡过程,完全由激波前来流条件确定。本节将分析这一非平衡过程,并采用数学方法寻找正激波前后参数之间的具体关系式。

6.1.2　物理模型的建立

本小节采用 Lighthill-Freeman 的理想离解气体模型来描述正激波后的化学非平衡流动问题。在进一步的讨论之前,有两个合理假设需要提前说明。

其一,本书关注的是正激波之后的非平衡流动,而不准备涉及激波本身薄层之内流动状态的讨论。由于正激波厚度只相当于几个平均分子自由程,分子只需经过几次碰撞就能穿过激波,而离解-复合反应一般需要成千上万次的碰撞才能达到平衡,因此激波厚度之内的流动对目前问题影响不大。

其二,相对于气体的离解-复合反应,气体分子振动能激发对流动的影响是次要的,因而可以把双原子分子振动自由度 ζ_v 取成一个系综平均值,在 Freeman 的研究中 $\zeta_v = 1$。一般来说,分子振动能激发所需的分子碰撞次数仍比分子达到离解-复合平衡所需要的碰撞次数小一个量级。后文也将用 DSMC 模拟结果显示振动非平衡特征距离比化学反应非平衡特征距离小得多。

氮气分子的离解-复合反应式可表示为

$$N_2 + Y \longleftrightarrow 2N + Y \tag{6.1}$$

其中,Y 表示第三方碰撞分子,可能是 N_2 或 N。气体离解度定义为混合气体中已发生离解的气体所占的质量分数,即

$$\alpha = \rho_N / (\rho_{N_2} + \rho_N) = \rho_N / \rho \tag{6.2}$$

非平衡特征尺度 x_e 则定义为气体离解度达到平衡值的 95% 时,气流所流过的距离,也就是说,当 $x = x_e$ 时,$\alpha = 0.95\alpha_e$。

作为一个定常的一维流动模型,气流的质量、动量和能量在任意位置都是守恒的,可表示为

$$\begin{cases} \rho u = \rho_\infty U_\infty \\ p + \rho u^2 \approx \rho_\infty U_\infty^2 \\ h + u^2/2 \approx U_\infty^2/2 \end{cases} \tag{6.3}$$

对于部分离解的气体混合物,状态方程可表示为

$$p = (1 + \alpha)\rho RT \tag{6.4}$$

气体焓 $h = e + p/\rho$,而内能则由三部分组成,分别是未离解分子内能、发生离解之后的原子的内能和化学势能。以微观分子自由度而论,未离解分子平动、转动和振动自由度分别为 $\zeta_t = 3$、$\zeta_r = 2$ 和 $\zeta_v = \zeta_v(T)$,而原子只有 3 个平动自由度。综合起来,内能可写为

$$e = \frac{1}{2} \frac{k_B T}{m} [5 + \zeta_v(T)](1 - \alpha) + \frac{3}{2} \frac{kT}{m/2}\alpha + \frac{E_d}{m}\alpha \tag{6.5}$$

其中,k_B 为 Boltzmann 常数;m 为氮气分子 N_2 的质量;$E_d = k_B \theta_d$,E_d 和 θ_d 分别为分子离解特征能和特征温度。氮气的气体常数 $R = k_B/m$。振动离解度 ζ_v 可表示为

$$\zeta_v = \frac{2\theta_v/T}{\exp(\theta_v/T) - 1} \tag{6.6}$$

其中,θ_v 为分子振动特征温度。对于氮气分子,$\theta_d \approx 113\,500\,\mathrm{K}$,$\theta_v \approx 3\,371\,\mathrm{K}$。因此,

$$h = (4 + \alpha)RT + \frac{1}{2}RT(\zeta_v - 1)(1 - \alpha) + R\theta_d\alpha \tag{6.7}$$

把式(6.7)代入式(6.3),并做无量纲化处理,得到

$$
\begin{cases}
\rho^* u^* = 1 & (6.8a) \\
(1 + \alpha)\rho^* T^* / (2\mu) + \rho^* (u^*)^2 \approx 1 & (6.8b) \\
(4 + \alpha) T^* + T^* (\zeta_v - 1)(1 - \alpha)/2 + \alpha + \mu (u^*)^2 \approx \mu & (6.8c)
\end{cases}
$$

其中, $\rho^* = \rho/\rho_\infty$; $u^* = u/u_\infty$; $T^* = T/\theta_d$; $\mu = U_\infty^2 / (2R\theta_d)$ 。

为了方便后面的讨论,需要对守恒方程组(6.8)做进一步的近似处理,也就是要找到流动物理量 ρ^* 、 u^* 和 T^* 关于离解度 α 的关系式。首先,由式(6.8a)和式(6.8b)联立求解,容易得到

$$
u^* = \frac{1}{\rho^*} \approx \frac{1 - \sqrt{1 - 2(1 + \alpha) T^* / \mu}}{2} \tag{6.9}
$$

然后,把式(6.9)代入式(6.8c),将得到一个关于 T^* 、 α 和 μ 的复杂的隐式的关系,严格求解已不太可能,需要进一步分析和近似。事实上,强激波后气流动能相对于其内能是很小的,即 $u^{*2} \ll 1$,可以忽略不计。另外,对于目前我们感兴趣的涉及中等离解度的流动,激波后高温条件下未离解分子振动自由度接近于完全激发,因此可以近似采用一个系综平均值,经对比发现,取 $\zeta_v \approx 1.9$ 比较合适。由此,就得到如下一个简单的显式关系:

$$
T^* \approx \frac{\mu - \alpha}{4.45 + 0.55\alpha} \tag{6.10}
$$

式(6.10)显示了总能量在内能和化学能之间重新分配的关系。它在形式上与 Freeman 的结果类似,但并不相同。Freeman 在一个较低的温度范围内近似取 $\zeta_v \approx 1$ 。图 6.2 中的对比表明,本书的近似方法在各种条件下都更逼近于其原始关系式。

接下来,需要建立离解-复合化学反应的反应速率方程。考虑氮气分子数密度 n_{N_2} 的变化:

$$
\frac{\partial n_{N_2}}{\partial t} + \nabla \cdot (n_{N_2} v) = \dot{\Omega}_{N_2} \tag{6.11}
$$

其中, $n_{N_2} = \rho_{N_2}/m = \rho(1 - \alpha)/m$; $\dot{\Omega}_{N_2}$ 是化学反应源项。由于流动是一维定常的,式(6.11)可化为

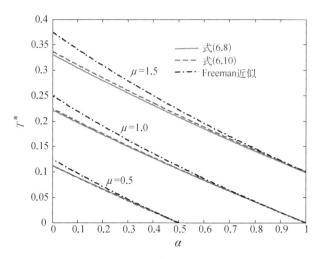

图 6.2   无量纲温度和离解度之间的近似关系

$$\frac{\mathrm{d}\alpha}{\mathrm{d}x} = -\frac{m_{\mathrm{N_2}}}{\rho_{\infty} U_{\infty}}\dot{\Omega}_{\mathrm{N_2}} \tag{6.12}$$

理论上说,目前的流动已经可以完全由式(6.9)、式(6.10)和式(6.12)来加以描述。在进一步的分析中,需要寻找化学反应源项 $\dot{\Omega}_{\mathrm{N_2}}$ 与其他物理量 ρ^*、T^* 和 α 的关系,最终几个方程联立之后形成一个一阶常微分方程。这个常微分方程形式极其复杂,不能严格积分。但是在一定参数范围内,却可以近似积分得到解析结果。

6.1.3   离解-复合化学反应速率方程

在以往的大多数研究工作中,都采用了基于连续流动领域工程实验拟合数据的化学反应速率关系式。当流动稀薄之后,这些反应速率关系式是否还有效,仍然是值得商榷的。因此,为了和后续稀薄流动领域内化学非平衡流动的研究内容相一致,本节将基于分子运动论的观点来建立化学反应速率方程。同时,这也和 DSMC 数值模拟中对化学反应的处理方法一致,更便于结果对比。

关于分子运动论基础知识,许多专业书籍或文献已有详细的介绍,此处不再赘述。具体到化学反应方面来说,认为在分子随机运动和碰撞中,双原子分子振动能激发到某一阈值——即分子离解能时,两个原子之间的化学键将被破坏,分子离解成两个自由原子。因此,分子离解速率等于分子浓度、分子碰撞率、具体碰撞中分子振动能高于某一阈值的概率这三者的乘积。

如果采用变径硬球分子模型和普适的 L - B 能量分配(general Larsen - Borgnakke distribution)原则,则单位体积和单位时间内,由于分子组分 p 和 q 碰撞引起的分子 p 离解的速率[9]为

$$(k_f)_{p+q} = \frac{2}{\sqrt{\pi}}\sigma_{\text{ref}}\left(\frac{T}{T_{\text{ref}}}\right)^{1-\omega}\left(\frac{2kT_{\text{ref}}}{m_r}\right)^{\frac{1}{2}}\left[1 + \frac{1}{(3/2 - \omega + \bar{\zeta})T^*}\right]\exp\left(-\frac{1}{T^*}\right)$$

$$(6.13)$$

其中, $m_r = m_p m_q/(m_p + m_q)$ 表示约化质量; ω 表示黏性系数关于温度的指数; σ 表示碰撞截面,下标"ref"表示参考温度下的值, $\sigma_{\text{ref}} = \pi(d_p + d_q)^2_{\text{ref}}/4$, d 表示分子直径。如果 $p = q$,式(6.13)右端还要乘上一个对称因子 1/2。 ζ 表示碰撞前两个分子所有内自由度平均值。如果 p 和 q 都是氮气分子,则 $\bar{\zeta} = 2 + \zeta_v$;如果一个是分子,另一个是原子,则 $\bar{\zeta} = 1 + \zeta_v/2$。 对于氮气的离解反应来说,在 $T_{\text{ref}} = 273$ K 时, $d_{N_2} = 4.17 \times 10^{-10}$ m, $d_N = 3.0 \times 10^{-10}$ m, $m = 46.5 \times 10^{-27}$ kg, $\omega_{N_2} \approx \omega_N \approx 0.75$。

由于组分 q 可能是分子也可能是原子,即式(6.1)中 Y 可能是 N_2 或 N,因此理论上说,应该存在两个分子离解速率,即 $(k_f)_{N_2+N_2}$ 和 $(k_f)_{N_2+N}$。 经比较发现,在 3 000~25 000 K 温度范围内, $(k_f)_{N_2+N}/(k_f)_{N_2+N_2} \approx 1.5$。 因此,为了后续讨论的方便,可以把二者合并起来,得到一个等效的离解速率,即

$$k_f n_{N_2} n = (k_f)_{N_2+N_2} n^2_{N_2} + (k_f)_{N_2+N} n_{N_2} n_N \qquad (6.14)$$

其中, $n_N = 2\alpha n/(1 + \alpha)$; $n_{N_2} = (1 - \alpha)n/(1 + \alpha)$; $n = (1 + \alpha)\rho/m$。 因此,

$$k_f = (k_f)_{N_2+N_2}(1 + 2\alpha)/(1 + \alpha) \qquad (6.15)$$

在 Freeman 文章中,离解速率中不显含离解度的影响,即把修正参数 $(1 + 2\alpha)/(1 + \alpha)$ 近似取成一个平均的常数。在本研究中,离解度 α 的影响将被保留下来。

复合反应速率需要根据平衡理论来推导,即平衡状态下:

$$\frac{k_f}{k_r} = K_{\text{eq}} = \exp\left(-\frac{1}{T^*}\right)\frac{Q^2_N}{VQ_{N_2}} \qquad (6.16)$$

其中, K_{eq} 为平衡常数; Q 为分子或原子的配分函数; V 为系统体积。值得注意的是,虽然 k_r 是在平衡假设下推导出来的,但是其形式同样适用于描述非平衡条件的流动和反应[3, 10]。一般来说可引入一个特征密度 $\rho_d = mQ^2_N/(4VQ_{N_2})$,

它是某一种分子离解过程中的物性参数,严格来说,ρ_d 是温度的缓变函数。但是 Lighthill[2] 研究表明,ρ_d 的缓慢变化对流动问题的实质影响不大,因而可以在一定温度范围内取一个平均值。在 3 000~25 000 K 温度范围内,$\rho_d \approx 2.5 \times 10^5 \, \text{kg/m}^3$。Freeman 在 7 000 K 以下的温度范围内把氮原子的电子配分函数取为一个常值,因而其定义的特征密度也较小。这样,复合反应速率可写为

$$k_r = k_f \exp\left(\frac{1}{T^*}\right) \frac{m_{\text{N}_2}}{\rho_d} \tag{6.17}$$

图 6.3 对比了本书所采用的反应速率模型与工程中常用的速率模型,可见二者在相当大温度范围内是符合较好的。

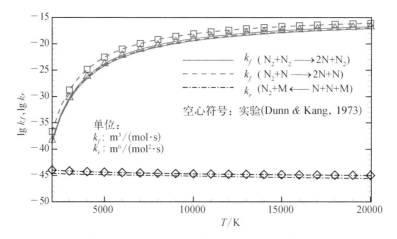

图6.3　本书采用化学反应速率与基于工程实验的速率对比图

那么,式(6.12)中化学反应源项在形式上可写为

$$\dot{\Omega}_{\text{N}_2} = -(k_f n_{\text{N}_2} n - k_r n_{\text{N}}^2 n) \tag{6.18}$$

由于式(6.18)是直接基于分子运动论构建的,它也适用于描述稀薄流动中的化学反应。把式(6.18)代入式(6.12),并做一些化简,可以得到

$$\frac{d\alpha}{dx} \approx A \cdot C(\alpha) \cdot \left[\exp\left(-\frac{1}{T^*}\right) - \frac{\rho_\infty \rho^*}{\rho_d} \frac{\alpha^2}{(1-\alpha)}\right] \tag{6.19}$$

其中,$A = 2(T_\infty/\theta_d)^{1/4}/(\sqrt{\pi}\lambda_\infty)$,$\lambda_\infty = (T_\infty/T_{\text{ref}})^\omega/(\sqrt{2}\pi d_{\text{ref}}^2 n)$ 是平均分子自由程。函数 $C(\alpha)$ 形式为

$$C(\alpha) = \frac{\left[1 + (11/4 + \zeta_v)T^*\right](1 + 2\alpha)(1 - \alpha)}{(11/4 + \zeta_v)(T^*)^{3/4}u^{*2}\sqrt{\mu}} \tag{6.20}$$

至此,本节把激波后化学非平衡流动转化为一个 α 关于 x 的复杂一阶微分方程的求解问题,其中包含两个可变参数 μ 和 ρ_∞/ρ_d。对于每一组特定的可变参数,可对式(6.19)进行数值积分。但是数值积分给出的都是孤立的数据点或线,激波后流动特征关于激波前自由来流参数的依赖关系仍然是不清楚的。因而接下来几节考察式(6.19)在一定参数范围内的近似解析解,以寻找激波前后物理量的显式依赖关系。

6.1.4　激波后气体化学非平衡流动特征分析

本节通过分析式(6.19)的数学性质,来近似求解正激波后非平衡流动的主要特征,即平衡离解度 α_e、非平衡特征尺度 x_e 和非平衡过渡过程 $\alpha = \alpha(x)$。

1. 平衡离解度

在激波后足够远的地方,分子离解和原子复合作用相互抵消,流动趋近于平衡状态,各种物理量不再随距离而变化。在式(6.19)中,令 $\mathrm{d}\alpha/\mathrm{d}x = 0$,由右端项得到

$$\exp\left(-\frac{1}{T_e^*}\right) = \frac{\rho_\infty}{\rho_d u_e^*}\frac{\alpha_e^2}{(1 - \alpha_e)} \tag{6.21}$$

其中,$T_e^* = T^*(\alpha_e)$；$u_e^* = u^*(\alpha_e)$。式(6.21)左端是一个指数形式的函数,只有右端项发生量级的变化,才会对等式有显著影响,因而可以把等式右端的缓变项做进一步处理。由于 ρ_d 是随温度缓慢增大的,而 u_e^* 是随温度缓慢减小的,可以综合平均,并进一步定义一个来流特征密度 $\rho_{d\infty} = \rho_d u_e^* \approx 2.5 \times 10^4\,\mathrm{kg/m^3}$。再结合式(6.10),得到

$$\exp\left(-\frac{4.45 + 0.55\alpha_e}{\mu - \alpha_e}\right) = \frac{\rho_\infty}{\rho_{d\infty}}\frac{\alpha_e^2}{1 - \alpha_e} \tag{6.22}$$

式(6.22)是超越方程形式的,仍然难以看出其中的参数依赖关系,我们希望得到一种直接的显式解析关系。事实上,许多工程问题关注的都是中等离解度的情况。当 $\alpha_e < 0.1$ 时,化学反应对问题本身的影响一般也是不大的;当 $\alpha_e > 0.9$ 时,问题中涉及非常高的温度,诸如电离、辐射等其他因素的影响也显著起来,当前的模型也就失效了;而对于中等离解度情况,即 $0.1 < \alpha_e < 0.9$ 的问题,式

（6.22）的一阶近似就能给出足够精确的结果。首先，把式（6.22）在形式上写为

$$\mu = \varphi(\alpha,\,D) = \alpha_e - \frac{4.45 + 0.55\alpha_e}{2\ln\alpha_e - \ln(1 - \alpha_e) - D} \tag{6.23}$$

其中，$D = \ln(\rho_{d\infty}/\rho_\infty)$。把 $\varphi(\alpha,\,D)$ 在 $\alpha_e = 0.5$ 处作一阶 Taylor 展开，然后再求反函数得

$$\alpha_e = \frac{\mu + \varphi_1(D)}{\varphi_2(D)} \tag{6.24}$$

进一步，在 $\rho_\infty/\rho_d = 10^4 \sim 10^9$ 范围内对关于 D 的函数做近似。通过与数值解对比，发现 φ_1 和 φ_2 需分别取一阶和两阶近似就足够了，即 $\varphi_1 = 0.011D - 0.39$，$\varphi_2 = 0.0015D^2 - 0.063D + 1.8$。当然，式（6.24）的近似形式并不是唯一的，更复杂的形式可能适用于更宽的参数范围。但是对于大多数工程实际问题，目前的近似结果已经足够好。

图 6.4 和图 6.5 分别给出了平衡离解度 α_e 随无量纲来流动能和密度的变化趋势，同时也显示了显式（6.24）、隐式（6.22）、精确数值解和本论文 DSMC 模拟结果的对比情况。此处，精确数值解是指在理想离解气体模型之下，对式（6.8）和式（6.12）不做任何简化而求得的数值积分解。由两图中曲线的对比可以知道，目前显式解析的式（6.24）足够精确地捕捉到中等离解度情况下，平衡离解度和来流动能之间近似线性变化的关系。这一近似线性关系的存在，表明在一定来流动能范围内，总能量几乎是按固定比例在化学能和内能模态之间进行分配的。

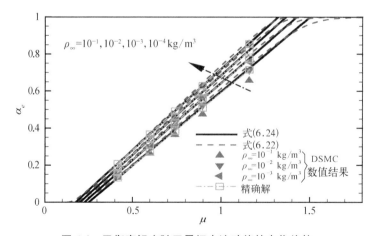

图 6.4　平衡离解度随无量纲来流动能的变化趋势

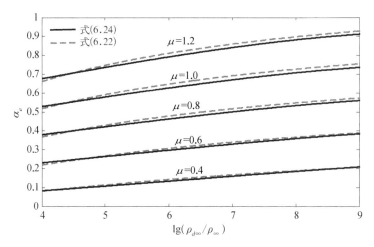

图 6.5　平衡离解度随无量纲密度的变化趋势

另外,来流密度越低,平衡离解度相对也稍大,这是因为离解反应涉及二体碰撞,其概率和密度平方成正比,而复合反应涉及三体碰撞,其概率和密度立方成正比,于是在较低密度条件下,复合反应相对受到抑制,致使离解度变大。

根据式(6.9)和式(6.10)计算得到平衡流场中物理量随马赫数的变化规律,图 6.6 给出了用隐式(6.22)和显式(6.24)平衡离解度计算的结果和其他学者[11]数值迭代法求解结果对比整体符合较好。图中也给出了完全气体模型理论预测的结果,可见考虑真实气体效应的影响后,激波后温度将大幅降低,而密度则增

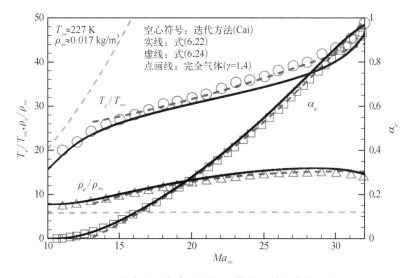

图 6.6　激波后平衡态流场物理量随马赫数变化特征

加很多。

2. 非平衡特征尺度

上一节讨论了激波后流动达到平衡时的状态,但流体微团通过激波后需要经过多远距离才能达到平衡呢? 严格来说,流动需要一个缓慢的趋近过程,在无穷远处才能达到平衡。但在实际问题中,只要和平衡状态差别不大,就可近似认为流动达到平衡了。因此,引入了非平衡特征尺度的概念,也就是气体离解度达到其平衡值的95%时,流动所经过的距离。现在,需要对式(6.19)进行积分,写成一种无量纲的形式为

$$x_e^* = \frac{x_e}{\lambda_\infty} = \int_0^{0.95\alpha_e} f(\alpha) \exp[h(\alpha)] d\alpha \qquad (6.25)$$

其中,α_e 采用式(6.24)或式(6.22)进行计算;$h(\alpha) = 1/T^*(\alpha)$;$f(\alpha) = g(\alpha)/[C(\alpha)A\lambda_\infty]$,有

$$g(\alpha) = \left[1 - \frac{\rho_\infty \rho^*}{\rho_d} \frac{\alpha^2}{(1-\alpha)} \exp\left(\frac{1}{T^*}\right)\right]^{-1} \qquad (6.26)$$

研究发现,对于相当大范围的参数 μ 和 D,$g(0.95\alpha_e) = 1.3 \sim 1.5$。

由于形式复杂,对积分方程式(6.25)严格求解是不可能的。但分析发现,其被积函数是指数增长型的,类似著名的 Laplace 积分形式,在函数 $h(\alpha)$ 的极值点,即 $\alpha = 0.95\alpha_e$ 附近的积分贡献是主要的,因而

$$x_e^* \sim \frac{f(\alpha)}{h'(\alpha)} \exp[h(\alpha)]\bigg|_{\alpha = 0.95\alpha_e} \qquad (6.27)$$

考虑到被忽略的余项的影响之后,应再乘上一个 1.25 的修正系数。最终的近似积分结果可写为

$$x_e^* \approx 1.6\left(\frac{\theta_d}{T_\infty}\right)^{1/4} \frac{T_e^{*2}\exp[1/T_e^*]}{C(0.95\alpha_e)|\partial T^*/\partial\alpha|_{\alpha=0.95\alpha_e}} \qquad (6.28)$$

从形式上说,式(6.28)已给出了激波后非平衡特征尺度的显式解析表达式,其右端完全是关于自由来流参数 T_∞、U_∞ 和 ρ_∞ 的函数。但遗憾的是,其形式仍然过于复杂,参数之间的依赖关系仍然是不清楚的;并且,式(6.28)要求提前计算 α_e,而由于非平衡过渡过程的特殊性,它对 α_e 的计算精度要求很高,即 α_e 的微小误差,将可能引起 x_e^* 较大的误差。因此,有必要对式(6.28)做进一步的化

简工作,而最为简单实用的做法就是求其关于各主要变量的一阶近似。事实上,借助数学软件把式(6.28)在对数坐标内展开分析,发现如下一个一阶近似就能较好地描述其主要的数学物理特征:

$$x_e^* \approx \frac{1}{6\,000}\left(\frac{\theta_d}{T_\infty}\right)^{1/4}\left(\frac{\rho_{d\infty}}{\rho_\infty}\right)^{1/2}\exp\left(\frac{5}{\mu^{3/5}}\right) \tag{6.29}$$

图 6.7 给出了式(6.28)、式(6.29)和精确数值解及 DSMC 模拟结果的对比情况。考虑到 x_e 随来流参数剧烈变化的特性,可以认为几种简化结果都与实际符合较好。值得注意的是,本书结果表明 x_e 近似与 $\rho_\infty^{3/2}$ 成反比,即 $x_e \propto \rho_\infty^{-3/2}$ 或者说 $x_e^* \propto \rho_\infty^{-1/2}$。工程实验和计算结果[12]指出 $x_e \propto T^{-1/2}\rho^{-2}$,由于非平衡离解过程对激波后压强影响不大,因而 $T \propto \rho^{-1}$, $x_e \propto \rho^{-3/2}$,与本书结果是一致的。

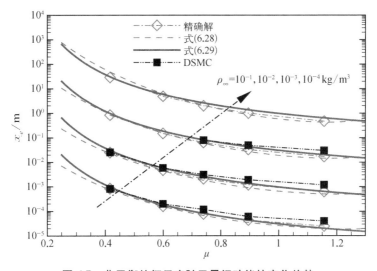

图 6.7　非平衡特征尺度随无量纲动能的变化趋势

从化学反应的微观物理过程来看,对于 $\rho_\infty = 0.1\ \mathrm{kg/m^3}$ 的情况, $x_e^* \approx 10^1 \sim 10^3$,考虑到激波前后密度和平均分子自由程的变化,可以估计到,平均一个氮气分子要经历 $10^2 \sim 10^4$ 次碰撞才能达到化学平衡状态。来流能量越大,平均每次碰撞传递的能量越多,所需碰撞次数就越少;密度越小,热非平衡的效应也将逐渐显著,单次碰撞的能量传递效率将会降低,因而需要更多次的碰撞。

图 6.8 给出了一种来流条件下 DSMC 模拟正激波后气流平动(t)、转动(r)、振动(v)温度和等效平均温度随距离的变化曲线。可以发现,与化学反应非平

衡特征尺度相比,振动非平衡特征尺度相对很小。这说明,振动非平衡效应在目前问题中是可以忽略的,把振动自由度取为一个等效平均值也是合理的。

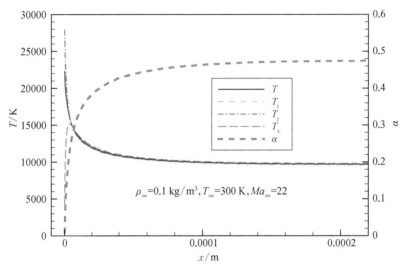

图 6.8 正激波后温度变化曲线

3. 非平衡过渡过程

至此,本章近似解析得到了正激波后非平衡流动的两个重要特征量,即平衡离解度和非平衡特征距离,但是流动从激波后初始状态过渡到其平衡状态的具体过程仍是未知的。而且,不同流动条件下,正激波后的非平衡过渡过程是否存在相似性,也是一个值得讨论的重要问题。

要严格分析这一过程,就需要对微分方程式(6.19)进行不定积分,然后再求反函数。然而遗憾的是,由于微分方程形式的复杂性,这种做法实际上是行不通的。从精确数值积分和 DSMC 结果分析发现,各种来流条件下,离解度都是在非常短的距离内急剧增加,然后又非常缓慢地趋近平衡值。针对这一相似特性,可以引入一个简单的函数形式来近似描述该非平衡过渡过程。在对数坐标系里归一化处理之后,发现无量纲离解度 $\tilde{\alpha} = \alpha/\alpha_e$ 和无量纲距离 $\tilde{x} = x/x_e$ 具有类似双曲正切函数的变化趋势,即 $\tilde{\alpha} = \{\tanh[c_1\ln(\tilde{x}) + c_2] + 1\}/2$,在自然坐标系里可写为

$$\frac{\alpha}{\alpha_e} = \frac{(x/x_e)^s}{(x/x_e)^s + c} \qquad (6.30)$$

由于 $x = x_e$ 时,$\alpha = 0.95\alpha_e$,因此可确定 $c \approx 0.0526$。但严格来说,指数" s "

却随着 $\rho_{\infty}/\rho_{d\infty}$ 的减小或 μ 的增大而缓慢增长,当 $\rho_{\infty}/\rho_{d\infty} = 4 \times 10^{-6} \sim 4 \times 10^{-9}$, $\mu = 0.4 \sim 1.2$ 时, $s \approx 0.7 \sim 1.3$。 在这里,粗略认为 $s \approx 1$,其更精确的表达式则可以根据研究的条件和需要而进一步改进。

知道了离解度的非平衡过渡过程,则可以根据式(6.9)和式(6.10)求出相应密度、速度和温度的过渡过程。

图 6.9 显示了归一化表示的气体离解度随距离的变化趋势。图 6.10 和图 6.11

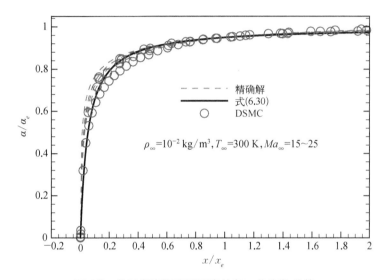

图 6.9　非平衡离解度随距离的归一化变化趋势

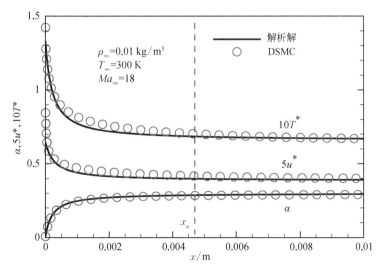

图 6.10　激波后非平衡流场各物理参数随距离的变化趋势

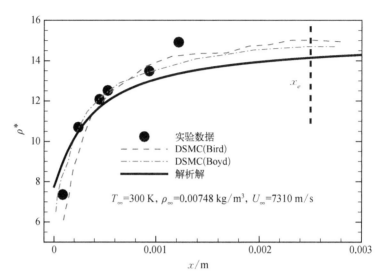

图 6.11　非平衡正激波后密度变化曲线

则给出特定来流条件下,激波后流场中各物理量的非平衡过渡过程,以及与本书 DSMC 模拟结果、其他研究者数值计算和相关实验数据的综合对比情况,各类数据整体符合情况较好。在图 6.10 和图 6.11 中,靠近激波区域,理论预测的速度和密度与计算结果存在一些偏差,这是由于理想离解气体模型本身的假设引起的: 在 DSMC 数值模拟中同时计入了振动和化学非平衡的影响,而在理想离解气体模型中,认为振动能激发的影响是相对可以忽略的,把分子振动自由度近似处理为一个恒定常数,因此在紧邻激波后的流场区域引起相对较高的密度值以及较低的速度和温度值。

4. 工程应用讨论

本节中模型理论分析的结果,可以直接用于分析和求解工程中相关的化学非平衡流动问题,例如,快速估算高超声速风洞或飞行实验中的非平衡流场,指导 CFD 数值模拟中计算区域大小选取,分析其计算结果合理性等等。

在高超声速风洞实验或飞行实验中,比较关心流场中非平衡效应的强弱和影响区域的大小。由于空气组分中氮气的比例较大,等效空气模型各参数与氮气模型也相差不大,因而以氮气模型为例分析的结果和实际空气模型的相应结果定量差别不大。对于温度 300 K,密度 0.1 kg/m³(相当于海拔 19 km)的来流情况,飞行马赫数 15 时,由式(6.24)计算其平衡离解度约为 0.13,由式(6.29)分别估算其非平衡特征尺度约为 1 mm。对于 1 m 量级的大钝头模型,可认为流动是平衡的。

但是当密度降低为 0.01 kg/m³ 和 0.001 kg/m³（分别相当于海拔 34 km 和 50 km）时，相应非平衡特征尺度已分别达到 3 cm 和 1 m 的量级了。虽然驻点线流动问题与正激波后流动有所区别（详见下一节），但可以肯定地说流场中相当大一部分区域内，流动已经处于非平衡状态了。

另外，当采用 CFD 方法模拟激波相关流动问题时，激波下游的边界条件一般是必须提前给定的。如果流动是化学非平衡的，则下游流动状态事先是不知道的，而且激波下游计算区域的设定也较难处理，计算区域设小了，计算结果就不合理，反之，区域设定过大了，又增加许多不必要的计算量。利用本节的结论，能够解决这类困难，既可以给定激波下游边界条件的初值，也可以估算出激波下游非平衡区域的大小。同时，CFD 计算完成后，其结果合理性也可由本节理论来加以分析和检验。

6.2　非平衡边界层流动与传热

第 5 章讨论了纯粹稀薄气体效应对尖化前缘气动加热的影响，认为真实气体效应还不太明显。6.1 节讨论了纯粹非平衡真实气体效应对流动的影响，因为正激波后不存在宏观流动特征尺度，稀薄气体效应的影响并没有显现。本节将讨论尖化前缘驻点线流动和传热受非平衡真实气体效应的影响。此时流动中存在 3 个特征尺度，分别是流动特征尺度、化学反应非平衡特征尺度和平均分子自由程，当然，也可以说存在 3 个相应的特征时间。这样，稀薄气体效应和非平衡真实气体效应就可能同时存在，并且二者之间还将产生耦合效应，其对尖化前缘气动加热的影响机制更为复杂。

另外，即使在连续流动领域，对于化学非平衡流动的理论研究本身就很不成熟，特别是与气动加热相关的问题，还找不到一套可靠的理论预测方法，当然也就不可能向稀薄流动领域类比或推广。因此，本节研究的问题可以说是未知中的未知，因而相应的研究方法必须基于更广义的观点和物理模型。

本节首先基于能量守恒的观点分析了非平衡真实气体效应对气动加热产生影响的物理机制，并在近连续流动领域建立了尖化前缘驻点线流动和传热的广义物理模型，把问题分解为边界层之外的离解非平衡流动和边界层之内的复合非平衡流动。然后，利用激波映射法及第 5 章结论，求出了驻点边界层外缘的非

平衡离解度 α_δ，并利用量级比较法得到了驻点边界层内气流复合反应的非平衡判据 Z_r。最后，根据驻点边界层外缘的非平衡离解度和边界层内的非平衡判据，构建了计入非平衡真实气体效应影响的驻点热流预测桥函数。分析发现，该桥函数也包含了流动稀薄程度判据 W_t 的影响。最终，合并了 5.1 节稀薄气体效应桥函数与本节非平衡真实气体效应桥函数后，讨论了稀薄气体效应和非平衡真实气体效应的耦合作用对尖化前缘气动加热的影响。

6.2.1　问题的描述与建模

本书所说的真实气体效应，是由于飞行器高速飞行引起的高温效应。如图 6.12 所示，随着飞行马赫数升高，分子振动、离解、电离等效应依次出现，不同的飞行条件下，真实气体效应的具体内容和控制因素也有所不同。图 6.13 显示了一个半径 30.5 cm 的球形前缘在各种飞行条件下所遭遇到的热化学现象[13]。值得注意的是，对于更小尺寸的前缘，如目前工程上比较关注的 1 mm 尺寸的尖化前缘，其各种效应出现的海拔还应该降低 35 km 左右。因此，在海拔 30~80 km，飞行马赫数 10~25 的尖化前缘飞行器，将主要遇到分子振动能激发、分子离解等真实气体效应。这些效应的主要表现就是吸收大量能量，降低气体温度。一般认为，分子振动能激发影响的主要是流场温度，但是对壁面加热量影响不大，这已经被一些计算研究证明[14]。因此，这里所说的真实气体效应，主要是指目

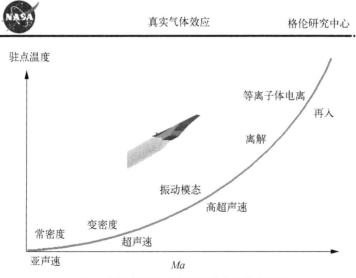

图 6.12　高超声速飞行中遇到的真实气体效应

化学和热非平衡流域	
流域	气动热现象
Ⓐ	化学和热平衡
Ⓑ	化学非平衡但热平衡
Ⓒ	化学和热非平衡

高温气体的化学成分		
流域	空气的化学反应模型	化学成分
Ⅰ	2组分	O_2, N_2
Ⅱ	5组分	O_2, N_2, O, N, NO
Ⅲ	7组分	$O_2, N_2, O, N, NO, NO^+, e^-$
Ⅳ	11组分	$O_2, N_2, O, N, NO, O_2^+, N_2^+, O^+, N^+, NO^+, e^-$

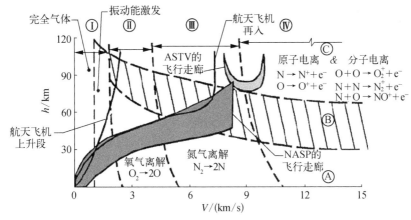

图 6.13 半径 30.5 cm 的球形前缘在各种飞行条件下遇到的热-化学现象[13]

前问题中影响最大的非平衡离解-复合化学反应。如果被化学反应吸收的能量不再逆转为热能,那么气流对飞行器壁面的加热量将会减小,这对飞行器热防护是有利的。

但在实际问题中,情况是极其复杂的。流动中有多少能量被吸收,是否会被逆转释放回来,释放多大比例等等,都和很多流动参数及壁面物理属性相关。简而言之,尖化前缘气动加热受真实气体效应的影响大小,取决于流动的非平衡程度和壁面的催化特性。一般用于高超声速尖化前缘的高温陶瓷材料,其壁面催化特性不明显,因而本节主要考虑完全非催化壁模型。进一步,对于一般实际流动问题,可进一步认为壁面温度远小于来流滞止温度。

图 6.14 给出了高超声速前缘驻点线流动中能量传递的示意图。来流输入能量为 E_∞,主要是气流动能,高超声速条件下它近似等于气流总焓。沿驻点线一直到边界层外缘,气流总焓不变。经过激波后,气流动能几乎全部被转化为热能形式,同时,部分气体发生离解反应,把一定比例的热能转化为化学能形式。到边界层外缘,离解度为 $\alpha_1 = \alpha_\delta$,化学反应吸收的能量为 $\alpha_\delta E_d = \alpha_\delta R\theta_d$,剩余可传递热能为 $E_\delta = E_\infty - \alpha_\delta E_d$。到达边界层内部时,原子复合反应又释放出一部分

能量 $\alpha_2 E_d$，同时，一部分能量流向下游，沿驻点线总焓不再保持不变。最终，气流传递给驻点壁面的能量 Q_w，即为驻点气动加热量。

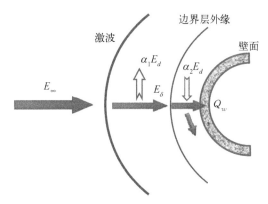

图 6.14　高超声速驻点线流动中能量传递示意图

（实箭头表示能量的传输，虚箭头表示热能和化学能之间的转换）

能量传递的等效过程如图 6.15 所示，其中 R_1 和 R_2 分别是能量传递系数。

$$R_1 = \frac{E_\delta}{E_\infty} = 1 - \frac{\alpha_1 E_d}{E_\infty} \approx 1 - \alpha_1 \frac{2R\theta_d}{V_\infty^2} \tag{6.31}$$

$$R_2 = \frac{Q_w}{E_\delta + \alpha_2 E_d} = \left(\frac{Q_w}{E_\infty}\right) \cdot \left[1 - \alpha_1\left(1 - \frac{\alpha_2}{\alpha_1}\right)\frac{E_d}{E_\infty}\right]^{-1} \tag{6.32}$$

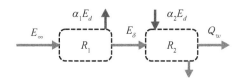

图 6.15　高超声速驻点线流动中能量传递等效示意图

其中，R_2 是驻点边界层法向热传递系数，即壁面加热量与边界层内流动输入热能（包括边界层外缘输入热量和边界层内复合反应释放热量两部分）之比值。该系数与边界层流动和传热机制有关，主要取决于边界层外缘流动参数，而对化学反应不太敏感。针对平衡（$\alpha_1 = \alpha_2$）和冻结（完全催化壁：$\alpha_2 = \alpha_1$；完全非催化壁：$\alpha_2 = 0$）边界层的情况，这一结论的正确性已有不少研究[15-17]加以证实或说明。事实上，根据 Fay - Riddell 公式（2.1），经过简单分析可知

$$q_s \propto \sqrt{\frac{p_s}{R_N} h_s} \tag{6.33}$$

由于驻点压强对化学反应不敏感,那么在给定来流和前缘尺寸情况下,$R_2 = q_s/h_s$ 就是一个对化学反应不敏感的不变量。这就是平衡和完全催化壁冻结流动两种情况下 Fay – Riddell 公式预测热流结果一致的原因。

对于非平衡边界层的情况,由于已经计入了复合反应释放的热量,R_2 也是不受化学反应影响的不变量,我们将在后文对这一判断进行证实。因此,当来流条件和前缘尺寸确定时,计入和不计入非平衡化学反应两种情况下,根据 R_2 的特性可知下式是近似成立的:

$$\frac{(Q_v)_{eq}}{E_\infty} = R_2 = \frac{(Q_n)_{non-eq}}{E_\infty} \left[1 - \alpha_1 \left(1 - \frac{\alpha_2}{\alpha_1} \right) \frac{E_d}{E_\infty} \right]^{-1} \tag{6.34}$$

这一关系非常重要,它把化学非平衡流动情况下的气动加热特征和相应的化学平衡流动情况下的气动加热特征联系了起来。基于这个联系可以构建一个考虑非平衡真实气体效应影响的热流预测桥函数,通过对平衡流动理论预测结果进行修正,来预测非平衡情况下的真实热流,即

$$\frac{(q_s)_{non-eq}}{(q_s)_{eq}} = 1 - \alpha_1 \left(1 - \frac{\alpha_2}{\alpha_1} \right) \frac{E_d}{E_\infty} \approx 1 - \alpha_\delta \varphi / \mu \tag{6.35}$$

其中,$\alpha_\delta = \alpha_1$ 是边界层外缘气体离解度;$\varphi = 1 - \alpha_2/\alpha_\delta$;$\mu = V_\infty^2/(2R\theta_d)$ 是无量纲来流动能,与 6.1 节中的定义相同。由于不考虑化学反应(或者说化学反应完全冻结,$\alpha_\delta = \alpha_2 = 0$)情况下的热流与化学平衡流动情况下的热流近似相等,那么式(6.35)中 $(q_s)_{eq}$ 也可以替换为化学冻结流动情况下的热流 $(q_s)_{frozen}$,这在实际应用中将更加方便。本书在连续流动领域选取平衡边界层情况下的 Fay – Riddell 公式预测结果作为对比标准,而在稀薄流动领域,则选择不考虑化学反应的 DSMC 计算结果或者依据 5.1 节桥函数理论预测的结果进行对比。

式(6.35)中存在两个待求参数,即 α_δ 和 $\varphi = 1 - \alpha_2/\alpha_\delta$,其分别与边界层外缘流动状态和边界层内化学非平衡程度有关,下一节的主要工作就是要从理论上找到这两个参数的预测方法。

6.2.2 问题分析和研究思路

6.2.1 小节根据广义的能量传输模型,建立了计入非平衡真实气体效应的驻

点热流预测的桥函数,问题最终归结为 α_δ 和 φ 两个参数的分析求解。

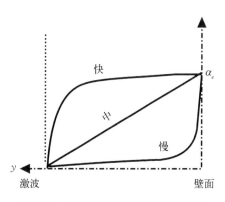

图 6.16 高雷诺数连续流动中不同反应速率下驻点线上离解度变化示意图

首先,分析边界层外的气体离解度 α_δ。 在高雷诺数连续流动情况下,一般认为流动在边界层外缘能够达到平衡状态,因而 $\alpha_\delta = \alpha_e$,可以根据平衡反应理论来确定。这是因为高雷诺数流动中,边界层相对很薄,边界层外缘状态参数需根据无黏流动理论来确定。边界层外缘法向速度近似为 0,流体微元可以驻留无穷长时间,不管化学反应速率多么小,流动都能够达到平衡,这是无黏化学非平衡流动理论[3,18,19]一个共同的结论,如图 1.7 和图 6.16 所示。

但是,对于尖化前缘遇到的稀薄流动情况,雷诺数一般较小,边界层增厚,壁面的影响范围扩展。在驻点边界层外缘,法向速度并不为 0,而是有限大小。这样,边界层外缘的流动状态并不总能达到平衡,以致 $\alpha_\delta < \alpha_e$。 图 6.17 给出了稀薄流动情况下,前缘驻点线上的离解-复合非平衡流动示意图,其中对边界层厚度作了放大处理,以便显示其内部非平衡状态。边界层外离解反应占优,而边界层内复合反应占优。根据边界层内外的非平衡状态,可以分

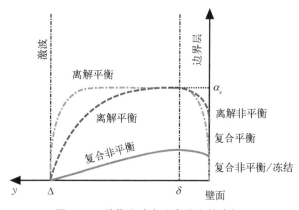

图 6.17 稀薄流动中驻点线上的离解-复合非平衡流动示意图

三种情况:① 边界层外离解平衡,同时边界层内复合平衡;② 边界层外离解平衡,边界层内复合非平衡;③ 边界层外离解非平衡,边界层内复合非平衡或冻结。在稀薄流动情况下,流动特征时间相对变小,化学反应更趋近于非平衡,我们遇到的主要是第三种情况。此时,边界层外缘的流动参数需要根据非平衡理论来求解。在相应理论分析中需首先确定出流场结构的特征,包括边界层相对厚度和无黏流动区域大小等,而由本书第 5 章中关于流场结构特征分析结论可

知,这和流动的稀薄程度有关。

其次,分析参数 $\varphi = 1 - \alpha_2/\alpha_\delta$,它和边界层内的复合非平衡流动相关。边界层内,气体离解度的变化主要由气体组分扩散和原子复合反应两种因素引起,但只有第二种因素才引起边界层内可传递热能的变化。因此,有必要衡量边界层内原子复合反应的相对影响大小。这就引出了一种判断边界层内流动非平衡程度的判据,即上述两种因素的比值,相当于一个具体化的 Damköhler 数。那么,参数 φ 就可以根据该非平衡判据来确定。

最后,分析参数 α_δ 和 φ 与哪些物理参数相关,可以找出目前问题中的关键控制因素,进一步阐释目前流动和传热问题的物理机制。

基于以上分析,后文中对尖化前缘受非平衡真实气体效应影响的研究工作将按照以下几个步骤进行:

(1)分析并验证我们基于能量守恒律给出的非平衡真实气体效应桥函数式(6.35)的合理性;

(2)研究边界层外的离解非平衡流动,采用激波映射法换算出边界层外缘非平衡气体离解度 α_δ;

(3)研究边界层内的复合非平衡流动,通过量级分析得到边界层内复合非平衡流动判据 Z_r,进一步确定参数 φ 的具体形式;

(4)根据以上分析得到的 α_δ 和 φ,即可确定计入非平衡真实气体效应的驻点热流预测桥函数公式,并在此基础上综合讨论相关物理因素对气动加热的影响及其相似律。

6.2.3　前缘驻点线上能量传递模型的验证

本节先证实基于能量传递广义模型的桥函数式(6.35)的合理性。

第 2 章中提到,针对平衡边界层和完全催化壁冻结边界层两种情况的 Fay-Riddell 公式形式相似,对于给定的来流条件,两种形式的计算结果也基本相等。这正是桥函数式(6.35)在 $\alpha_2 = \alpha_\delta$ 或 $\varphi = 0$ 情况下的特例。对于完全非催化壁冻结边界层情况,Fay 和 Riddell 也给出一种形式上的公式,即认为 $q_s/(q_s)_{eq.} = 1 - h_d/h_s$,这也和式(6.35)中 $\alpha_2 = 0$ 或 $\varphi = 1$ 的情况等价。可见,在连续流动领域,冻结边界层情况下桥函数式(6.35)的合理性是不言而喻的。

对于稀薄流动领域非平衡边界层的情况,采用 DSMC 数值模拟方法来证实桥函数式(6.35)的合理性。即式(6.35)中的 α_δ、α_2 和热流 q_s 完全由数值方法计算出来,然后检验其是否符合式(6.35)。

分别进行三组 DSMC 数值模拟:第一组(Case1)不考虑化学反应,即认为化学反应完全冻结,上文已经提到,这种情况下热流与平衡流动情况下热流基本相等;第二组(Case2)考虑真实的非平衡化学反应;第三组(Case3)只考虑离解反应而不考虑复合反应。对后两种情况的计算结果进行对比,就能把边界层内复合反应的作用凸显出来。

如图 6.18 所示,Case2 和 Case3 两种情况下(Case1 情况下没有化学反应,离解度为 0),边界层外气体离解度几乎完全一样,表明边界层外确实是离解反应占优的,复合反应的影响可以忽略。但是在边界层内部,两种情况下的气体离解度变化就出现了差异。在壁面处,Case3 的离解度比 Case2 高出的部分,即 α_2 是由于原子复合反应引起的。图中同时显示,复合反应的作用只有在流动稀薄程度相对较低的情况下才比较明显,对于稀薄程度较高的情况,α_2 也非常小,说明化学反应是接近于冻结的。

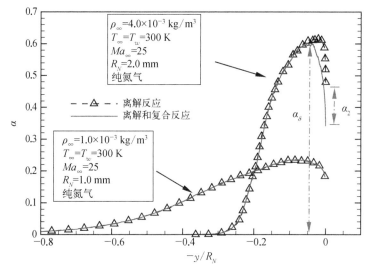

图 6.18 前缘驻点线上气体离解度变化曲线

(离解和复合反应表示同时考虑离解和复合反应的正常情况;离解反应表示关闭复合反应,只考虑离解反应)

图 6.19 给出 Case2 和 Case3 情况下相应的壁面热流系数。可以发现,流动化学冻结时,两种情况计算热流是完全相等的,流动化学非平衡时,复合反应把化学能转化为热能,引起壁面热流增加。具体驻点热流增加量显示在图 6.20 和图 6.21 中。

首先,图 6.20 显示了各种情况下计算的前缘驻点热流系数随来流马赫数变

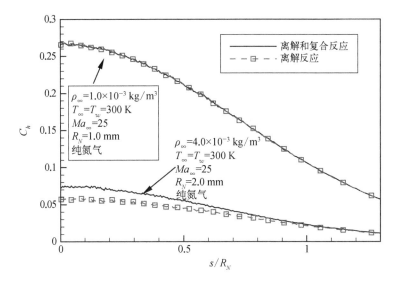

图 6.19　前缘壁面热流系数沿壁面分布曲线

（离解和复合反应表示同时考虑离解和复合反应的正常情况；离解反应表示关闭复合反应，只考虑离解反应）

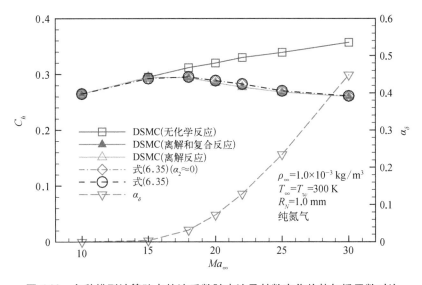

图 6.20　各种模型计算驻点热流系数随来流马赫数变化趋势与桥函数对比

化的趋势。此时流动非平衡程度较高，边界层内几乎是化学冻结的，即 $\alpha_2 \approx 0$。根据桥函数式（6.35）计算的热流系数与考虑非平衡化学反应的真实情况（Case2）计算结果整体相符较好。

　　其次，图 6.21 显示的部分算例中，边界层内复合反应影响开始显著，$\alpha_2 >$

0。因此,如果忽略其影响,即在桥函数中有意把 α_2 取为 0,其预测结果与 Case3 的计算结果相符。但如果考虑其影响,式(6.35)预测结果仍然是和真实热流值相符的。这就验证了桥函数式(6.35)形式上的合理性,同时也说明把边界层之外和之内的流动分开单独处理的做法是可行的。

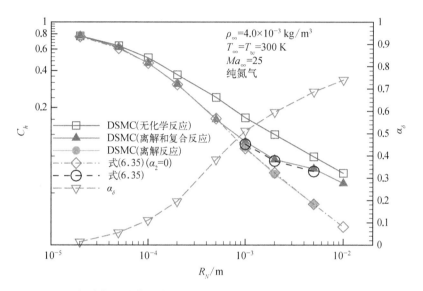

图 6.21 各种模型计算驻点热流系数随前缘尺寸变化趋势与桥函数对比

本节用数值方法验证了桥函数形式上的合理性。但是,在具体应用中,桥函数式(6.35)中参数 α_δ 和 φ 显然不能再从数值计算数据中提取,必须寻找它们与自由来流参数的具体关系,也只有从这些具体关系中,才能深入讨论和认识其中流动和传热的物理机制。

6.2.4 驻点边界层外的离解非平衡流动

本节将研究驻点边界层之外,沿驻点线的离解非平衡流动,以得到驻点边界层外缘的非平衡状态参数,特别是气体离解度 α_δ。严格来说,这需要耦合求解驻点线流动方程和化学反应速率方程,但由于问题复杂性,不可能得到解析结果。在这里,我们利用前人的一些研究结果,通过求解一个反问题,来得到驻点边界层外缘气体离解度的近似解析结果。

具体来说,首先,通过第 2 章的结论确定出流场结构特征,特别是边界层厚度和无黏区大小;其次,对于给定的流场结构特征,采用激波映射法,建立前缘头激波后化学非平衡与正激波后相应流动的映射关系;最后,根据映射关系,直接利用第 3 章结论来换算出驻点边界层外离解度 α_δ。我们一开始仍把讨论的基础放在近连续流动领域,得到结论之后,再根据物理分析和数值对比进行修正和合理推广。

1. 模型理论分析

图 6.22(a)和(b)分别给出连续流动领域高雷诺数流动模型和尖化前缘稀薄(低雷诺数)流动模型。在连续流动领域,边界层和激波都相对很薄,即 $\delta/\Delta \ll 1$,边界层外缘法向速度 $v_\delta \approx 0$。而流动稀薄之后,边界层相对变厚,气流沿驻点线滞止,必须到达壁面,即 $y = 0$ 处,法向速度才降为 0,而在 $y = \delta$ 处,$v_\delta \neq 0$。在目前反问题中,边界层的厚度决定了 v_δ 的真实大小,进一步也决定了当地非平衡流动的状态参数。

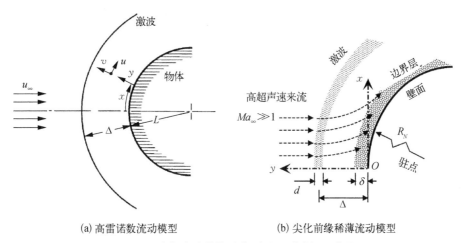

(a) 高雷诺数流动模型　　　　(b) 尖化前缘稀薄流动模型

图 6.22　高超声速前缘驻点附近区域流场示意图

以氮气化学反应速率方程来说,

$$\nabla \cdot (n_{N_2} \boldsymbol{v}) = \dot{\Omega}_{N_2} \tag{6.36}$$

对于定常准一维流动,其仍可以化简为

$$\frac{\partial \alpha}{\partial y} = \frac{m_{N_2}}{\rho v} \dot{\Omega}_{N_2} \tag{6.37}$$

其中,化学反应源项与式(3.18)定义类似。进一步,对于目前考虑的边界层外的离解非平衡流动,复合反应的影响可以忽略不计。因此,$\dot{\Omega}_{N_2} \propto \rho^2$,

$$\frac{\partial \alpha}{\partial y} = \frac{\rho}{v} F(\alpha, T) \tag{6.38}$$

其中，$F = m_{N_2} \dot{\Omega}_{N_2} / \rho^2$。

在理想离解气体模型中，$T^* \approx (\mu - \alpha)/(4.45 + 0.55\alpha)$，即式(6.10)，因此，函数 F 也可写为 $F(\alpha, \mu)$。对比式(6.19)和式(6.38)，可以发现二者可以统一写为一种形式，即

$$\frac{d\alpha}{d\xi} = F(\alpha, \mu) \tag{6.39}$$

其中，

$$\xi = \int_0^\eta \frac{\rho}{v_\eta} d\eta \tag{6.40}$$

变量 η 是从激波算起，往下游的距离，对于 6.1 节中的正激波问题，$\eta = \chi$(为了

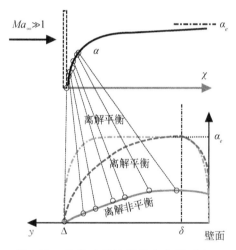

图 6.23　前缘头激波后非平衡流动(下方)与正激波后非平衡流动(上方)映射示意图

与本节坐标系 x 轴有所区别，把第 3 章中坐标 x 在此处记为 χ)，对于本节中前缘头激波后驻点线流动问题，$\eta = \Delta - y$，v_η 是 η 方向的流动速度。其实，式(6.39)沿激波后任意一条无黏流线都是成立的[3,4]，变量 ξ 的意义可理解为平均一个分子沿流线运动过程中所经历的二体碰撞次数。若碰撞次数相同，来流动能也相同，则流动的非平衡状态也相同，也即式(6.39)中，ξ 和 μ 确定了，α 也就唯一确定了。

如图 6.23 所示，建立头激后和正激波后流动的映射关系，就是让两种流动问题中的变量 ξ 相等，即

$$\int_0^\chi \frac{\rho}{u} d\chi = \xi_{ns} = \xi_{sl} = \int_\Delta^y \frac{\rho}{v} dy \tag{6.41}$$

其中，下标"ns"和"sl"分别表示正激波(normal shockwave)和驻点线(stagnation line)流动问题。首先，

$$\xi_{ns} = \int_0^\chi \frac{\rho}{u} d\chi = \frac{\rho_\infty}{V_\infty} \int_0^\chi \rho^{*2} d\chi = \frac{c_1 \rho_\infty}{V_\infty} \chi \tag{6.42}$$

其中，$\rho^* = \rho/\rho_\infty$；$c_1$ 是把正激波后气流密度平均化处理之后提出的等效修正系数。

在对 ξ_{sl} 进行分析之前，需要对前缘头激波后驻点线上的物理量分布做一个近似估计。高超声速条件下，沿驻点线从激波到壁面，压强 p 的变化不大，而质量流量 ρv 是近似从 $\rho_\infty V_\infty$ 线性减小到 0。非平衡化学反应影响的主要是流场中温度和密度，而对 ρv 和 p 的变化特性影响不大。图 6.24 给出两种稀薄程度下 DSMC 模拟算例结果，在考虑和不考虑化学反应两种情况下，ρv 都是近似线性变化的。因此，一阶近似下，$\rho v \approx -\rho_\infty V_\infty y/\Delta$，而 $v_\delta \approx -\rho_\infty V_\infty \delta/(\rho_s \Delta)$，并不为 0。

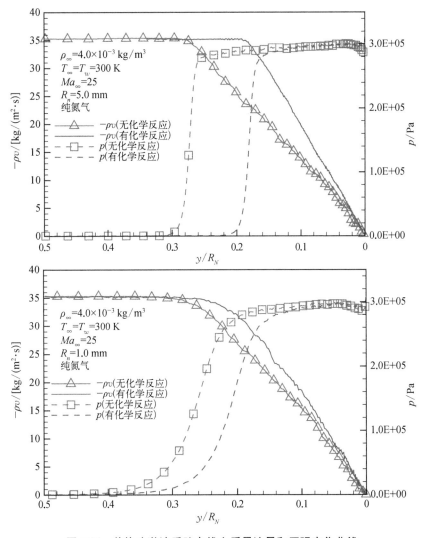

图 6.24　前缘头激波后驻点线上质量流量和压强变化曲线

那么,

$$\xi_{sl} = \int_{\Delta}^{y} \frac{\rho}{v} \mathrm{d}y = \frac{\rho_{\infty}}{V_{\infty}'} \int_{\Delta}^{y} \frac{\rho^{*2}}{-y/\Delta} \mathrm{d}y = \frac{c_2 \rho_{\infty} \Delta}{V_{\infty}} \ln\left(\frac{\Delta}{y}\right) \quad (6.43)$$

其中,c_2 也是把正激波后气流密度平均化处理之后提出的等效修正系数,事实上,应有 $c_2 \approx c_1$。 联合式(6.42)和式(6.43)得到

$$\chi \approx \Delta \ln\left(\frac{\Delta}{y}\right) \quad (6.44)$$

式(6.44)就是正激波和前缘头激波后气体非平衡流动问题之间的映射关系。驻点线上 y 处的化学非平衡状态,与正激波问题中 χ 处的状态相同。特别地,当 $y = \delta$ 时,

$$\chi_{\delta} \approx \Delta \ln\left(\frac{\Delta}{\delta}\right) \quad (6.45)$$

要判断流动在边界层外缘是否能达到或趋近于平衡,只需比较 χ_{δ} 与非平衡特征尺度 χ_e 的相对大小。在高雷诺数流动中,$\delta \ll \Delta$,因而 $\chi_{\delta} \to \infty$,$\chi_{\delta}/\chi_e \gg 1$ 流动总是能趋近于平衡。但是,流动稀薄之后,δ 相对变大,χ_{δ} 就有可能小于 χ_e,从而边界层外缘流动就达不到平衡。

值得注意的是,上述分析是限定在近连续流动领域之内的,如果流动稀薄程度很高,根据第 2 章相关结论,按照传统定义推广得到的 δ 有可能大于 Δ,致使式(6.45)左右两端变成负值而失去意义。从物理上说,这是因为此时流场中激波和边界层已经接触或混合,无黏区不复存在,以上分析的前提假设失效了。因此,需要对式(6.45)进行修正,使其应用范围可以拓展到更稀薄的流动领域。

仍然从流场结构分析,流动稀薄之后,激波本身的厚度也在增长,并且其增长速度比边界层更快。由于流动稀薄程度很高时,振动能激发也是非平衡的,振动-离解耦合效应显著[20,21],更大比例的处于较低振动能级的分子不需逐级跃迁,而是以直接跃迁超过阈值的方式发生离解。这样,在激波本身厚度之内,离解反应就有可能已经发生。因此,很自然地想到,可以通过计入激波本身厚度之内的反应来修正式(6.45)。事实上,一种简单实用的近似处理方法为

$$\chi_{\delta} \approx \Delta \ln\left(\frac{\Delta + d/2}{\delta}\right) \quad (6.46)$$

后文将通过与 DSMC 数值计算对比表明,式(6.46)已经能够推广应用于更稀薄

的流动领域。

由于目前我们求解的是一个反问题,流场结构中各个尺度量需根据其他成熟方法事先给出。式(6.46)中 Δ、d 和 δ 的具体表达式仍与 5.1 节中定义相同,但是 5.1 节中研究的是较低马赫数,因而真实气体效应还不显著的问题,其等效比热比 $\gamma = 1.3 \sim 1.4$。本节中则专门研究高温真实气体效应,其等效比热比 $\gamma = 1.1 \sim 1.3$,可近似取 $\gamma \approx 1.2$。把式(5.20)、式(5.22)、式(5.24)代入式(6.46),化简之后得到

$$\chi_\delta \approx \frac{R_N}{2^J}(0.14 + 0.06W_r^{1/2})\ln\left(\frac{0.68}{W_r^{1/2}} + 2.3W_r^{1/2} + 0.29\right) \qquad (6.47)$$

其中,$W_r = 2^J Ma_\infty^{3/2}/Re_\infty$ 为第 5 章中得到的稀薄流动判据。式(6.47)把前缘真实尺寸 R_N 映射转化为一种化学非平衡流动问题中的等效尺寸,该尺寸与非平衡特征尺寸之比值,即 χ_δ/χ_e 决定了边界层外缘气体离解的非平衡程度。这一映射关系完全由稀薄流动判据 W_r 来决定,可见 W_r 是目前问题中的一个关键流动参数。

根据式(6.30),可以得到边界层外缘气体离解度为

$$\alpha_\delta \approx \frac{(\chi_\delta/\chi_e)^s}{(\chi_\delta/\chi_e)^s + 0.0526}\alpha_e \qquad (6.48)$$

其中,α_e 根据式(6.24)或式(6.22)计算;χ_e 根据式(6.29)计算。另外,在第 3 章中已经说明,较低的来流密度或者较高的来流速度下,紧邻正激波后流场变化梯度相对更大一些,即式(6.30)和式(6.48)中指数"s"应相对更小一些。本章中讨论的非平衡真实气体效应相关问题,一般都涉及较低密度和较高来流速度。在后文中,某些地方可能需要对比"s"的两种取值,但若非特别指明,则取默认值 1.0。

2. 化学非平衡流场特征

为了验证理论模型的合理性,在此用 DSMC 数值模拟高超声速绕二维楔形流动,呈现了考虑与不考虑化学非平衡的流场特性。

图 6.25 给出了考虑和不考虑化学反应情况下 DSMC 模拟温度场对比图。可以发现,不考虑高温化学反应的热完全气体模型计算的流场温度很高,激波后大部分区域温度都达到 30 000 K 左右。考虑高温化学反应后,一大部分热能转化为化学能,激波后温度大幅降低,大部分区域温度为 10 000 ~ 20 000 K。由于

温度降低,激波后密度增大,致使激波脱体距离大大减小。其中图 6.25(b)中的流动稀薄程度比图 6.25(a)中的高,相应气体离解度也要小一些(图 6.26),因此化学能吸收的能量相对较少,激波后温度相对较高,密度相对较小,激波脱体距离缩减幅度也小于图 6.25(a)中流动状态的相应值。

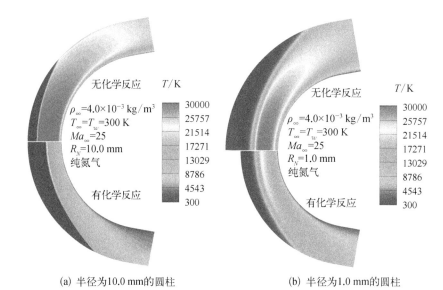

(a) 半径为10.0 mm的圆柱　　　　　(b) 半径为1.0 mm的圆柱

图 6.25　考虑与不考虑化学反应温度场对比(DSMC)

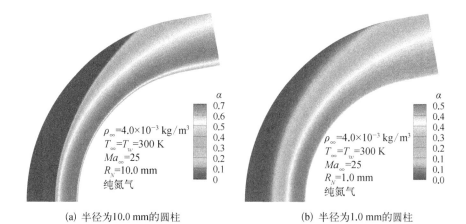

(a) 半径为10.0 mm的圆柱　　　　　(b) 半径为1.0 mm的圆柱

图 6.26　气体离解度云图(DSMC)

图 6.27 显示了驻点线上温度和密度的变化曲线,与图 6.25 类似,可以发现化学反应对流场物理量分布特征的影响。另外,图 6.27(a)中十分明确地显示

了激波后温度衰减的过程,在边界层之外,由于离解反应温度相对降低了一半,相应密度也几乎增大了一倍。在图 6.27(b)中,由于流动比较稀薄,化学反应偏离平衡状态更远,温度衰减趋势也较缓慢。

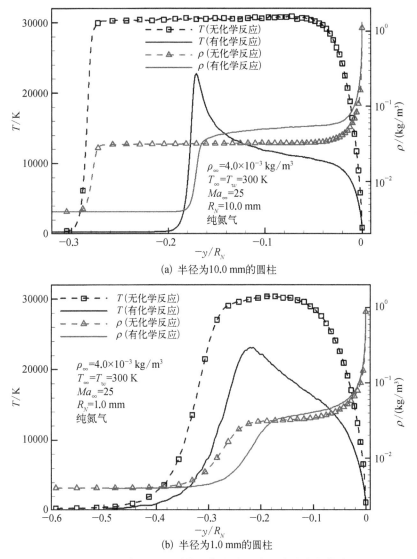

(a) 半径为10.0 mm的圆柱

(b) 半径为1.0 mm的圆柱

图 6.27 驻点线上化学非平衡流动温度和密度变化曲线

6.2.5 不同参数条件下的离解非平衡特性

这里考察了不同二维楔形前缘半径、来流密度和来流马赫数条件下的化学非平衡特征。

1. 前缘曲率半径变化

图 6.28 给出一种来流条件下,DSMC 模拟的不同尺寸前缘驻点线上的气体离解度变化曲线。可以发现,前缘尺寸越大,边界层外缘离解度,即驻点线上气体离解度最高值越趋近于平衡极限;反之,前缘尺寸越小,流动整体上越趋近于化学冻结。

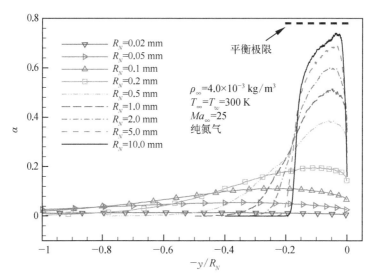

图 6.28　各种尺寸前缘驻点线上气体离解度变化曲线(DSMC)

边界层外缘离解度 α_δ 随前缘曲率半径 R_N 的变化趋势如图 6.29 所示,本书解析结果,即式(6.48)预测的曲线,和 DSMC 数值模拟结果整体上符合较好,准确地刻画出流动从化学冻结到化学平衡的整个过渡过程。对于图中所示的来流条件(密度相当于海拔 40 km 处大气条件),当 R_N < 0.1 mm 时,α_δ < 0.1,边界层外缘流动逐渐趋近于化学冻结;当 R_N > 10 mm 时,则逐渐趋近于化学平衡状态。

2. 自由来流密度变化的影响

图 6.30 给出 DSMC 模拟的 1 mm 尺寸前缘在各种密度(相当于海拔 30 ~ 70 km)自由来流条件下,驻点线上的气体离解度变化曲线。可以发现,在给定前缘尺寸情况下,来流密度越大,边界层外缘离解度也越大;反之,来流密度越小,流动整体上越趋近于化学冻结。但值得注意的是,不同来流密度下,气体平衡离解度也是不一样的,所以不能在图中标出一个统一的极限值。

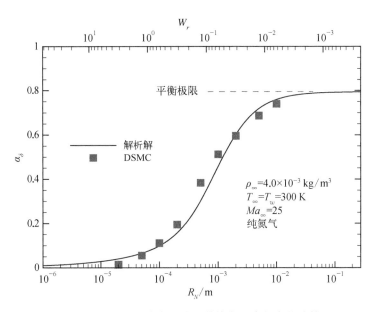

图 6.29　边界层外缘离解度随前缘曲率半径变化趋势

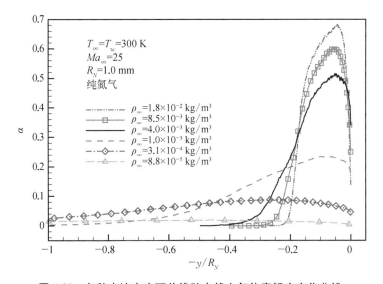

图 6.30　各种来流密度下前缘驻点线上气体离解度变化曲线

图 6.31 给出了本书解析预测 α_δ 值和相应 DSMC 计算值的对比,同时也给出了各种密度下的平衡离解度极限值,它随密度降低而缓慢增长。式(6.48)处已经说明,较低的来流密度下,指数" s "应取较小的值,图 6.27 显示, $s = 1.0$ 的预测曲线在较高密度范围内比较准确,而 $s = 0.8$ 的预测曲线则在较低密度范围内

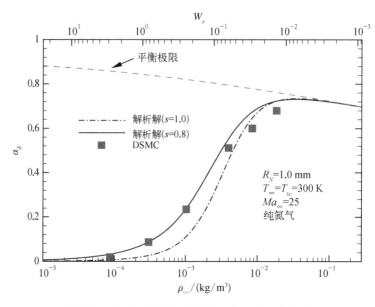

图 6.31 边界层外缘离解度随来流密度变化趋势

比较准确。

另外值得注意的是:对于当前的来流动能($Ma_\infty = 25$,$\mu \approx 1.16$),图 6.25 和图 6.27 都显示,$W_r > 1.0$ 时,$\alpha_\delta < 0.1$;$W_r < 0.01$ 时,α_δ 近似趋近于平衡极限值。可见,当给定来流动能时,稀薄流动判据 W_r 能够归一化表征化学反应的非平衡程度。如前所述,W_r 是目前问题中一个关键的流动参数。

3. 自由来流动能变化的影响

图 6.32 给出 DSMC 模拟的来流马赫数 $Ma_\infty = 10 \sim 30$(相当于无量纲来流动能 $\mu \approx 0.12 \sim 1.9$)条件下,驻点线上的气体离解度变化曲线。由于化学反应所需的高温条件是由高速来流压缩维持的,或者说离解化学反应消耗的能量是由来流提供的,来流动能的大小就决定了化学反应所能达到的平衡极限值。当来流输入能量过低时,根本就不能引起化学反应,流动整体上趋近于化学冻结。当来流密度和前缘尺寸给定时,来流动能越大,平衡离解度越大,相应边界层外缘离解度也越大。

图 6.32(a)和(b)中两种情况下,边界层外缘气体离解度随马赫数变化趋势显示在图 6.33 中。与 6.2.4 小节类似,在较低密度范围和较高来流速度范围内,$s = 0.8$ 的预测曲线是更为准确的。

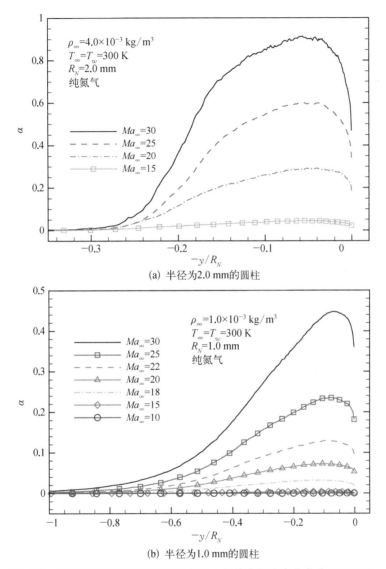

(a) 半径为2.0 mm的圆柱

(b) 半径为1.0 mm的圆柱

图 6.32　各种来流马赫数下前缘驻点线上气体离解度变化曲线(DSMC)

由于来流输入能量在目前问题中的决定性作用,可知无量纲来流动能 μ 是除 W_r 外的另一个关键的流动参数。

通过以上对尖化前缘驻点线上非平衡流动特征的 DSMC 数值模拟结果与模型理论预测结果的对比,展现了驻点边界层外离解度 α_δ 受各种参数影响的变化规律。各种对比结果都较好地验证了本书关于驻点边界层外非平衡流动理论分析的合理性。

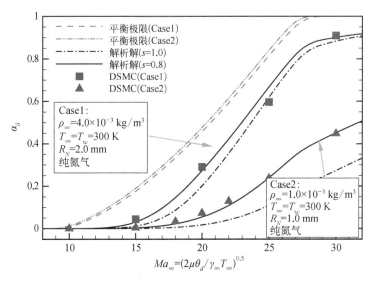

图 6.33 边界层外缘离解度随来流马赫数变化趋势

6.2.6 驻点边界层内的复合非平衡流动

在 6.2.4 节中,我们得到了桥函数关系式(6.35)中的第一个参数,即驻点边界层外缘气体离解度 α_δ。 根据 α_δ 可以计算边界层外离解化学反应消耗的能量,但是在边界层内,一部分原子又复合成分子,化学能重新释放为热能。因此,需要确定边界层内由于复合反应引起的气体离解度变化 α_2,进而确定最终剩余的化学能的比例 $\varphi = 1 - \alpha_2/\alpha_\delta$。

边界层内黏性、传热和扩散效应明显,无黏模型化学反应速率方程式(6.37)失效。考虑气体组分扩散影响后的化学反应速率方程为

$$\frac{\mathrm{d}\alpha}{\mathrm{d}y} = \frac{1}{\rho v}\frac{\mathrm{d}}{\mathrm{d}y}\left(\frac{\tilde{\mu}}{Pr}\frac{\mathrm{d}\alpha}{\mathrm{d}y}\right) + \frac{m_{N_2}\dot{\Omega}_{N_2}}{\rho v} \tag{6.49}$$

其中,$\tilde{\mu}$ 为气体黏性系数(应与无量纲来流动能 μ 区分)。式(6.49)表示边界层内气体离解变化由分子扩散和化学反应引起。对于一般的冷壁边界层,原子复合反应是占优的,因而上式中右端两项符号相同,其作用是相互叠加而非相互抵消的,即都会引起边界层内离解度从外向内而减小。那么,在对式(6.49)各项做量级估计时,右端两项肯定是不能相互匹配的,只能对比其量级大小,找出主要项。其中扩散项并不涉及化学能和热能之间的转换,不管边界层内复合反应

发生与否,它总是存在的。因此,为了研究边界层内化学反应的相对影响大小,可以研究式(6.49)中化学反应源项和扩散项之比值,即

$$Z = \frac{m_{N_2}\dot{\Omega}_{N_2}}{\dfrac{d}{dy}\left(\dfrac{\tilde{\mu}}{Pr}\dfrac{d\alpha}{dy}\right)} \tag{6.50}$$

式(6.50)的物理意义是化学反应与组分扩散两种效应引起的气体组分浓度变化率之比。由于组分在边界层内扩散的时间与宏观流动的特征时间 τ_f 是一致的[15],因此 Z 也可以理解为流动特征时间 τ_f 与原子寿命或者说化学反应特征时间 τ_r 的比值,其等价于一个广义的 Damköhler 数。

接下来需要求 Z 在边界层内的特征值,以寻找它和自由来流参数之间的关系。此处,特征尺度取边界层厚度 δ,离解度取边界层外缘离解度,而化学反应源项只需考虑复合反应项,其他参数采用与第 5 章中类似的参考焓处理方法,可得到

$$Z_r = \frac{Pr\delta^2 m_{N_2}\dot{\Omega}_{N_2}}{\tilde{\mu}\alpha_\delta} \tag{6.51}$$

其中, $\dot{\Omega}_{N_2} \approx (k_r n_N^2 n)_r$, k_r 由式(3.17)定义。把各个参数代入,并进一步化简整理后得到

$$Z_r \sim \frac{C}{W_r\mu}\frac{\rho_\infty}{\rho_d} \tag{6.52}$$

其中,特征密度 $\rho_d \approx 2.5 \times 10^5 \, \text{kg/m}^3$ 与第 6.2 节中定义相同;系数 C 是一个与分子模型相关的 10^5 量级的常数。一般来说,如果只考虑 Z_r 定性的意义,不妨认为

$$Z_r = \frac{\tilde{C}}{W_r\mu}\frac{\rho_\infty}{\rho_d} \tag{6.53}$$

其中, $\tilde{C}$ 是一个待定系数,后面将根据与数值解对比,确定出一个合适的值。

Z_r 是一个由自由来流参数和分子物性参数具体表示的 Damköhler 数,可以作为边界层内化学非平衡流动的判据。$Z_r \ll 1$ 时,驻点边界层内化学反应的相对影响是可以忽略的,边界层内流动是趋近化学冻结的;$Z_r \gg 1$ 时,驻点边界层内扩散作用是可以忽略的,原子组分还没来得及扩散就已经完全复合为原子,式(6.35)中 $\alpha_2 = \alpha_1$, $\varphi = 1 - \alpha_2/\alpha_\delta = 0$,边界层内流动是趋近化学平衡的;$Z_r =$

$O(1)$ 时,边界层内流动是化学非平衡的,化学反应和组分扩散同时起作用,引起离解度改变。

在式(6.35)所表示的传热模型中,引入参数 α_2 和 $\varphi = 1 - \alpha_2/\alpha_\delta$ 就是要强调边界层内复合化学反应释放热量所起的作用。参数 φ 应完全决定于边界层内流动非平衡程度,即可以认为 $\varphi = \varphi(Z_r)$,并且 $Z_r \to 0$ 时, $\varphi \to 1$;$Z_r \to \infty$ 时, $\varphi \to 0$。由于 Z_r 只是在量级分析中得到的一个定性参数, $\varphi(Z_r)$ 的具体形式不可能从理论上严格推导出来。但是我们可以根据其物理意义和变化特性,近似给出一个简单实用的函数形式,然后再根据数值解对之标定,这种做法与 Fay - Riddell 公式中引入 Lewis 数幂次方拟合式来考虑扩散影响的处理方法是相似的。一种合理的 $\varphi(Z_r)$ 表达式形式为

$$\varphi(Z_r) = 1 - \alpha_2/\alpha_\delta = \exp(-Z_r) \tag{6.54}$$

此时,可以与第 6.2.5 节中所述 DSMC 数值结果对比,确定出式(6.53)中取 $\tilde{C} \approx 6.5 \times 10^5$ 比较合适。因此,

$$Z_r = \frac{6.5 \times 10^5}{W_r \mu} \frac{\rho_\infty}{\rho_d} \tag{6.55}$$

现举一种典型的近连续领域流动情况为例: $T_\infty = 300 \text{ K}$, $Ma_\infty = 23$, $\rho_\infty = 0.003\,8 \text{ kg/m}^3$, $R_N = 6.4 \text{ mm}$, 相应 $W_r = 0.01$, $\mu = 1.0$, $\rho_\infty/\rho_d = 0.01/\tilde{C}$, 因而 $Z_r \approx 1.0$, 从式(6.54)计算出 $\varphi(Z_r) \approx 0.368$。

应该指出的是, $\varphi(Z_r)$ 的形式并不唯一,根据实际需要,可以构造出更精确但也更复杂的形式。但本书研究发现,在相当大参数范围内,式(6.54)的形式已经能够满足工程实际问题的精度要求。

6.3 非平衡真实气体效应桥函数公式

6.3.1 驻点热流的桥函数公式

在 6.2 节中建立了离解和复合的模型理论,在此对其进行综合性、整体性的讨论。以上导出的非平衡真实气体效应桥函数公式为

$$\frac{(q_s)_{\text{non-eq}}}{(q_s)_{\text{eq}}} = 1 - \frac{\alpha_\delta \varphi}{\mu} \tag{6.56}$$

其中,参数 α_δ 和 φ 分别为

$$\alpha_\delta \approx \frac{(\chi_\delta/\chi_e)^s}{(\chi_\delta/\chi_e)^s + 0.052\,6}\alpha_e \tag{6.57}$$

$$\varphi = \exp(-Z_r) \tag{6.58}$$

该公式能够预测到非平衡真实气体效应对前缘驻点气动加热的影响。

现对该公式用 DSMC 算例加以验证。图 6.34~图 6.36 分别显示了尖化前缘驻点气动加热受非平衡真实气体效应影响大小随前缘尺寸、来流密度和来流马赫数的变化趋势,本章理论分析得到的桥函数与 DSMC 计算结果整体上基本相符,相对误差一般都在 15% 以内。

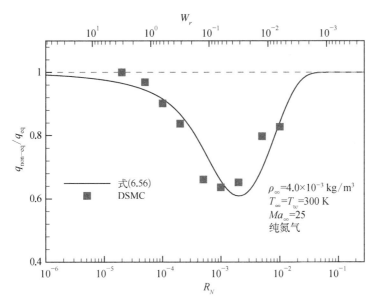

图 6.34　尖化前缘驻点气动加热受非平衡真实气体效应影响大小随前缘尺寸变化趋势

从各图中都可以发现,随着流动从化学冻结到化学平衡过渡过程中,非平衡效应的影响存在一个极值。这是因为,当流动整体冻结时,边界层外缘离解度 α_δ 本来就很小,真实气体效应对驻点气动加热的影响也就很小;当流动趋近于平衡时,虽然 α_δ 相对较大,但是边界层内部原子复合反应也相对较显著,致使 Z_r 很大,$\varphi(Z_r)$ 很小,真实气体效应对驻点气动加热的影响也就随之变小了;在某一化学非平衡状态附近,α_δ 和 $\varphi(Z_r)$ 的乘积达到极值,真实气体效应的影响最为显著。

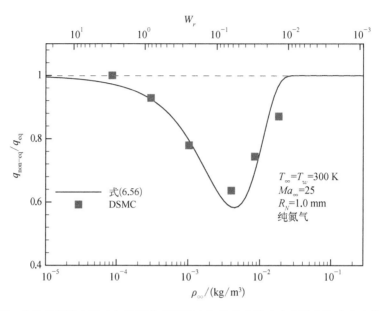

图 6.35 尖化前缘驻点气动加热受非平衡真实气体效应影响大小随来流密度变化趋势

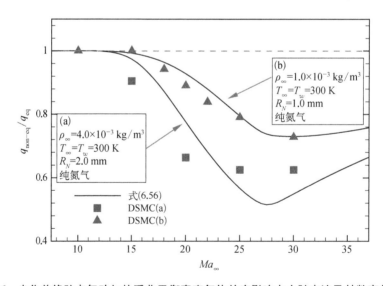

图 6.36 尖化前缘驻点气动加热受非平衡真实气体效应影响大小随来流马赫数变化趋势

6.3.2 真实气体流动相似律

根据桥函数式(6.35)的形式,可知其取决于 α_δ、Z_r 和 μ,但是 α_δ 又取决于 α_e 和 χ_δ/χ_e,进一步地取决于 R_N、W_r、μ、ρ_∞/ρ_d 及 T_∞/θ_d。综合起来,对于特定

气体种类,目前问题取决于四个独立参数,写成有量纲形式为 T_∞、R_N、V_∞ 和 ρ_∞,这一结论与张涵信[22]提出的真实气体流动相似规律是相符和等价的。真实气体流动相似规律认为,对于化学平衡流动或者分子三体碰撞反应(复合反应)不重要的流动情况,存在三参数相似率,其等价于 Birkhoff 提出的经典的双体碰撞模拟律(binary collision modeling)[23],即认为满足 V_∞、$\rho_\infty L$ 和静温 T 这三个参数相同的高焓反应流动才具有相似性。但是在考虑复合反应影响的非平衡流动情况下,必须再考虑第四个参数 ρ_∞,流动才是相似的。这就要求在高焓非平衡反应流动的实验和模拟中,必须同时保证 T_∞、R_N、V_∞ 和 ρ_∞ 与真实流动中相应参数相等,这就对数值模拟、风洞和飞行实验提出很苛刻的要求。从另一方面说,面对实验和数值模拟的上述困难,也正体现出模型理论研究工作的必要性和重要性。

相应于上述有量纲的四个参数,我们也可选取四个无量纲形式的参数,分别是无量纲来流动能 μ、流动稀薄程度判据 W_r、无量纲来流温度 T_∞/θ_d 和边界层内内化学反应非平衡程度判据 Z_r。后两种参数也可替换为 Ma_∞ 和 ρ_∞/ρ_d。相比而言,这种无量纲形式表达的参数具有更大的应用价值和更深的物理意义,这体现在:① 采用气体分子特征参数进行了无量纲化,这就表明不同种类分子气体(例如纯氮气、纯氧气和等效空气)流动之间也存在相似性;② 这些无量纲参数是在模型理论分析中提出的,它们具有明确的物理意义,能够直接用于化学非平衡流动特征,以及尖化前缘气动加热特征的预测。其中 ρ_∞/ρ_d 和 μ 决定了流动中化学反应(具体表现为气体离解度)可能达到的平衡极限;W_r 决定了边界层外离解反应的非平衡程度;Z_r 则决定了边界层内流动中复合反应的非平衡程度。

6.3.3　桥函数的工程应用

在实际的工程问题中,来流温度一般是确定而且变化不大的,我们最关注的还是自由来流密度、马赫数(也可相应转化为速度 V_∞ 或无量纲来流动能 μ)和前缘尺寸变化的影响。因此,有必要对这三个参数进行系统的对比研究,讨论其在非平衡真实气体效应桥函数中所起的作用,以及前缘驻点气动加热随之变化的规律。

针对一般工程实际问题中遇到的来流密度、来流动能和前缘尺寸变化范围,图 6.37~图 6.42 给出尖化前缘驻点气动加热受非平衡真实气体效应影响(以比值 $f_2 = q_{non-eq}/q_{eq}$ 来衡量)而变化的规律。可以发现,f_2 在某一位置取极小值,但是该值的具体大小和出现的具体位置随 μ、R_N 和 ρ_∞ 而变化。单从气体流动来说,ρ_∞ 和 R_N 越小,流动稀薄程度、化学非平衡程度越高,或者说流动越趋近于化学冻结。工程中有一种说法与此类似,即密度越小,非平衡效应越显著。但是流动的化学非平衡程度强弱和其对气动加热的相对影响大小 f_2 是两个不同的概念, f_2 还和 μ 有关。这就反映出目前问题的复杂特性,即本节中研究的和气动加热相关的非平衡真实气体流动问题中, μ、R_N 和 ρ_∞ 三个参数同时在起作用(T_∞ 已经固定),不存在简单的双体碰撞相似率。

针对这一复杂问题,本节建立起来的桥工程理论分析方法及函数式(6.35)能够综合考虑各参数的影响,可靠地预测出非平衡真实气体效应影响之下的尖化前缘气动加热特征,可直接用于工程实际之中。

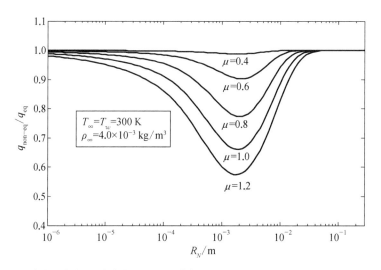

图 6.37 非平衡真实气体流动中尖化前缘驻点气动加热特征随前缘尺寸和来流动能变化趋势

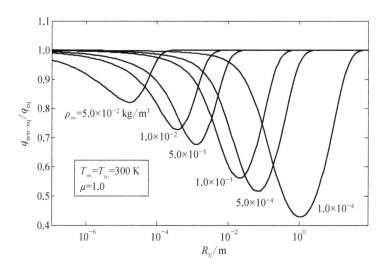

图 6.38 非平衡真实气体流动中尖化前缘驻点气动加热特征随前缘尺寸和来流密度变化趋势

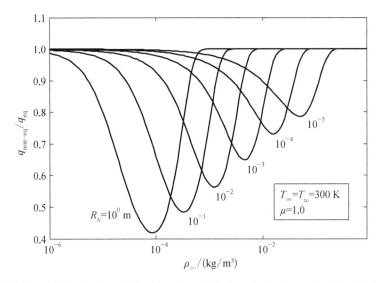

图 6.39　非平衡真实气体流动中尖化前缘驻点气动加热特征随来流密度和前缘尺寸变化趋势

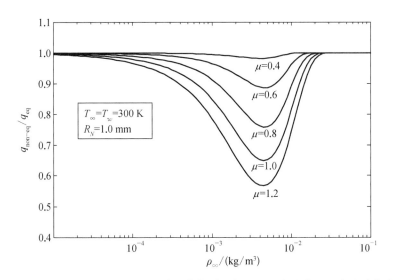

图 6.40　非平衡真实气体流动中尖化前缘驻点气动加热特征随来流密度和来流动能变化趋势

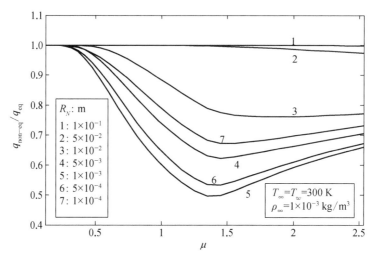

图 6.41 非平衡真实气体流动中尖化前缘驻点气动加热特征随来流动能和前缘尺寸变化趋势

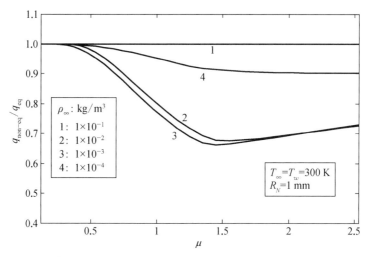

图 6.42 非平衡真实气体流动中尖化前缘驻点气动加热特征随来流动能和来流密度变化趋势

6.4 化学能适应对非平衡流动和催化加热

除了振动能激发、离解-复合化学反应等高温真实气体效应对高超声速流动和传热特征的影响很大外,壁面催化、能量适应等气-固相互作用的重要性也愈加显现,特别是在稀薄流动条件下尤为显著。

从微观物理上说,壁面传热过程主要是通过气-固相互作用完成的,分子的平动能、转动能和振动能都是在与壁面碰撞过程中进行传递的。另外,在壁面上发生的催化反应也会释放化学能并传递给壁面,形成催化加热。在典型飞行条件下,相当一部分高超声速来流的动能将通过分子离解反应转化为化学能。由于边界层中的原子复合反应通常是非平衡或冻结的,大部分的原子组分能够到达壁面,导致催化加热可能十分显著,成为总热负荷中最主要的贡献。因此,为了发展可靠的气动热预测方法,对化学能非完全适应等催化过程的考虑是十分必要的。一些数值计算研究发现[24,25],在大钝头航天器再入问题中化学能非完全适应的影响是不太重要的,但是在新型高超声速飞行器非烧蚀尖前缘部分的稀薄气体绕流中,它的影响很可能是值得考虑的。

6.4.1　壁面的能量适应分析

通常采用催化复合系数 $\gamma = N_{\mathrm{r}}/N_{\mathrm{tot}}$ 来表征某材料对某种气体成分的催化能力,它表示当一个原子撞击壁面时被催化复合为分子的概率,其中 N_{tot} 表示撞击壁面的原子总数, N_{r} 表示其中发生复合反应的原子数目。催化复合系数取值范围为 $0\sim1$,依赖于材料-气体种类、壁面温度甚至壁面的前期历史过程。从防热的角度来看,工程设计中倾向于采用诸如超高温陶瓷材料之类的低催化材料。在许多催化加热的研究中,假设只要复合反应发生,所有化学能都传递给了壁面。但实际上,不管是 Eley-Rideal 还是 Langmuir-Hinshelwood 反应机制,催化反应中的化学能适应过程往往是非完全的。通常催化反应中释放的化学能只有一部分能够直接传递给壁面,剩余部分则主要存储在分子的振动能模态,一少部分还可能存储在电子能模态。为简化起见,且不失一般性,这里先考虑振动能激发,其他情况则可以采用比拟的办法加以处理。

显然,当考虑化学能非完全适应时,热流将会减少。可引入化学能适应系数来表征这一现象,其定义为 $\beta = q_{\mathrm{c}}/q_{\mathrm{c,\,tot}}$,其中 $q_{\mathrm{c,\,tot}}$ 是催化反应中释放的总热流率, q_{c} 是被壁面吸收的热流率。与催化复合系数 γ 类似,适应系数 β 也为 $0\sim1$,取值依赖于气体-材料类别、壁面温度和催化反应机制。在流动反应器实验中,确定催化系数和适应系数时,假设了粒子与壁面只碰撞一次。显然,此时催化加热量正比于 $\gamma_{\mathrm{e}} = \gamma\beta$,即等效催化系数,或称为能量传输催化系数。

在一般的理论和数值研究中,当提到催化系数时,其实指的是等效催化系数 γ_{e},这在研究连续或非常稀薄流动条件下的催化加热问题时,是具有一定合理性的。如上所述,对于自由分子流动而言,就像流动反应器实验中那样,催化加热显然是正比于 γ_e 的。对于连续流动的情况,需要考虑两个因素。首先,连续流动中,分子碰撞率很高,边界层趋向于化学平衡状态,壁面催化特性对传热特征的影响十分有限。其次,即使在某些情况下,边界层是化学非平衡的,但同样由于近壁流场中气体分子之间以及气体分子与壁面之间的高频碰撞,分子携带的振动能也很快会再次传递给壁面(可形象地称为"淬火"效应),因而综合来看,壁面总热流对化学能非完全适应过程并不敏感。图 6.43 展示了 Eley-Rideal 催化反应、化学能非完全适应、气相碰撞、振动能适应以及可能的扩散过程的示意图。图中的 h_d 和 e_v 分别表示分子离解反应和振动激发的特征能量。振动适应系数定义为

$$\sigma_v = (e_v^i - e_v^r)/(e_v^i - e_v^w)$$

其中,"i"和"r"分别表示入射和反射分子;"w"表示能量完全适应,也即分子与壁面达到热平衡的极限情况。

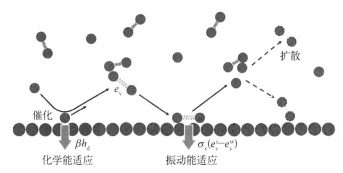

图 6.43　分子化学能和振动能在壁面适应的微观过程示意图

作为对比,在稀薄非平衡流动中,由于分子碰撞率相对较低,"淬火"效应是不够充分的。一个振动激发的分子从壁面反射后,扩散到下游或者远离壁面时,其振动能并没有被显著降低。因此,在这种情况下,化学能非完全适应对气动加热特征的影响是不可忽略的。

Fertig 等[24]通过计算表明,化学能非完全适应对等离子体风洞中催化加热试验产生了显著影响,由于试验段内气体是高度离解的,所测得的催化系数数据存在两倍的不确定性。Herdrich 等[26]讨论了分开测量催化复合系数和能量适应系数的重要性和难度。目前该领域的现状就是,由于物理复杂性和试验数据的匮乏,在绝大部分的理论和数值研究中,还不得不采用化学能完全适应假设,

也就只能采用一个等效催化系数。但事实上,前期研究[27-29]中已经发现,典型的高超声速巡航飞行器尖前缘绕流正好是处于稀薄非平衡状态,采用某个等效催化系数可能预测不到真实的气动加热特征。

为了丰富我们对化学能适应现象的认识,并定量地预测它对气动加热的影响,非常有必要对之开展理论建模研究,然后把它加入之前关于催化加热的理论框架[30]之内,这也非常有意义。基于类似的方法,我们最近也已经成功地开展了关于振动能非完全适应对驻点传热[31]和平板传热[32]的理论研究。

作为初步研究,我们聚焦于一个工程中最典型和最重要的例子,关注化学能非完全适应对驻点传热的影响。在前期关于化学非平衡驻点流动和传热的理论工作的基础之上,考虑壁面属性的更多细节,例如有限催化壁上的化学能和振动能的非完全适应过程,把它们加入统一的综合理论框架之中。通过引入几个相关的 Damköhler 数,细致区分了不同能量模态对传热的贡献,并特别分析了振动激发下分子在各种稀薄非平衡流动条件下的淬火过程。与物理分析相对应,我们提出了估算化学能适应对总热流影响的修正理论。同时,采用直接模拟蒙特卡罗(DSMC)方法,在实用的参数范围内对解析结果进行了标定和验证。

6.4.2　驻点传热的理论建模

化学能非完全适应现象发生在催化壁面的异质复合反应中,只有在流场中产生大量离解原子,并且它们中的大部分能够穿过边界层到达壁面时,考虑化学能非完全适应才有实际意义。在近空间高超声速巡航飞行器前缘附近,存在局部的稀薄非平衡流动,化学能非完全适应就显现出来了。

飞行器再入过程中相关的真实气体流动体现在置换反应、电离辐射等复杂效应,然而,近空间尖前缘高超声速巡航飞行器的驻点流动有所不同,最显著的真实气体效应是分子振动能激发和离解-复合反应。在理论研究中,通常的一种实用做法是采用纯的双原子分子气体模型,考虑到空气主要组分氮气和氧气都是双原子分子,它也可以被当作一种等效的双原子分子气体。进一步,在描述气相和壁面反应时,采用唯象模型,即给出具体的反应系数和适应系数,这些模型的合理性和可靠性可以通过与数值结果进行对比来加以验证。当然,更为精确的数值模拟中也考虑了诸如非 Boltzmann 能量分布和态-态模型[33]等细节的物理化学过程。传热过程与材料属性变化的耦合效应是另一有趣的问题,但限于篇幅,本书暂不予讨论。此外,由于驻点区域切向速度可忽略,并且更为重要的是,最终给出的是能量非完全适应的相对影响的修正,非连续边界条件的影响是不显著的,因此也不专门关注速度滑移和温度跳跃边界条件的影响。

近空间高超声速巡航/滑翔飞行器的前缘和翼尖一般可以等效为一个微钝的球锥或柱楔体。图6.44上给出了一个二维驻点热化学非平衡气体绕流示意图(根据对称性,只显示一半),其中 Δ、δ、R_N 和 Ma_∞ 分别表示激波脱体距离、驻点边界层厚度、前缘曲率半径和来流马赫数。激波后流场可以划分为两层,位于激波和边界层之间的区域 I 由分子振动能激发和离解反应等吸热过程主控,边界层内部的区域 II 由分子振动能去激发和复合反应等防热过程主控。显然可合理推测,最大的分子离解度出现在驻点边界层外缘(这在前面章节中已经阐述)。除此之外,复杂的催化反应、化学能和振动能的适应过程发生在壁面之上,相关细节过程正是接下来要讨论的。

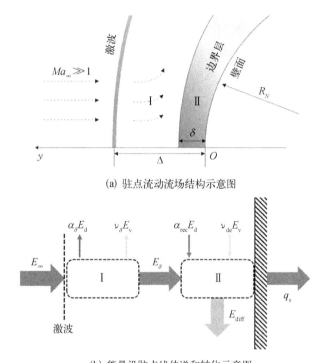

(a) 驻点流动流场结构示意图

(b) 能量沿驻点线传递和转化示意图

图 6.44 驻点流动的流场结构及能量传递、转化特性示意图

上述物理化学过程伴随着能量沿驻点线的传递和转化,如图6.44(b)所示。来流输入的能量通量为 $\dot{E}_\infty \approx (1/2)\rho_\infty V_\infty^3$,其中 ρ_∞ 和 V_∞ 分别是来流密度和速度。经过激波后,动能被转化为热能,然后在 I 区,一部分又被转化为振动能($v_\delta \dot{E}_v$)和化学能($\alpha_\delta \dot{E}_d$)。此处,v_δ 和 α_δ 分别表示驻点边界层外缘的分子振动

激发度[31]和离解度，$\dot{E}_v = \rho_\infty V_\infty R\theta_v$，$\dot{E}_d = \rho_\infty V_\infty R\theta_d$，$R$、$\theta_v$ 和 θ_d 分别是气体常数、分子振动和离解的特征温度。对当前采用的氮气分子而言，$\theta_d = 113\,500$ K，$\theta_v = 3\,371$ K。与上一过程相反，在边界层内部，部分化学能（$\alpha_{rec}\dot{E}_d$）又被转化回热能模态，部分振动能（$\upsilon_{de}\dot{E}_v$）也可能被转为平动和转动能模态，其中 α_{rec} 是由于气相复合反应导致的离解度变化，υ_{de} 是由于气相去激发导致的振动激发度变化。

相似地，壁面上的能量转化可以采用催化反应导致的离解度变化 α_{cat} 和振动能适应导致的振动激发度变化 υ_{acc} 来衡量。在这之前已经讨论了它们二者之间的比拟关系[31]，但尚未涉及化学能的非完全适应过程，这是接下来要讨论的主要内容。

驻点热预测一直是理论研究和工程应用中一个非常重要的问题。Fay 和 Riddell 的关于平衡驻点边界层的经典理论表明，总的驻点热流对原子在何处发生复合反应不太敏感。例如，在平衡边界层流动中，原子完全在流场中复合为分子，在完全催化壁的冻结边界层流动中，原子完全在壁面上复合，这两种情况下的热流值几乎是相等的。Goulard 的理论[34]在冻结边界层假设下考虑了有限催化壁的影响，表明总热流可以分为两个独立的部分，分别代表热能传导和催化复合反应的贡献。这一过程中，传热和传质过程的相似性。在前期的工作中[30]，我们把这一理论框架进一步广义化，涵盖了非平衡驻点边界层的情况，边界层内气相复合反应的影响被等效为对一个虚拟冻结边界层外缘条件的修正。

从数学上说，热传导项可写为

$$q_\lambda = St_\lambda \rho_\infty V_\infty (\bar{h}_\delta - \bar{h}_w) \approx St_\lambda (\dot{E}_\infty - \alpha_\delta \dot{E}_d) \tag{6.59}$$

其中，$\bar{h}_\delta$ 和 $\bar{h}_w$ 分别表示边界层外缘和壁面单位质量的比焓。对于冷壁面情况，$\bar{h}_w \ll \bar{h}_\delta$，因而 $\bar{h}_\delta - \bar{h}_w \approx \bar{h}_\delta = h_\delta - \alpha_\delta R\theta_d \approx V_\infty^2/2 - \alpha_\delta R\theta_d$。根据 Fay - Riddell 公式，$St_\lambda = C(\beta_\delta \rho_\delta \mu_\delta)^{1/2}(\rho_\infty V_\infty)^{-1} Pr^{-0.6}$，其中 μ_δ、ρ_δ 和 β_δ 分别表示边界层外缘的黏性系数、密度和切向速度梯度。对于轴对称或二维流动情况，$C \approx 0.73$ 或 0.57。类似地，由于化学反应引起的热扩散项为

$$q_D = St_D \rho_\infty V_\infty (\alpha_\delta - \alpha_w) R\theta_d = St_D \dot{E}_d (\alpha_{rec} + \alpha_{cat}) \tag{6.60}$$

其中，$\alpha_w = \alpha_\delta - \alpha_{rec} - \alpha_{cat}$ 是壁面处的气体离解度。$St_D/St_\lambda = (Pr/Sc)^{-0.6} = Le^{-0.6}$，对于高温氮气或空气，$Le \approx 0.6$。因此，总热流可写为

$$q_s = q_\lambda + q_D = q_\lambda \left(1 + Le^{0.6} \frac{\alpha_\delta - \alpha_w}{\tilde{\mu} - \alpha_\delta} \right) \qquad (6.61)$$

其中，$\tilde{\mu} = \dot{E}_\infty / \dot{E}_d \approx V_\infty^2 / (2R\theta_d)$ 表示无量纲自由来流能量通量。

在以上公式中的各种离解度可以基于几个相应的 Damköhler 数来预测，Damköhler 数衡量了不同物理化学过程特征时间的相对大小[35]。例如，若 τ_f、τ_{rec} 和 τ_{cat} 分别表示流动、气相复合反应和催化复合反应的特征时间，则可定义 $Da_r = \tau_f / \tau_{rec}$ 和 $Da_c = \tau_f / \tau_{cat}$ 分别表示气相和催化复合反应的非平衡程度。$Da \gg 1$、$Da = O(1)$ 和 $Da \ll 1$ 分别对应平衡、非平衡和冻结流动情况。由于离解度的变化显然正比于反应速率，或者说反比于相应的特征时间尺度，那就可以认为

$$\alpha_{rec} = \alpha_\delta \frac{\dfrac{1}{\tau_{rec}}}{\dfrac{1}{\tau_f} + \dfrac{1}{\tau_{rec}} + \dfrac{1}{\tau_{cat}}} = \alpha_\delta \frac{Da_r}{1 + Da_r + Da_c} \qquad (6.62)$$

$$\alpha_{cat} = \alpha_\delta \frac{\dfrac{1}{\tau_{cat}}}{\dfrac{1}{\tau_f} + \dfrac{1}{\tau_{rec}} + \dfrac{1}{\tau_{cat}}} = \alpha_\delta \frac{Da_c}{1 + Da_r + Da_c} \qquad (6.63)$$

$$\alpha_w = \alpha_\delta - \alpha_{rec} - \alpha_{cat} = \alpha_\delta \frac{1}{1 + Da_r + Da_c} \qquad (6.64)$$

非平衡判据 Da_r 和离解度 α_δ 的表达式在文献[27]和[29]中已有定义，Da_c 是在文献[30]中引入的，为了简洁起见，此处不再重复推导。

在研究非平衡边界层和任意催化壁的驻点传热问题时，式(6.61)已被证明具有较高的鲁棒性和可靠性，它提供了一个基本的理论模型框架，可扩展研究振动能和化学能非完全适应对气动加热特征的研究。事实上，我们最近已经在此框架下研究了振动能适应问题[31]。

6.4.3　非平衡驻点边界层传热的统一理论框架

从物理上说，能量从气体传递给固体壁面，是通过分子碰撞和适应过程来完成的，从而热能和化学能的适应效率将显著影响传热特征。根据各模态能量弛豫时间尺度的不同，可认为分子平动和转动能量能很快与壁面达到平衡，从而是完全适应的。相反，振动能和化学能较难与壁面达到平衡，它们的适应过程是非

完全的。接下来,本节将推广 6.4.2 小节中的理论框架,来研究化学能和振动能的非完全适应问题。

图 6.45 显示了近壁面处分子能量传递和转化的复杂过程示意图。平/转动能传导过程①本质上与 6.4.2 小节的结果一致,但考虑到振动能适应过程②,则在 $\sigma_v < 1$ 时需要一个特别处理。由于只有一部分化学能可以直接传递给壁面,催化反应引起的传热过程涉及了更多的细节过程。推广式(6.60),此时催化传热项的形式可写为

$$q_c = St_D \dot{E}_d (\alpha_{rec} + \alpha_{cat} \beta) \tag{6.65}$$

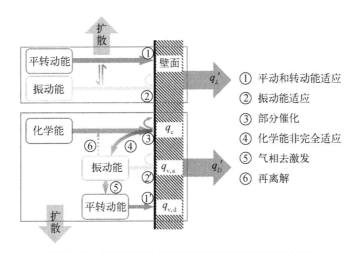

图 6.45　近壁面处分子能量传递和转化过程示意图

相应地,催化复合分子离开壁面时携带的振动能通量为

$$\dot{E}_v = St_D \dot{E}_d \alpha_{cat} (1 - \beta) \tag{6.66}$$

如果仔细追踪分析这部分能量,则它有如下几种去向:

(1)迁移:随分子扩散到下游壁面或流场其他区域;

(2)振动能适应:分子后续还会多次与壁面发生碰撞,把振动能传递给壁面(过程②);

(3)"淬火",或称为气相去激发:由于气体分子之间的碰撞,此部分振动能被转换为碰撞对分子的平动能和转动能(过程⑤),然后扩散迁移或者传递给壁面(过程①);

(4)"回馈":在于其他分子碰撞过程中,高振动激发态的分子再次离解为

原子,从而此部分振动能又被转化为化学能(过程⑥)。

　　现在的任务就是评估以上各种可能的相对影响,采用数学形式描述它们在总热流中的贡献。受此前工作启发,一个可行和实用的方法就是对比各过程的特征时间尺度,通过引入流动判据 Damköhler 数来衡量各因素的影响强弱,进而构建一个定量的预测公式。由于冷壁附近流场的化学弛豫会比热弛豫慢得多,"回馈"效应就可以忽略。当然,也可以换个角度来解释,认为当前模型考虑的是把"回馈"效应折算之后的振动能的净输出。因此,现在的关键是预测振动能适应对总热流的贡献,以及边界层非平衡程度不是很高时候的"淬火"效应。

　　此前在研究振动能适应对驻点边界层传热影响时,引入了一个与式(6.63)类似的公式,它可以被进一步推广来描述当前的振动能适应过程,即

$$q_{v,a} + q_{v,d} = \dot{E}_v \frac{\dfrac{1}{\tau_{v,a}} + \dfrac{1}{\tau_{v,d}}}{\dfrac{1}{\tau_f} + \dfrac{1}{\tau_{v,a}} + \dfrac{1}{\tau_{v,d}}} = \dot{E}_v \frac{Da_{v,a} + Da_{v,d}}{1 + Da_{v,a} + Da_{v,d}} \tag{6.67}$$

其中,$\tau_{v,a}$ 和 $\tau_{v,d}$ 分别代表壁面振动能适应和流程振动能去激发的特征时间;$Da_{v,a} = \tau_f/\tau_{v,a}$ 和 $Da_{v,d} = \tau_f/\tau_{v,d}$ 是衡量这两个过程非平衡程度的 Damköhler 数。可以发现,

$$Da_{v,a} = 0.3\sigma_v \left(\frac{T_\infty}{T_w}\right)^{1/2} (Ma_\infty Re_\infty)^{1/2} \tag{6.68}$$

其中,自由来流雷诺数 $Re_\infty = \rho_\infty V_\infty R_N/\mu_\infty$,$\mu_\infty$、$T_\infty$ 和 T_w 分别表示来流黏性系数、来流温度和壁面温度。$Da_{v,a}$ 可类比于催化反应的 Damköhler 数:

$$Da_c = 0.4\gamma \left(\frac{T_\infty}{T_w}\right)^{1/2} (Ma_\infty Re_\infty)^{1/2} \tag{6.69}$$

　　当计算 $Da_{v,d}$ 时,流动特征时间为 $\tau_f = R_N/V_\infty$,振动弛豫特征时间可由 Landau – Teller 公式[10]来计算,即

$$\tau_v = \frac{c_1}{p}\exp\left[\left(\frac{c_2}{T}\right)^{1/3}\right]$$

其中,对于氮气模型,$c_1 = 7.12 \times 10^{-4}$ Pa·s,$c_2 = 1.91 \times 10^6$ K。驻点边界层内,压强 ($p \approx \rho_\infty V_\infty^2$) 对热-化学效应不敏感,温度 T 应该取弛豫过程中的特征值。

在当前问题中,根据未在壁面适应的化学能来定义一个特征温度是比较合理的,而且还需要考虑振动能适应的修正。一种可选的简洁实用的表达式为

$$T^* = \frac{\alpha_{\mathrm{cat}}(1-\beta)\theta_{\mathrm{d}}}{1+Da_{\mathrm{v,a}}} \tag{6.70}$$

其中,分子表示能量的来源;分母表示如果振动能适应是主控的 $Da_{\mathrm{v,a}} \gg 1$, 则振动去激发效应就不显著了。因此,为了与文献[31]中经过标定的 Damköhler 数形式一致,最终得到

$$Da_{\mathrm{v,d}} \approx 0.44 \frac{\rho_\infty V_\infty R_{\mathrm{N}}}{c_1 \exp[(c_2/T^*)^{1/3}]} \tag{6.71}$$

经过以上详细的分析,可以得到由于原子复合反应产生的热流项为

$$
\begin{aligned}
q'_{\mathrm{D}} &= q_{\mathrm{c}} + q_{\mathrm{v,a}} + q_{\mathrm{v,d}} = St_{\mathrm{D}}\dot{E}_{\mathrm{d}}\left[\alpha_\delta - \alpha_w - \frac{\alpha_{\mathrm{cat}}(1-\beta)}{1+Da_{\mathrm{v,a}}+Da_{\mathrm{v,d}}}\right] \\
&= St_{\mathrm{D}}\dot{E}_{\mathrm{d}}\alpha_\delta\left[\frac{Da_{\mathrm{r}}+Da_{\mathrm{c}}}{1+Da_{\mathrm{r}}+Da_{\mathrm{c}}} - \frac{Da_{\mathrm{c}}(1-\beta)}{(1+Da_{\mathrm{r}}+Da_{\mathrm{c}})(1+Da_{\mathrm{v,a}}+Da_{\mathrm{v,d}})}\right]
\end{aligned} \tag{6.72}
$$

对于图 6.45 中所示的热传导项,绝大部分之前研究[15,29,34]在讨论化学非平衡时,都假设了振动能完全适应或热平衡。文献[31]专门研究振动能非完全适应,但是没有考虑化学反应。现在,除了催化复合和化学能非完全适应导致的振动能激发(过程④),分子进入驻点边界层时,其振动模态已经在强激波后高温区被激发了。这一部分振动能可由图 6.44 下图中的振动激发度 v_δ 来衡量。由于典型流动条件下,边界层外缘气体成分主要是原子,因而与平/转动和化学能相比,这一部分振动能的贡献是次要的。尽管如此,仍有必要近似估计这部分振动能在壁面非完全适应(过程②)的影响,以更全面地描述这一复杂的化学能和振动能适应问题。

由于精确描述能量在各自由度间的分配似乎是相当困难和不现实的,我们转而采用理想离解气体模型[2,3,36]来进行近似估计。在此模型下,假设边界层外缘分子组分的振动能在分子总热能中占有固定比例(当前认为是 1/6),这也相当于认为振动自由度只激发了平衡极限的一半。根据能量守恒,可以得到

$$\dot{E}_\infty \approx \alpha_\delta \dot{E}_d + (1 + \alpha_\delta) RT\rho_\infty V_\infty + \alpha_\delta \frac{3}{2}(2R)T\rho_\infty V_\infty + 3(1 - \alpha_\delta)RT\rho_\infty V_\infty$$

$$(6.73)$$

上式右端四项分别是平衡极限下的化学能项、压力势能项、原子和分子组分的热能项。因此,振动能通量近似为

$$\dot{E}'_{v,\delta} = \frac{1}{2}(1 - \alpha_\delta)RT\rho_\infty V_\infty = \frac{(1 - \alpha_\delta)(\dot{E}_\infty - \alpha_\delta \dot{E}_d)}{2(4 + \alpha_\delta)} \qquad (6.74)$$

为了考虑此部分振动能的非完全适应,可采用类似前期的方法[31],提出式(6.59)的修正式:

$$q'_\lambda \approx St_\lambda \left(\dot{E}_\infty - \alpha_\delta \dot{E}_d - \frac{\dot{E}'_{v,\delta}}{1 + Da_{v,a} + Da_{v,d}} \right) \qquad (6.75)$$

$$= q_\lambda \left[1 - \frac{1 - \alpha_\delta}{2(4 + \alpha_\delta)} \frac{1}{1 + Da_{v,a} + Da_{v,d}} \right]$$

因此,把式(6.75)与式(6.72)相加得到化学能和振动能非完全适应下的总热流为

$$q_s = q'_\lambda + q'_D = q_\lambda \left\{ 1 - \frac{(1 - \alpha_\delta)}{2(4 + \alpha_\delta)(1 + Da_{v,a} + Da_{v,d})} \right.$$

$$\left. + Le^{0.6} \frac{\alpha_\delta}{\bar{\mu} - \alpha_\delta} \left[\frac{Da_r + Da_c}{1 + Da_r + Da_c} - \frac{Da_c(1 - \beta)}{(1 + Da_{v,a} + Da_{v,d})(1 + Da_r + Da_c)} \right] \right\}$$

$$(6.76)$$

工程中通常采用的预测理论可以认为是上式在热-化学平衡($Da_r \gg 1$, $Da_{v,d} \gg 1$)或完全催化($Da_c \gg 1$)和完全能量适应($\beta = \sigma_v = 1$, $Da_{v,a} \gg 1$)下的极限,也即

$$q_{s,fc} = q_\lambda \left(1 + Le^{0.6} \frac{\alpha_\delta}{\bar{\mu} - \alpha_\delta} \right) \qquad (6.77)$$

采用极限假设下的式(6.77)对式(6.76)进行无量纲化,可得到

$$\frac{q_s}{q_{s,fc}} = 1 - \frac{Le^{0.6}\alpha_\delta \left[\dfrac{1}{1 + Da_r + Da_c} + Cor1 \right] + Cor2}{\bar{\mu} + (Le^{0.6} - 1)\alpha_\delta} \qquad (6.78)$$

其中,

$$\text{Cor1} = \frac{Da_c(1-\beta)}{(1+Da_{v,a}+Da_{v,d})(1+Da_r+Da_c)}$$

$$\text{Cor2} = \frac{(\tilde{\mu}-\alpha_\delta)(1-\alpha_\delta)}{2(4+\alpha_\delta)(1+Da_{v,a}+Da_{v,d})}$$

分别表示非完全能量适应对通常意义上催化加热和热传导的修正。

在某些特殊情况下,当驻点边界层趋于热化学冻结时 ($Da_r \ll 1$, $Da_{v,d} \ll 1$),壁面性质主控了传热特征,即 Da_c 和 $Da_{v,a}$ 都足够大,则式(6.78)退化为

$$\frac{q_s}{q_{s,fc}} \approx 1 - \frac{Le^{0.6}\alpha_\delta\left(\dfrac{1}{Da_c}+\dfrac{1-\beta}{Da_{v,a}}\right)}{\tilde{\mu}+(Le^{0.6}-1)\alpha_\delta} = 1 - \frac{\dfrac{Le^{0.6}\alpha_\delta}{Da_{v,a}}\left[1-\beta\left(1-\dfrac{3\sigma_v}{4\gamma_e}\right)\right]}{\tilde{\mu}+(Le^{0.6}-1)\alpha_\delta} \quad (6.79)$$

它表明对于很高活性的壁面,如果刚好 $\sigma_v = 4\gamma_e/3$,则化学能非完全适应的影响可以忽略。显然,当 $\sigma_v < 4\gamma_e/3$ 时,热流随着 β 升高而升高,当 $\sigma_v > 4\gamma_e/3$ 时,热流随着 β 升高反而下降。

6.4.4　模型验证

为了验证 6.4.3 小节的分析,本节采用 DSMC 方法,对各种非平衡程度和壁面性质情况,开展了一系列计算研究。计算中使用的是 Bird 发布的 DS2V 程序改进版,该程序在模拟非平衡化学反应流动时的可靠性已经得到广泛的认可[37]。其中,选用了量子化的振动能级来处理离解-复合反应,采用完全漫反射模型来处理分子在壁面的反射。流动参数数据列在了表 6.1 中,其中基准算例是 Case1。对于固定的等效催化系数 γ_e,较低的化学能适应系数对应于较高的催化复合系数。前人实验测量[24, 38]表明,氮原子在金属和二氧化硅表面的 β 可低至 0.3 以下。更精确的数据尚待从分子动力学计算和精细实验中获得。

表 6.1　DSMC 模拟参数表 ($T_\infty = T_w = 300$ K)

Case	h/km	ρ_∞/(kg/m³)	Ma_∞	R_N/mm	γ_e	σ_v	β
1	40	4×10^{-3}	25	1.0	0.1	0/0.03/0.133/1	0.1~1.0
2	51	0.8×10^{-3}	25	1.0	0.1	0/0.03/0.133/1	0.1~1.0
3	56	0.4×10^{-3}	25	1.0	0.1	0/0.03/0.133/1	0.1~1.0
4	40	4×10^{-3}	20	1.0	0.1	0/0.03/0.133/1	0.1~1.0

（续表）

Case	h/km	ρ_∞/(kg/m³)	Ma_∞	R_N/mm	γ_e	σ_v	β
5	40	4×10^{-3}	15	1.0	0.1	0/0.03/0.133/1	0.1~1.0
6	40	4×10^{-3}	25	2.0	0.1	0/0.03/0.133/1	0.1~1.0
7	40	4×10^{-3}	25	0.2	0.1	0/0.03/0.133/1	0.1~1.0
8	40	4×10^{-3}	25	1.0	0.05	0/0.03/0.066 7/1	0.1~1.0

　　为了从宏观上认识能量非完全适应,在讨论热流之前先展示一些流场特征。图6.46给出了典型的化学能和振动能适应系数下,沿驻点线的平动温度分布。各种情况下的分布曲线大体相符,但是低适应系数($\beta=0.1$,$\sigma_v=0$)下,能量传递给壁面的效率较低,更多的能量存储在流场中,导致稍高的边界层温度和稍大的激波脱体距离。这一效应在图6.47展示的振动温度分布中显示得更明显,近壁面处振动温度存在显著的差别,但这一影响很难超出边界层范围。未在壁面适应的振动能可部分转换为平/转动能,也就是图6.45中所示的去激发过程⑤,导致相应模态能量在总热流中的贡献比例增大,这在本小节后部分还将讨论。另外,图6.46显示的离解度变化趋势表明,近壁面气体化学成分主要有催化复合系数而不是等效催化系数来决定,非完全适应的影响很小,这是因为离解反应需要更长的时间,而当前流动条件下,冷壁面附近几乎是化学冻结的。这一结果也证实了我们忽略图6.45中"回馈"效应(过程⑥)的合理性。这些流场的主要特征与文献[24]中基于Navier-Stokes方程的非平衡流动计算程序预测结果是相似的。

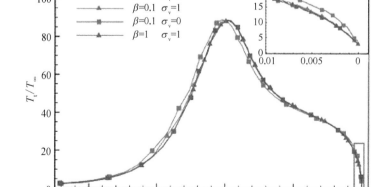

(a) 平等温度分布(Case1)

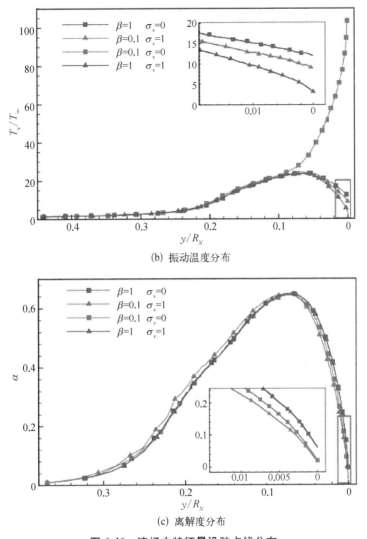

(b) 振动温度分布

(c) 离解度分布

图 6.46　流场中特征量沿驻点线分布

　　图 6.47 显示了基准流动条件和不同壁面性质下,平动、转动、振动和化学能模态对总热流的占比变化情况。其中,热流系数定义为 $C_h = 2q_s / \rho_\infty V_\infty^3$。不同情况下热流成分的对比,反映出一些重要的特征。

　　可以发现,当振动能完全适应 ($\sigma_v = 1$) 时,把化学能适应系数从 $\beta = 1$ 减小到 $\beta = 0.1$,将导致催化热流 $1 - \beta$ 的削减,而振动能贡献热流则增长很大,同时平动和转动热流几乎不变。总热流有稍许净增长,是由于热弛豫比化学弛豫更快,因而振动能适应传递能量比催化反应进而化学能适应过程的效率更高一点。

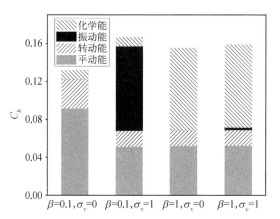

图 6.47　驻点热流中隔能量模态占比情况

当振动能完全不适应（$\sigma_v = 0$）时,降低化学能适应系数,导致大量高振动激发态的分子离开壁面,但只有很少部分振动能可以转化为平/转动能（图 6.45 中的过程⑤）,进而间接传回壁面,剩余大部分振动能都扩散到流场其他区域了。因而,尽管平动/转动能贡献的热流有显著增加,但是总热流还是减小了。当化学能完全适应（$\beta = 1$）时,振动能适应系数从 $\sigma_v = 1$ 减小到 $\sigma_v = 0$, 将引起总热流的稍许降低,这是因为在激波后高温区域振动激发的分子或者在边界层内复合反应生产的分子的振动能的贡献（图 6.45 中的过程②）也被抹掉了。

为了定量地显示化学能和振动能非完全适应的影响,图 6.48 给出了固定等效催化系数情况下,归一化热流随适应系数的变化趋势。可以发现,如果振动能适应系数足够低,那么降低化学能适应系数将导致总热流高达 20% 的降低。但是,如果振动能适应系数足够高,总热流却可能有近似 5% 的升高,其原因已在上面提及。这一特性与 Fertig 的发现[24]类似,其研究表明,在航天器再入相关问题中,由化学能适应引起的热流变化与典型测热技术的不确定度是相当的。不同马赫数（Case4）和不同等效催化系数（Case8）下的结果整体上表现出相似的规律。因此,我们可以得到结论,仅仅采用一个等效催化系数显然是不够的,为了精确预测热流,还需要考虑化学能和振动能适应的影响。这也能部分解释从测热实验得到的催化系数数据为何散度很大。

当振动能适应系数与等效催化系数相当,或者说当 $\sigma_v = 4\gamma_e/3$ 时,热流几乎不随化学能适应系数发生变化,这与式（6.79）的预测是相符的。当 $\sigma_v > 0.03$ 时,热流与 β 之间是近似线性关系,但是当 $\sigma_v < 0.03$ 时,由于振动能的气相去激发效应变得重要起来,二者之间表现出非线性依赖关系。振动能先被转换为平/

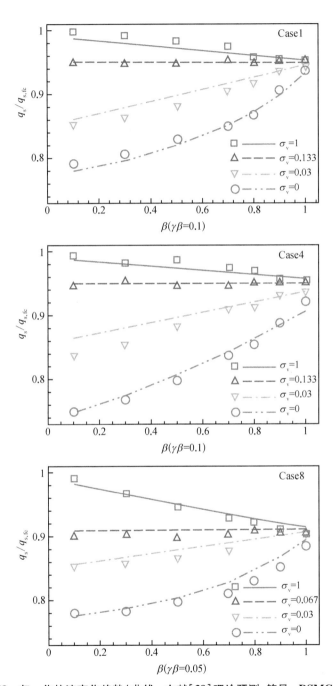

图 6.48　归一化热流变化趋势（曲线：文献[39]理论预测；符号：DSMC 计算）

转动能,再间接传递给壁面,减缓了热流降低的趋势。本章提出的解析公式,不但定性上抓住了热流这一变化特征,还近似定量、合理地预测到各种因素的影响大小。

最后,表 6.1 中所有算例的结果一起显示在图 6.49 中,其横坐标、纵坐标分别是理论预测和数值计算预测。可以发现,所有数据点都近似地落在一条线附近。考虑到如此多复杂机制都被整合在一个模型之中,由一个解析公式给出,可以认为解析结果与计算数据的符合情况还是令人满意的。作为一个初步研究,这里提出的方法可被用于预测非平衡流动条件和复杂气-固相互作用下的气动加热特征。

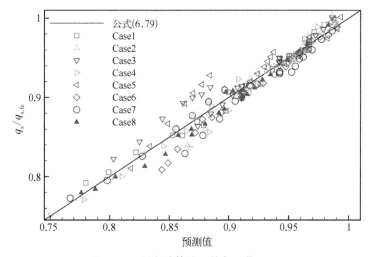

图 6.49　所有计算结果的归一化显示

6.5　小结

为了研究高速、高温、高黏性、局部稀薄和热化学非平衡流动,本章采用模型理论分析的方法,从三个层次分析了局部稀薄气体效应、非平衡真实气体效应及两者耦合作用。

首先,给出了正激波后气体流动中的非平衡离解-复合化学反应,旨在建立该非平衡流动中正激波前后流动参数的显式解析关系。采用 Lighthill-Freeman 的理想离解气体模型,并结合基于分子运动论的离解-复合反应速率方程,对目前的化学非平衡流动问题进行了模型化描述。通过物理分析和近似数学求解,得到了显式解析表达式,能够直接预测激波后非平衡流动的主要特征,如平衡离解度、非平衡特征尺度等。同时也讨论了非平衡过渡过程的归一化描述方法。根据这些结果,建立起非平衡正激波前后流动参数的直接显式解析关系。

其次,研究了高超声速尖化前缘驻点线上的化学非平衡流动,着重讨论了稀薄气体效应和非平衡真实气体效应的耦合作用,及其对尖化前缘气动加热的影响。基于对尖化前缘驻点线上能量转换与传递过程的物理分析,建立了前缘驻点气动加热受非平衡真实气体效应影响的简化模型。把问题分解为对边界层之外的离解非平衡流动的求解和对边界层之内的复合非平衡流动的分析,并发现在稀薄流动条件下,流动有可能在边界层外缘达不到平衡,这与连续流动情况下的结论存在明显区别。进而,采用激波映射法,把前缘头激波和边界层外缘之间驻点线上的化学非平衡流动,与正激波后化学非平衡流动建立了映射关系,因而能够利用正激波问题的研究结论来分析目前的驻点线流动问题。结合第 5 章中对流场结构的分析,求解了非平衡真实气体效应作用下驻点边界层外缘的非平衡流动参数,而这些参数决定了边界层内传热的主要特征。对于边界层内的复合非平衡流动,把化学反应源项与扩散项之比值当作一个流动特征参数来研究,它表征了边界层内化学反应的相对影响大小,是一个具有物理意义的化学非平衡流动判据。进一步地,基于边界层外缘非平衡流动离解度(与相关)和边界层内非平衡判据,构建了计入非平衡真实气体效应的驻点热流预测桥函数公式,能够可靠地预测从平衡直到冻结整个流动领域内的尖化前缘驻点气动加热特性。通过参数分析,还发现了非平衡真实气体流动 4 个独立的相似参数。通过分析发现,稀薄气体效应和非平衡真实气体效应同时存在情况下,其对尖化前缘气动加热的影响并不是简单叠加,而是存在耦合作用的。

最后,给出了综合描述化学能和振动能非完全适应等复杂气-固相互作用的理论模型。在同一框架下,通过引入几个 Damköhler 数对各种热-化学非平衡过程进行了表征和衡量。研究发现,当有限催化壁表面存在非完全的化学能和振动能适应特性时,仅采用一个等效催化系数的传统方法将不能有效预测非平衡传热特征。在研究新型近空间高超声速循环飞行器的气动加热时,这一情况是尤其值得注意的。对于典型的等效催化系数 $\gamma_e = 0.1$ 的情况,极限情况下的可出现 -5%($\sigma_v = 1$)~20%($\beta = 0.1$, $\sigma_v = 0$)的驻点热流预测误差。本章推导出的近似解析公式可用于定量估计复杂非平衡流动条件和非完全能量适应的影响。这一初步研究指出了复杂气-固相互作用进行精细化建模分析的重要性,是前期关于稀薄非平衡流动和传热问题研究工作的扩展。该研究也表现出潜在的实用价值,可解释催化加热试验数据分散度大的现象,也可用于快速预估新型高超声速飞行器的气动加热特征。

参考文献

[1] Lighthill M J. Dynamics of a dissociating gas: Part II Quasi-equilibrium transfer theory[J]. Journal of Fluid Mechanics, 1960, 8(2): 161 - 182.

[2] Lighthill M J. Dynamics of a dissociating gas: Part I Equilibrium flow[J]. Journal of Fluid Mechanics, 1957, 2(1): 1 - 32.

[3] Freeman N C. Non-equilibrium flow of an ideal dissociating gas [J]. Journal of Fluid Mechanics, 1958, 4(4): 407 - 425.

[4] Stalker R J. Hypersonic aerodynamics with chemical nonequilibrium[J]. Annual Review of Fluid Mechanics, 1989, 21(1): 37 - 60.

[5] Wen C, Hornung H. Nonequilibrium recombination after a curved shock wave[J]. Progress in Aerospace Sciences, 2010, 46: 132 - 139.

[6] Adamovich I V, Macheret S O, Rich J W, et al. Vibrational relaxation and dissociation behind shock waves Part 2: Master equation modeling[J]. AIAA Journal, 1995, 33(6): 1070 - 1075.

[7] Adamovich I V, Macheret S O, Rich JW, et al. Vibrational relaxation and dissociation behind shock waves. Part 1 — Kinetic rate models[J]. AIAA Journal, 1995, 33(6): 1064 - 1069.

[8] Bertin J J, Cummings R M. Critical hypersonic aerothermodynamic phenomena[J]. Annual Review of Fluid Mechanics, 2006, 38(1): 129 - 157.

[9] Bird G A. Molecular gas dynamics and the direct simulation of Gas Flows[M]: New York: Oxford University Press, 1994.

[10] Anderson J D. Hypersonic and high temperature gas dynamics [M]. 2nd ed. New York: McGraw-Hill Book Company, 2006.

[11] Cai C, Khasavneh K R. A gaskinetic scheme for nonequilibrium planar shock simulations [R]. AIAA paper 2009 - 140.

[12] Krasnov N F. Aerodynamics of bodies of revolution[M]: New York: Elsevier, 1970.

[13] Sarma GSR. Physico-chemical modelling in hypersonic flow simulation [J]. Progress in Aerospace Sciences, 2000, 36(3): 281 - 349.

[14] Lofthouse A J. Nonequilibrium hypersonic aerothermodynamics using the direct simulation Monte Carlo and Navier-Stokes models[D]. Ann Arbor: The University of Michigan, 2008.

[15] Fay J A, Riddell F R. Theory of stagnation point heat transfer in dissociated air[J]. Journal of the Aerospace Sciences, 1958, 25(2): 73 - 85.

[16] Chung P M. Hypersonic viscous shock layer of nonequilibrium dissociating gas[R]. NASA-TR, R-109, 1961.

[17] Voronkin V G. Nonequilibrium viscous flow of a multicomponent gas in the vicinity of the

stagnation point of a blunt body[J]. Fluid Dynamics, 1971, 6(2): 308 – 311.

[18] Conti R J, van Dyke M. Inviscid reacting flow near a stagnation point[J]. Journal of Fluid Mechanics, 1969, 35(4): 799 – 813.

[19] Belouaggadia N, Olivier H, Brun R. Numerical and theoretical study of the shock stand-off distance in non-equilibrium flows [J]. Journal of Fluid Mechanics, 2008, 607 (1): 167 – 197.

[20] Boyd I D. Analysis of vibration-dissociation-recombination processes behind strong shock waves of nitrogen[J]. Physics of Fluids A: Fluid Dynamics, 1992, 4(1): 178 – 185.

[21] Haas B L, Boyd I D. Models for direct Monte Carlo simulation of coupled vibration-dissociation[J]. Physics of Fluids A: Fluid Dynamics, 1993, 5(2): 478 – 489.

[22] 张涵信. 真实气体流动的相似规律[J]. 空气动力学学报, 1990, 8(1): 1 – 8.

[23] Birkhoff G. Hydrodynamics: a study in logic, fact and similitude[M]. 2nd ed. Princeton: Princeton University Press, 1960.

[24] Fertig M, Schäff S, Herdrich G, et al. Influence of chemical accommodation on re-entry heating and plasma wind tunnel experiments[C]. San Francisco: 9th AIAA/ASME Joint Thermophysics and Heat Transfer Conference, AIAA Paper 2006 – 3816.

[25] Bellas-Chatzigeorgis G, Barbante P F, Magin T E. Development of detailed chemistry models for boundary layer catalytic recombination [C]. 8th European Symposium on Aerothermodynamics for Space Vehicle, Lisbon, 2015.

[26] Herdrich G, Fertig M, Petkow D, et al. Experimental and numerical techniques to assess catalysis[J]. Progress in Aerospace Sciences, 2012, 48 – 49(2): 27 – 41.

[27] Wang Z, Bao L, Tong B-G. An analytical study on nonequilibrium dissociating gas flow behind a strong bow shockwave under rarefied conditions [J]. Science China Physics, Mechanics and Astronomy, 2013, 56(4): 671 – 679.

[28] Wang Z, Bao L, Tong B G. Theoretical modeling of chemical nonequilibrium stagnation point boundary layer heat transfer under rarefied conditions[J]. Science China Physics, Mechanics and Astronomy, 2013, 56(5): 866 – 874.

[29] Wang Z H. Theoretical modelling of aeroheating on sharpened noses under rarefied gas effects and nonequilibrium real gas effects[M]: Heidelberg: Springer-Verlag, 2015.

[30] Wang Z H, Yu Y L, Bao L. Heat transfer in nonequilibrium flows with homogeneous and heterogeneous recombination reactions[J]. AIAA Journal, 2018, 56(9): 3593 – 3599.

[31] Luo J, Wang Z H. Analogy between vibrational and chemical nonequilibrium effects on stagnation flows[J]. AIAA Journal, 2020, 58(5): 2156 – 2164.

[32] Yu Y L, Li X D, Wang Z H, et al. Theoretical modeling of heat transfer to flat plate under vibrational excitation freestream conditions [J]. International Journal of Heat and Mass Transfer, 2020, 151(8): 119434.

[33] Kustova E, Nagnibeda E, Armenise I, et al. Nonequilibrium kinetics and heat transfer in O/O mixtures near catalytic surfaces[J]. Journal of Thermophysics and Heat Transfer, 2002, 16(2): 238 – 244.

[34] Goulard R. On catalytic recombination rates in hypersonic stagnation heat transfer[J]. Journal

of Jet Propulsion, 1958, 28(11): 737 - 745.

[35] Inger G R. Scaling nonequilibrium-reacting flows: the legacy of Gerhard Damkohler [J]. Journal of Spacecraft and Rockets, 2001, 38(2): 185 - 190.

[36] Wang Z, Bao L, Tong B G. Theoretical modeling of the chemical non-equilibrium flow behind a normal shock wave [J]. AIAA Journal, 2012, 50(2): 494 - 499.

[37] Zuppardi G, Morsa L, Romano F. Influence of chemical models on the computation of thermo-fluid-dynamic parameters in hypersonic, rarefied flows [J]. Proceedings of the Institution of Mechanical Engineers, Part G: Journal of Aerospace Engineering, 2010, 224 (6): 637 - 646.

[38] Halpern B, Rosner D E. Chemical energy accommodation at catalyst surfaces. Flow reactor studies of the association of nitrogen atoms on metals at high temperatures [J]. Journal of the Chemical Society, Faraday Transactions 1: Physical Chemistry in Condensed Phases, 1978, 74: 1883 - 1912.

[39] Kolodziej P, Bull J D, Milos F S, et al. Aerothermal performance constraints for small radius leading edges operating at hypervelocity [R]. Moffet Field: NASA Ames Research Center, 1997.